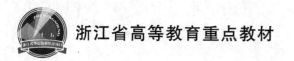

计算机应用基础

（第二版）

詹国华 主编

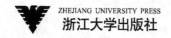
ZHEJIANG UNIVERSITY PRESS
浙江大学出版社

前　言

　　《计算机应用基础》教材是针对成人教育需要而编写的浙江省高等教育重点教材,是杭州师范大学国家精品课程《大学计算机应用基础》课程组和杭州师范大学计算机教育与应用研究所合作开展非计算机专业计算机基础课程教材建设的一项最新研究成果。该项研究成果立足于成人教育非计算机专业第一门计算机课程建设的需要,结合计算机技术和网络技术的最新发展,根据社会发展对应用型人才的高素质需求,为当代成人教育大学生计算机应用能力培养提供了一个可行的解决方案。从纸质教材,到多媒体教学课件、教学素材,再到计算机辅助教学软件,本教材为广大师生提供了内容丰富、学以致用的教学资源,对学生实践操作技能训练和自主学习能力培养,对教师灵活、高效地组织教学活动将带来了很大的方便。

　　本教材注重计算机基础知识的阐述和应用技能的培养,主要特点有:(1)教学内容实用性强:包含了计算机基础知识、操作系统、办公自动化软件、多媒体技术、网络技术等内容。(2)软件版本通用:采用了 Windows XP,Office 2003(Word、Excel、PowerPoint、FrontPage)、Photoshop、Flash 等软件。(3)课程资源丰富:本教材有配套的多媒体教学课件、教学素材、上机练习和考试评价系统等计算机辅助教学软件。

　　全书共包含七章,按知识体系顺序编排,并根据章节内容,配以若干精心设计的应用案例。各章名称分别是:第 1 章计算机与信息社会,第 2 章微机用户界面,第 3 章办公自动化软件,第 4 章多媒体技术基础,第 5 章计算机网络与 Internet,第 6 章网页制作,第 7 章应用案例设计。

　　本书编著人员有潘红、宋哨兵、汪明霓、王培科、晏明、虞歌、詹国华、张佳(以拼音为序),由詹国华任主编,潘红、虞歌、宋哨兵任副主编。另外,张量、袁贞明、姜华强、项洁、汪卫军对本书的编写给予了支持。本书配套的课件素材、计算机辅助教学软件等教学资源由杭州师范大学国家精品课程《大学计算机应用基础》课程组和杭州师范大学计算机教育与应用研究所共同研制完成。由于书稿撰写时间较短,作者水平有限,书中若有错漏存在,敬请读者批评指正。

　　我们的电子邮件地址是:ghzhan@hznu.edu.cn;网站地址是:www.zjcai.com。

编　者

内 容 简 介

　　本书作为成人教育非计算机专业第一门计算机课程的主教材,注重计算机基础知识的阐述和应用技能的培养,主要特点有:(1)教学内容实用性强,共包含七章:计算机与信息社会、微机用户界面、办公自动化软件、多媒体技术基础、计算机网络与Internet、网页制作、应用案例设计。(2)软件版本通用:采用了 Windows XP、Office 2003(Word、Excel、PowerPoint、FrontPage)、Photoshop、Flash 等软件。(3)课程资源丰富:配套资源有多媒体教学课件、教学素材、上机练习和考试评价系统等计算机辅助教学软件。

　　本教材可作为成人教育和高职高专非计算机专业学生学习第一门计算机课程的教材或计算机爱好者的自学读本。

目 录

第 1 章

计算机与信息社会

计算机的产生和发展是 20 世纪科学技术最伟大的成就之一。随着集成电路技术的发展及计算机应用的需要,计算机技术日新月异,得到了飞速发展,计算机及其应用已渗透到社会的各个领域,有力地推进了社会信息化的发展。使用计算机的意识和利用计算机获取、表示、存储、传输、处理和控制信息的基本技能,应用信息、协同工作、解决实际问题等方面的能力,已成为衡量一个人文化素质高低的重要标志之一。

在学习和使用计算机时,从一开始就必须建立正确的计算机系统的观点。计算机的组成不仅与硬件有关,而且还涉及许多软件技术。计算机系统的硬件只提供了执行命令的物质基础,计算机系统的软件最终决定了计算机能做什么,能提供什么服务。因此,了解计算机系统,对于掌握计算机的基本工作原理,有效利用计算机资源会有很大的帮助。

本章从计算机的基本概念出发,介绍了计算机的产生、类型和发展历程,计算机中的信息表示,计算机软硬件系统以及计算机在社会信息化方面的应用,使读者对计算机有一个初步的了解,也为读者使用计算机提供必备的基础知识。

1.1 计算机的发展

本节讨论与计算机相关的基本知识、计算机的发展及其信息在计算机中如何表示。

1.1.1 什么是计算机

人类在其漫长的文明史上,为了提高计算速度,不断发明和改进了各种计算工具。人类最早的计算工具可以追溯到中国唐代发明的、迄今仍在使用的算盘。在欧洲,16 世纪出现了对数计算尺和机械计算机。到了 20 世纪 40 年代,一方面由于科学技术的发展,对计算量、计算精度、计算速度的要求在不断提高,原有的计算工具已经满足不了需求;另一方面,计算理论、电子学以及自动控制技术等的发展,也为电子计算机的出现提供了可能。因此,在 20 世纪 40 年代中期诞生了第一台电子计算机。

“计算机”顾名思义是一种计算的机器,由一系列电子元器件组成。计算机不同于以往的计算工具,其主要特点如下。

(1)计算机在处理信息时完全采用数字方式,其他非数字形式的信息,如文字、声音、图像等,要转换成数字形式才能由计算机来处理。

(2)计算机在信息处理过程中,不仅能进行算术运算,而且还能进行逻辑运算并对运算结果进行判断,从而决定以后执行什么操作。

(3)只要人们把处理的对象和处理问题的方法步骤以计算机可以识别和执行的"语言"事先存储到计算机中,计算机就可以完全自动地进行处理。

(4)计算机运算速度快、计算精度高,可以存储大量的信息。

(5)计算机之间可以借助于通信网络互相连接起来,共享信息。

由此可见,计算机是一种可以自动进行信息处理的工具,具有运算速度快、计算精度高、记忆能力强、自动控制、逻辑判断等特点。

计算机可以模仿人的部分思维活动,代替人的部分脑力劳动,按照人的意愿自动工作,所以也把计算机称为"电脑"。

1.1.2　计算机的发展历程

现代计算机孕育于英国、诞生于美国。

1936年,英国科学家图灵向伦敦权威的数学杂志投了一篇论文,在这篇开创性的论文中,图灵提出著名的"图灵机"(Turing Machine)的设想。"图灵机"不是一种具体的机器,而是一种理论模型,可用来制造一种十分简单但运算能力极强的计算装置。正是因为图灵奠定的理论基础,人们才有可能发明20世纪以来甚至是人类有史以来最伟大的发明:计算机。因此人们称图灵为"计算机理论之父"。

世界上第一台电子数字计算机于1946年2月15日在美国宾夕法尼亚大学正式投入运行,它的名称叫ENIAC,是电子数值积分计算机(Electronic Numerical Integrator and Calculator)的缩写。它耗电174千瓦,占地170平方米,重达30吨,每秒钟可进行5000次加法运算。虽然它的功能还比不上今天最普通的一台计算机,但在当时它已是运算速度的绝对冠军,并且其运算的精确度和准确度也是史无前例的。以圆周率(π)的计算为例,中国古代科学家祖冲之耗费15年心血,才把圆周率计算到小数点后7位数。1000多年后,英国人香克斯以毕生精力计算圆周率,才计算到小数点后707位。而使用ENIAC进行计算,仅用了40秒就达到了这个记录,还发现香克斯的计算中,第528位是错误的。ENIAC奠定了电子计算机的发展基础,开辟了一个计算机科学技术的新纪元。

ENIAC诞生后,美籍匈牙利数学家冯·诺依曼提出了新的设计思想。20世纪40年代末期诞生的EDVAC(Electronic Discrete Variable Automatic Computer)是第一台具有冯·诺依曼设计思想的电子数字计算机。虽然计算机技术发展很快,但冯·诺依曼设计思想至今仍然是计算机内在的基本工作原理,是我们理解计算机系统功能与特征的基础。

ENIAC诞生后短短的几十年间,计算机的发展突飞猛进。计算机所用的主要电子器件相继使用了真空电子管,晶体管,中、小规模集成电路和大规模、超大规模集成电路,引起计算机的几次更新换代。每一次更新换代都使计算机的体积和耗电量大大减小,功能大大增强,应用领域进一步拓宽。

(1)从第一台电子计算机的出现直至20世纪50年代后期,这一时期的计算机属于第一代计算机,其重要特点是采用真空电子管作为主要的电子器件。它体积大、能耗高、速度慢、容量小、价格昂贵,应用也仅限于科学计算和军事领域。

（2）20 世纪 50 年代后期到 60 年代中期出现的第二代计算机采用晶体管作为主要的电子器件，计算机的应用领域已从科学计算扩展到了事务处理领域。与第一代计算机相比，晶体管计算机体积小、成本低、功能强、可靠性高。

（3）1958 年，世界上第一个集成电路 IC（Integrated Circuit）诞生了，它包括一个晶体管、两个电阻和一个电阻与电容的组合。集成电路在一块小小的硅片上，可以集成上百万个电子器件，因此人们常把它称为芯片。1964 年 4 月，IBM 公司推出了 IBM360 计算机，标志着使用中、小规模集成电路的第三代计算机的诞生。

（4）在 1967 年和 1977 年，分别出现了大规模集成电路和超大规模集成电路，并在 20 世纪 70 年代中期在计算机上得到了应用。由大规模、超大规模集成电路作为主要电子器件的计算机称为第四代计算机。

目前，计算机正在向以下四个方面发展：

（1）巨型化。天文、军事、仿真等领域需要进行大量的计算，要求计算机有更高的运算速度、更大的存储容量，这就需要研制功能更强的巨型计算机。

（2）微型化。微型计算机已经广泛应用于仪器、仪表和家用电器中，并大量进入办公室和家庭。但人们需要体积更小、更轻便、易于携带的微型计算机，以便出门在外或在旅途中均可使用计算机。应运而生的便携式微型计算机和掌上型微型计算机正在不断涌现，迅速普及。

（3）网络化。将地理位置分散的计算机通过专用的电缆或通信线路互相连接，就组成了计算机网络。网络可以使分散的各种资源得到共享，使计算机的实际效用提高了很多。计算机联网不再是可有可无的事，而是计算机应用中一个很重要的部分。人们常说的因特网（Internet）就是一个通过通信线路连接、覆盖全球的计算机网络。通过因特网，人们足不出户就可获取大量的信息，与世界各地的亲友快捷通信，进行网上贸易等等。

（4）智能化。目前的计算机已能够部分地代替人的脑力劳动，因此也常被称为"电脑"。但是人们希望计算机具有更多的类似人的智能，例如：能听懂人类的语言、能识别图形、会自主学习等等。

（5）多媒体化。多媒体计算机就是利用计算机技术、通信技术和大众传播技术来综合处理多种媒体信息的计算机，这些信息包括数字、文本、声音、视频、图形图像等。多媒体技术使多种信息建立了有机的联系，集成为一个系统，并具有交互性。多媒体计算机将真正改善人机界面，使计算机朝着人类接收和处理信息的最自然的方向发展。

通过进一步的深入研究，人们发现由于电子器件的局限性，从理论上讲，电子计算机的发展也有一定的局限性。因此，人们正在研制不使用集成电路的计算机，例如：生物计算机、光子计算机、量子计算机等。

1.1.3　计算机的类型

根据计算机用途的不同，可以将计算机分为通用计算机和专用计算机。通用计算机能解决多种类型的问题，应用领域广泛；专用计算机用于解决某个特定方面的问题，我们在火箭上使用的计算机就是专用计算机。

根据计算机处理对象的不同，可以将计算机分为数字计算机、模拟计算机和数字模拟混合计算机。数字计算机输入输出的都是离散的数字量；模拟计算机直接处理连续的模拟量，如电压、温度、速度等;数字模拟混合计算机输入输出既可以是数字量也可以是模拟量。

通用计算机按其综合性能可以分为巨型计算机、大型计算机、中型计算机、小型计算机和微型计算机、单片计算机以及工作站。

巨型计算机主要用于解决大型的、复杂的问题。巨型计算机已成为衡量一个国家经济实力和科技水平的重要标志。单片计算机则只由一块集成电路芯片构成,主要应用于家用电器等方面。综合性能介于巨型计算机和单片计算机之间的就有大型计算机、中型计算机、小型计算机和微型计算机,它们的综合性能依次递减。

工作站既具有大、中、小型计算机的性能,又有微型计算机的操作简便和良好的人机界面,最突出的特点是图形图像处理能力强。它在工程领域,特别是计算机辅助设计领域得到了广泛应用。

我们一般所说的计算机是指电子数字通用计算机。

1.1.4　计算机中的信息表示

1. 计算机内部是一个二进制数字世界

无论是什么类型的信息,在计算机内部都采用了二进制形式来表示,这些信息包括数字、文本、图形图像以及声音、视频等。

在二进制系统中只有两个数——0 和 1。

在计算机中,为什么使用二进制数,而不使用人们习惯的十进制数,原因如下:

(1)二进制数在物理上最容易实现。因为具有两种稳定状态的电子器件是很多的,如电压的"低"与"高"恰好表示"0"和"1"。假如采用十进制数,要制造具有 10 种稳定状态的电子器件是非常困难的。

(2)二进制数运算简单。如采用十进制数,有 55 种求和与求积的运算规则,而二进制数仅有 3 种。因而简化了计算机的设计。

(3)二进制数的"0"和"1"正好与逻辑命题的两个值"否"和"是"或称"假"和"真"相对应,为计算机实现逻辑运算和逻辑判断提供了便利的条件。

尽管计算机内部均用二进制数来表示各种信息,但计算机与外部的交往仍采用人们熟悉和便于阅读的形式,其间的转换,则由计算机系统的软硬件来实现的。

2. 信息存储单位

信息存储单位常采用"位"、"字节"、"字"等几种量纲。

(1)位(bit),简记为 b,是计算机内部存储信息的最小单位。一个二进制位只能表示 0 或 1,要想表示更大的数,就得把更多的位组合起来。

(2)字节(byte),简记为 B,是计算机内部存储信息的基本单位。一个字节由 8 个二进制位组成,即 1B = 8b。

在计算机中,其他经常使用的信息存储单位还有:千字节 KB(Kilobyte)、兆字节 MB(Megabyte)、千兆字节 GB(Gigabyte)和太字节 TB(Terabyte),其中 1KB = 1024B,1MB = 1024KB,1GB = 1024MB,1TB = 1024GB。

（3）字（word），一个字通常由一个字节或若干个字节组成，是计算机进行信息处理时一次存取、加工和传送的数据长度。字长是衡量计算机性能的一个重要指标，字长越长，计算机一次所能处理信息的实际位数就越多，运算精度就越高，最终表现为计算机的处理速度越快。常用的字长有 8 位、16 位、32 位和 64 位等。

3. 非数字信息的表示

文本、图形图像、声音之类的信息，称为非数字信息。在计算机中用得最多的非数字信息是文本字符。由于计算机只能够处理二进制数，这就需要用二进制的"0"和"1"按照一定的规则对各种字符进行编码。

计算机内部按照一定的规则表示西文或中文字符的二进制编码称为机内码。

（1）西文字符的编码。字符的集合叫做"字符集"。西文字符集由字母、数字、标点符号和一些特殊符号组成。字符集中的每一个符号都有一个数字编码，即字符的二进制编码。目前计算机中使用最广泛的西文字符集是 ASCII 字符集，其编码称为 ASCII 码，它是美国标准信息交换码（American Standard Code for Information Interchange）的缩写，已被国际标准化组织 ISO 采纳，作为国际通用的信息交换标准代码，对应的国际标准是 ISO646。

ASCII 码有 7 位 ASCII 码和 8 位 ASCII 码两种。

7 位 ASCII 码称为标准（基本）ASCII 码字符集，采用一个字节（8 位）表示一个字符，但实际只使用字节的低 7 位，字节的最高位为 0，所以可以表示 128 个字符。其中 95 个是可打印（显示）字符，包括数字 0～9，大小写英文字母以及各种标点符号等，剩下的 33 个字符，是不可打印（显示）的，它们是控制字符。

例如，数字 0～9 的 ASCII 码表示为二进制数 0110000～0111001（十进制数 48～57）。大写英文字母 A～Z 的 ASCII 码表示为二进制数 1000001～1011010（十进制数 65～90）。小写英文字母 a～z 的 ASCII 码表示为二进制数 1100001～1111010（十进制数 97～122）。同一个字母的 ASCII 码值小写字母比大写字母大 32。

8 位 ASCII 码称为扩展的 ASCII 码字符集。由于 7 位 ASCII 码只有 128 个字符，在很多应用中无法满足要求，为此国际标准化组织 ISO 又制定了 ISO2002 标准，它规定了在保持与 ISO646 兼容的前提下，将 ASCII 码字符扩充为 8 位编码的统一方法。

8 位 ASCII 码可以表示 256 个字符。

（2）中文字符的编码。汉字在计算机中如何表示呢？当然，也只能采用二进制编码。汉字的数量大、字形复杂、同音字多。目前我国汉字的总数超过 6 万个，常用的也有几千个之多，显然用一个字节（8 位）编码是不够的。

GB2312-80 是我国于 1981 年颁布的一个国家标准——国家标准信息交换用汉字编码字符集，其二进制编码称为国标码。国标码用两个字节表示一个汉字，并且规定每个字节只用低 7 位。GB2312-80 国标字符集由 3 部分组成。第一部分为字母、数字和各种符号，共 682 个；第二部分为一级常用汉字，按汉语拼音排列，共 3755 个；第三部分为二级常用汉字，按偏旁部首排列，共 3008 个。总的汉字数为 6763 个。

GB2312-80 国标字符集由一个 94 行和 94 列的表格构成，表格的行数和列数从 0 开始编号，其中的行号称为区号，列号称为位号，如图 1.1-1 所示。每一个汉字或字母、数字和各种符号都有一个唯一的区号和位号，将区号和位号放在一起，就构成了区位码。例如，"文"字的区号是 46,位号是 36,所以它的区位码是 4636。

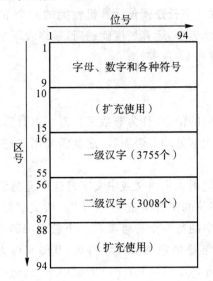

图 1.1-1　GB2312-80 字符集及区位分布

　　GB2312-80 国标字符集的汉字有限,一些汉字无法表示。随着计算机应用的普及,这个问题日渐突出。我国对 GB2312-80 国标字符集进行了扩充,形成了 GB18030 国家标准。GB18030 完全包含了 GB2312-80,共有汉字 27484 个。

　　(3)Unicode 编码。随着因特网的迅速发展,进行信息交换的需求越来越大,不同的编码越来越成为信息交换的障碍,于是 Unicode 编码应运而生。Unicode 编码是由国际标准化组织 ISO 于 20 世纪 90 年代初制定的一种字符编码标准,它用两个字节表示一个字符,因此允许表示 65536 个字符,世界上几乎所有的书面语言都能用单一的 Unicode 编码表示。

　　前 128 个 Unicode 字符是标准 ASCII 字符,接下来的是 128 个扩展的 ASCII 字符,其余的字符供不同的语言使用。目前,Unicode 中有汉字 27786 个。在 Unicode 中,ASCII 字符也用两个字节表示,这样,ASCII 字符与其他字符的处理就统一起来了,大大简化了处理的过程。

4. 信息的内部表示和外部显示

　　数字、文本、图形图像、声音等各种各样的信息都可以在计算机内存储和处理,而计算机内表示它们的方法只有一个,就是采用二进制编码。不同的信息需要不同的编码方案,如上面介绍的西文字符和中文字符的编码。图形图像、声音之类的信息编码和处理比字符信息要复杂得多。

　　计算机的外部信息需要经过某种转换变为二进制信息后,才能被计算机所接收;同样,计算机的内部信息也必须经过转换后才能恢复信息的"本来面目"。这种转换通常是由计算机自动实现的。

1.2　计算机系统

　　随着计算机功能的不断增强,应用范围不断扩展,计算机系统也越来越复杂,但其基本组成和工作原理还是大致相同的。一个完整的计算机系统由硬件系统和软件系统组成。

本节通过对计算机基本工作原理的描述,介绍与计算机系统相关的基本知识,使读者对计算机处理信息的过程有一个比较正确和更深入的认识。

1.2.1　计算机基本工作原理

世界上第一台电子数字计算机 ENIAC 诞生后,美籍匈牙利数学家冯·诺依曼提出了新的设计思想,主要有两点:其一是计算机应该以二进制为运算基础,其二是计算机应该采用"存储程序和程序控制"方式工作。并且进一步明确指出整个计算机的结构应该由五个部分组成:运算器、控制器、存储器和输入设备、输出设备。冯·诺依曼的这一设计思想解决了计算机的运算自动化的问题和速度匹配问题,对后来计算机的发展起到了决定性的作用,标志着计算机时代的真正开始。

程序就是完成既定任务的一组指令序列,每一条指令都规定了计算机所要执行的一种基本操作,计算机按照程序规定的流程依次执行一条条的指令,最终完成程序所要实现的目标。

计算机利用存储器来存放所要执行的程序,中央处理器 CPU(Central Processing Unit)依次从存储器中取出程序中的每一条指令,并加以分析和执行,直至完成全部指令任务为止。这就是计算机的"存储程序和程序控制"工作原理。

计算机不但能够按照指令的存储顺序依次读取并执行指令,而且还能根据指令执行的结果进行程序的灵活转移,这就使得计算机具有了类似于人的大脑的判断思维能力,再加上它的高速运算特征,计算机才真正成为人类脑力劳动的有力助手。

1.2.2　计算机硬件系统

计算机硬件是计算机系统中所有物理装置的总称。目前,计算机硬件系统由五个基本部分组成,它们是控制器、运算器、存储器、输入设备和输出设备。控制器和运算器构成了计算机硬件系统的核心——中央处理器 CPU。存储器可分为内部存储器和外部存储器,简称为内存和外存。

图 1.2-1 给出了一般计算机的硬件结构框图。

(1)控制器。计算机硬件系统的各个组成部分能够有条不紊地协调进行工作,都是在控制器的控制下完成的。在程序运行过程中,控制器取出存放在存储器中的指令和数据,按照指令的要求发出控制信息,驱动计算机工作。

(2)运算器。运算器在控制器的指挥下,对信息进行处理,包括算术运算和逻辑运算。运算器内部有算术逻辑运算部件 ALU(Arithmetical Logical Unit)和存放运算数据和运算结果的寄存器。

(3)存储器。存储器的主要功能是存放程序和数据。通常把控制器、运算器和内存储器称为主机。存储器中有许多存储单元,一个存储单元由数个二进制位组成,每个二进制位可存放一个 0 或 1。通常一个存储单元由 8 个二进制位组成,为一个字节。所有的存储单元都按顺序编号,这些编号称为地址。

向存储单元送入信息的操作称为"写"操作,从存储单元获取信息的操作称为"读"操作。

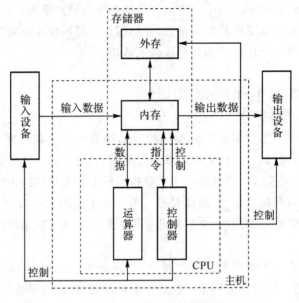

图 1.2-1 计算机硬件结构图

存储器中所有存储单元的总和称为这个存储器的存储容量。存储容量的单位是千字节 KB、兆字节 MB、千兆字节 GB 和太字节 TB。

内存又叫做主存储器(简称主存),由大规模或超大规模集成电路芯片所构成。内存分为随机存取存储器 RAM(Random Access Memory)和只读存储器(Read-Only Memory)两种。RAM 用来存放正在运行的程序和数据,一旦关闭计算机(断电),RAM 中的信息就丢失了。ROM 中的信息一般只能读出而不能写入,断电后,ROM 中的原有信息保持不变,在计算机重新开机后,ROM 中的信息仍可被读出,因此,ROM 常用来存放一些计算机硬件工作所需要的固定的程序或信息。

外存又称为"辅助存储器",用来存放大量的需要长期保存的程序和数据,计算机若要运行存储在外存中的某个程序时必须将它从外存读到内存中才能运行。

外存按存储材料可以分为磁存储器和光存储器。

磁存储器中较常用的有硬盘,其工作原理是将信息记录在涂有磁性材料的金属或塑料圆盘上,靠磁头存取信息。硬盘由接口电路板、硬盘驱动器和硬盘片组成,硬盘驱动器和硬盘片被密封在一个金属壳中,并固定在接口电路板上。如图 1.2-2 所示。

图 1.2-2 硬盘及其内部结构

　　硬盘的性能指标主要体现在容量、转速、缓冲区、数据传输率和接口类型上。硬盘转速越快、缓冲区越大、数据传输率越高,硬盘存取性能越好。

　　光存储器由光盘驱动器和光盘片组成。光存储器的存取速度要慢于硬盘。

　　CD(Compact Disk)意思是高密度盘,即光盘。光存储器通过光学方式读取光盘上的信息或将信息写入光盘,它利用了激光可聚集成能量高度集中的极细光束这一特点,来实现高密度信息的存储。CD光盘的容量一般在650MB左右。一次写入型光盘(CD-R),这种光盘可以分一次或几次对它写入信息,已写入的信息不能擦除或修改,只能读取。可擦写型光盘(CD-RW),这种光盘既可以写入信息,也可以擦除或修改信息。

　　DVD(Digital Versatile Disk)意思是数字多用途光盘。DVD和CD同属于光存储器,它们的大小尺寸相同,但它们的结构是完全不同的。DVD提高了信息储存密度,扩大了存储空间。DVD光盘的容量一般在4.7GB左右。

　　CD和DVD通过光盘驱动器读取或写入数据。

　　光盘驱动器的主要性能指标有数据传输率、缓冲区和接口类型。数据传输率越高、缓冲区越大,光盘驱动器存取性能越好。数据传输率指的是光盘驱动器每秒钟能够读取多少千字节(KB)的数据量,以每秒150KB为基准。通常所说的40x(倍速)的光盘驱动器,表示光盘驱动器的数据传输率为40×150KB＝6MB。

　　(4)输入设备。输入设备用于向计算机输入信息。一些常用的输入设备如下:

　　①键盘。键盘(Keyboard)是计算机最常用也是最主要的输入设备。键盘有机械式和电容式、有线和无线之分。目前用于计算机的键盘有多种规格,目前普遍使用的是104键的键盘。

　　②鼠标。鼠标(Mouse)是一种指点设备,它将频繁的击键动作转换成为简单的移动、点击。鼠标彻底改变了人们在计算机上的工作方式,从而成为计算机必备的输入设备。鼠标有机械式和光电式、有线和无线之分;根据按键数目,又可分为单键、两键、三键以及滚轮鼠标。

　　③笔输入设备。笔输入设备兼有鼠标、键盘和书写笔的功能。笔输入设备一般有两部分组成:一部分是与主机相连的基板,另一部分是在基板上写字的笔,用户通过笔与基板的交互,完成写字、绘图、操控鼠标等操作。基板在单位长度上所分布的感应点数越多,对笔的反应就越灵敏。压感是指基板可以感应到笔在基板上书写的力度,压感级数越高越好。基板感应笔的方式有电磁式感应和电容式感应等。如图1.2-3所示。

　　　　图1.2-3　笔输入设备　　　　　　　　　图1.2-4　扫描仪

　　④扫描仪。扫描仪(Scanner)是常用的图像输入设备,它可以把图片和文字材料快速地输入计算机,如图1.2-4所示。扫描仪通过光源照射到被扫描材料上来获得材料的图像,被扫描

材料将光线反射到扫描仪的光电器件上，由于被扫描材料不同的位置反射的光线强弱不同，光电器件将光线转换成数字信号，并存入计算机的文件中，然后就可以用相关的软件进行显示和处理。

⑤数码相机。数码相机 DC(Digital Camera)是集光学、机械、电子一体化的产品。与传统相机相比，数码相机的"胶卷"是光电器件，当光电器件表面受到光线照射时，能把光线转换成数字信号，所有光电器件产生的信号加在一起，就构成了一幅完整的画面，数字信号经过压缩后存放在数码相机内部的"闪存(Flash Memory)"存储器中。

数码相机的优点是显而易见的，它可以即时看到拍摄的效果，可以把拍摄的照片传输给计算机，并借助计算机软件进行显示和处理。

(5)输出设备。输出设备的功能是用来输出计算机的处理结果。一些常用的输出设备如下：

①显示器。显示器是计算机最常用也是最主要的输出设备。计算机的显示系统包括显示器和显示卡，它们是独立的产品。目前计算机使用的显示器主要有两类：CRT 显示器和液晶显示器。

如图 1.2-5 所示，阴极射线管 CRT(Cathode Ray Tube)显示器工作时，电子枪发出电子束轰击屏幕上的某一点，使该点发光，每个点有红、绿、蓝三基色组成，通过对三基色强度的控制就能合成各种不同的颜色。电子束从左到右，从上到下，逐点轰击，就可以在屏幕上形成图像。

图 1.2-5　CRT 显示器

图 1.2-6　LCD 显示器

液晶 LCD(Liquid Crystal Display)显示器的工作原理是利用液晶材料的物理特性，当通电时，液晶中分子排列有秩序，使光线容易通过；不通电时，液晶中分子排列混乱，阻止光线通过。这样让液晶中分子如闸门般地阻隔或让光线穿透，就能在屏幕上显示出图像来，如图 1.2-6 所示。液晶显示器有几个非常显著的特点：超薄、完全平面、没有电磁辐射、能耗低，符合环保概念。

显示器主要有三个性能指标：点距、刷新率和分辨率。点距的单位为毫米(mm)，点距越小，显示效果就越好，0.28mm 的点距已经可以满足要求了。刷新率通常以赫兹(Hz)表示，刷新率足够高时，人眼就能看到持续、稳定的画面，否则就会感觉到明显的闪烁和抖动，闪烁情况越明显，眼睛就越疲劳，一般要求刷新率在 60Hz 以上。分辨率是指显示器能够显示的像素(点)个数，分辨率越高，画面越清晰，例如分辨率 1024×768，表示显示器水平方向显示 1024个点，垂直方向显示 768 个点。

计算机通过显示卡与显示器打交道。显示卡使用的图形处理芯片基本决定了该显示卡的性能和档次，目前主要的图形处理芯片设计和生产厂商有 NVIDIA 和 ATI。显示卡上的显示存储器也是显示卡的关键部件，它的品质、速度、容量关系到显示卡的最终性能表现。

②打印机。目前可以将打印机分为三类：针式打印机、喷墨打印机和激光打印机。针式打

印机利用打印头内的钢针撞击打印色带,在打印纸上产生打印效果。针式打印机打印头上的钢针数为 24 针的,称为 24 针打印机。喷墨打印机的打印头由几百个细小的喷墨口组成,当打印头横向移动时,喷墨口可以按一定的方式喷射出墨水,打印到打印纸上。激光打印机是激光技术和电子照相技术相结合的产物,它类似复印机,使用墨粉,但光源不是灯光,而是激光。激光打印机具有最高的打印质量和最快的打印速度。

喷墨打印机和激光打印机属于非击打式打印机。

③绘图仪。绘图仪在绘图软件的支持下可以绘制出复杂、精确的图形。常用的绘图仪有平板型和滚筒型两种类型。平板型绘图仪的绘图纸平铺在绘图板上,通过绘图笔架的运动来绘制图形;滚筒型绘图仪依靠绘图笔架的左右移动和滚筒带动绘图纸前后滚动绘制图形。绘图仪是计算机辅助设计不可缺少的工具。

其他的输入设备和输出设备有网卡、数码摄像头、声卡和音箱等。网卡的作用是让计算机能够"上网"。数码摄像头使我们通过计算机网络实现了远程的面对面交流,如视频会议、视频聊天、网络可视电话等。通过声卡,计算机可以输入、处理和输出声音。声卡主要分为 8 位和16 位两大类,多数 8 位声卡只有一个声音通道(单声道);16 位声卡采用了双声道技术,具有立体声效果。音箱接到声卡上的 Line Out 插口,音箱将声卡传播过来的电信号转换成机械信号的振动,再形成人耳可听到的声波。音箱内有磁铁,磁性很高,最好买防磁音箱以避免干扰CRT 显示器。

(6)外部接口。计算机与输入输出设备及其他计算机的连接是通过外部接口实现的。常见的外部接口如图 1.2-7 所示。

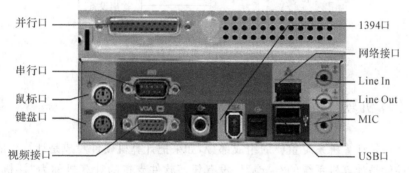

图 1.2-7　常用外部接口

①串行口。串行口又称 COM 口或 RS-232 口。一次只能传送一位数据,通常用于连接调制解调器(MODEM)以及计算机之间的通信。调制解调器通过连接电话线,进行拨号上网。

②并行口。并行口又称打印机口(LPT),主要用于连接打印机、扫描仪等设备。一次可以传送一个字节的信息。

③PS/2 口。PS/2 口用于连接键盘和鼠标。一般鼠标接在绿色的 PS/2 口,键盘接在紫色的 PS/2 口。

④USB 口。通用串行总线 USB(Universal Serial Bus)口是一种新型的外部设备接口标准,它的数据传输速度为:USB1.1 可达 12M 位/秒,USB2.0 可达 480M 位/秒。USB 口支持在不切断电源的情况下自由插拔以及即插即用(Plug-and-Play,简称 PnP)。目前,计算机和外部设备都逐渐采用 USB 口,而且计算机上的 USB 口一般有多个。USB 口可以用来连接键盘、鼠标、打印机、扫描仪、优盘等。

⑤IEEE1394 口。IEEE1394 口是由 Apple 公司和 Texas Instruments 公司开发的高速串行总线接口标准,Apple 公司称之为火线(FireWire),Sony 公司称之为 i. Link,Texas Instruments 公司称之为 Lynx。IEEE1394 口支持在不切断电源的情况下自由插拔以及即插即用,它的数据传输速度从 400M 位/秒到 1G 位/秒。IEEE1394 口主要用于连接数码摄像机。

⑥其他常用接口。网络接口(RJ-45 口)可以让计算机直接连入网络中。视频接口(Video 口)用于连接显示器或投影机。电话接口(RJ-11 口)可以连接电话线,进行拨号上网。

输入设备和输出设备以及外存属于计算机的外部设备。

在计算机中,各个基本组成部分之间是用总线(Bus)相连接的。总线是计算机内部传输各种信息的通道。总线中传输的信息有三种类型:地址信息、数据信息和控制信息。

图 1.2-8 是计算机的总线结构框图。

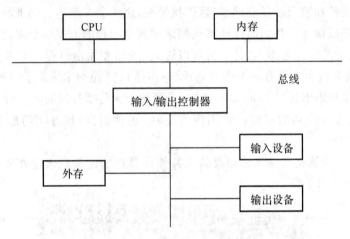

图 1.2-8　计算机的总线结构

1.2.3　计算机软件系统

计算机软件是计算机系统重要的组成部分,如果把计算机硬件看成是计算机的"躯体",那么计算机软件就是计算机系统的"灵魂"。没有任何软件支持的计算机称为"裸机",只是一些物理设备的堆积,几乎是不能工作的。只有配备了一定的软件,计算机才能发挥其作用。

实际呈现在用户面前的计算机系统是经过若干层软件改造的计算机,而其功能的强弱也与所配备的软件的丰富程度有关。

1. 什么是计算机软件

计算机软件是计算机系统中与硬件相互依存的另一部分,它是包括程序、数据及其相关文档的完整集合。

程序是完成既定任务的一组指令序列。在程序正常运行过程中,需要输入一些必要的数据。文档是与程序开发、维护和使用有关的图文材料。程序和数据必须装入计算机内部才能工作,文档一般是给人看的,不一定装入计算机。

软件(Software)一词源于程序,到了上世纪 60 年代初期,人们逐渐认识到和程序有关的数据、文档的重要性,从而出现了软件一词。

2. 计算机软件的分类

计算机软件一般可以分为系统软件和应用软件两大类。

系统软件居于计算机系统中最靠近硬件的一层，其他软件都通过系统软件发挥作用。系统软件与具体的应用领域无关。

系统软件通常是负责管理、控制和维护计算机的各种软硬件资源，并为用户提供一个友好的操作界面，以及服务于应用软件的资源环境。

系统软件主要包括操作系统、程序设计语言及其开发环境、数据库管理系统等。

应用软件是指为解决某一领域的具体问题而开发的软件产品。随着计算机应用领域的不断拓展和广泛普及，应用软件的作用越来越大。

Microsoft 公司的 Office 是目前应用最广泛的办公自动化软件，主要包括字处理软件 Word、电子表格软件 Excel、演示文稿软件 PowerPoint、数据库管理软件 Access 以及网页制作软件 FrontPage 等。

Adobe 公司的 Photoshop 是图形图像处理领域最著名的软件。Photoshop 提供的强大功能足以让创作者充分表达设计创意，进行艺术创作。

Flash MX 是 Macromedia 公司出品的动画创作软件，主要应用于网页和多媒体制作。

3. 计算机软件的发展

计算机软件的发展受到计算机应用和计算机硬件的推动和制约，同时，计算机软件的发展也推动了计算机应用和计算机硬件的发展。计算机软件的发展过程大致可分为三个阶段：

(1)从第一台计算机上的第一个程序开始到高级程序设计语言出现之前为第一阶段(1946—1956 年)。当时计算机的应用领域较窄，主要是科学计算。编写程序主要采用机器语言和汇编语言。人们对和程序有关的文档的重要性认识不足，重点考虑程序本身。尚未出现软件一词。

(2)从高级程序设计语言出现以后到软件工程出现以前为第二阶段(1956—1968 年)。随着计算机应用领域的逐步扩大，除了科学计算外，出现了大量的非数值数据处理问题。为了提高程序开发人员的效率，出现了高级程序设计语言，并产生了操作系统和数据库管理系统。在20 世纪 50 年代后期，人们逐渐认识到和程序有关的文档的重要性，到了 20 世纪 60 年代初期，出现"软件"一词。这时，软件的复杂程度迅速提高，研制时间变长，正确性难以保证，可靠性问题突出，出现了"软件危机"。

(3)软件工程出现以后迄今为第三阶段(1968 年以后)。为了对付"软件危机"，在 1968 年的北大西洋公约组织(NATO)召开的学术会议上提出了"软件工程"概念。软件工程就是建立并使用完善的工程化原则，以较经济的手段获得能在实际机器上有效运行的可靠软件的一系列方法。除了传统的软件技术继续发展外，人们着重研究以智能化、自动化、集成化、并行化和自然化为标志的软件新技术。

4. 操作系统

操作系统(Operating System, OS)是计算机系统中最重要的系统软件。操作系统能对计算机系统中的软件和硬件资源进行有效的管理和控制，合理地组织计算机的工作流程，为用户提供一个使用计算机的工作环境,起到用户和计算机之间的接口作用。

只有在操作系统的支持下,计算机系统才能正常运行,如果操作系统遭到破坏,计算机系统就无法正常工作。

操作系统的主要功能有:

(1)任务管理。任务管理主要是对中央处理器的资源进行分配,并对其运行进行有效的控制和管理。

(2)存储管理。存储管理的主要任务是有效管理计算机系统中的存储器,为程序运行提供良好的环境,按照一定的策略将存储器分配给用户使用,并及时回收用户不使用的存储器,提高存储器的利用率。

(3)设备管理。设备管理就是按照一定的策略分配和管理输入输出设备,以保证输入输出设备高效地、有条不紊地工作。设备管理提供了良好的操作界面,使用户在不涉及输入输出设备内部特性的前提下,灵活地使用这些设备。

(4)文件管理。文件是相关信息的集合。每个文件必须有一个名字,通过文件名,可以找到对应的文件。计算机中的信息以文件的形式存放在存储器中。文件管理的任务就是支持文件的存储、查找、删除和修改等操作,并保证文件的安全性,方便用户使用信息。

(5)作业管理。作业是指要求计算机完成的某项任务。作业管理包括作业调度和作业控制,目的是为用户使用计算机系统提供良好的操作环境,让用户有效地组织工作流程。

Microsoft 公司的 Windows 操作系统是目前应用最广泛的操作系统。

5.程序设计语言

人们使用计算机,可以通过某种程序设计语言与计算机"交谈",用某种程序设计语言描述所要完成的工作。

程序设计语言包括机器语言、汇编语言和高级语言。

(1)机器语言。机器语言是计算机诞生和发展初期使用的语言,采用二进制编码形式,是计算机惟一可以直接识别、直接运行的语言。机器语言的执行效率高,但不易记忆和理解,编写的程序难以修改和维护,所以现在很少直接用机器语言编写程序。

(2)汇编语言。为了减轻编写程序的负担,20 世纪 50 年代初发明了汇编语言。汇编语言和机器语言基本上是一一对应的,但在表示方法上作了根本性的改进,引入了助记符,例如,用 ADD 表示加法,用 MOV 表示传送等。汇编语言比机器语言更加直观,容易记忆,提高了编写程序的效率。计算机不能够直接识别和运行用汇编语言编写的程序,必须通过一个翻译程序将汇编语言转换为机器语言后方可执行。

汇编语言和机器语言一般被称为低级语言。

(3)高级语言。高级语言诞生于 20 世纪 50 年代中期。高级语言与人们日常熟悉的自然语言和数学语言更接近,便于学习、使用、阅读和理解。高级语言的发明,大大提高了编写程序的效率,促进了计算机的广泛应用和普及。计算机不能够直接识别和运行用高级语言编写的程序,必须通过一个翻译程序将高级语言转换为机器语言后方可执行。常用的高级语言有 C、C++、Java 和 BASIC 等。

程序设计语言的发展过程是其功能不断完善、描述问题的方法越来越贴近人类思维方式的过程。

6.语言处理程序

计算机只能执行机器语言程序,用汇编语言或高级语言编写的程序都不能直接在计算机上执行。因此计算机必须配备一种工具,它的任务是把用汇编语言或高级语言编写的程序翻译成计算机可直接执行的机器语言程序,这种工具就是"语言处理程序"。语言处理程序包括汇编程序、解释程序和编译程序。

(1)汇编程序。汇编程序将用汇编语言编写的程序翻译成计算机可直接执行的机器语言程序。

(2)解释程序。解释程序对高级语言编写的程序逐条进行翻译并执行,最后得出结果。也就是说,解释程序对高级语言编写的程序是一边翻译,一边执行的。

(3)编译程序。编译程序将用高级语言编写的程序翻译成计算机可直接执行的机器语言程序。

7.数据库管理系统

在当今的信息时代,我们的生活越来越多地依赖信息的存取和使用,数据库系统正日益广泛地应用到人们的生活中。例如,当我们通过 ATM 自动取款机取钱时,其实已经访问了银行的账户数据库系统。数据库系统一般由计算机系统、数据库、数据库管理系统和相关人员组成。

计算机系统提供了数据库系统运行必需的计算机软硬件资源。

数据库是存储在计算机内的、有组织的、可共享的、互相关联的数据集合。

数据库管理系统(DataBase Management System,DBMS)是数据库系统的核心,由一组用以管理、维护和访问数据的程序构成,提供了一个可以方便地、有效地存取数据库信息的环境。目前,常用的数据库管理系统有 Access、SQL Server 和 Oracle 等。

用户通过数据库管理系统使用数据库。

1.2.4　个人计算机

"个人计算机"(Personal Computer,PC)一词源自于 1978 年 IBM 公司的第一部台式微型计算机的型号。今天,个人计算机是使用最广泛的计算机。

1.个人计算机的启动

个人计算机的启动分为冷启动和热启动。

(1)冷启动。冷启动是指计算机在关机状态下打开电源启动计算机的操作,又称加电启动或开机。开机的步骤为:先打开外部设备电源开关,如要使用打印机的,则打开打印机电源开关,若显示器电源是独立的(不与主机电源相连接),则应打开显示器电源开关,最后打开主机电源开关。关机时则顺序相反。现在的个人计算机支持自动关机功能,通过 Windows 操作系统或 Linux 操作系统提供的关机命令,用软件的方法关闭计算机。

(2)热启动。计算机在开机状态下,使用过程中因某种原因造成死机,此时可以用热启动的方式重新启动计算机。一种方式是同时按下键盘上的 Ctrl、Alt 和 Del 这 3 个键(Ctrl+Alt

+Del),然后同时放开,在 Windows 操作系统下,会出现一个窗口,选择"重新启动"命令。另一种方式是按下计算机主机箱上的 Reset(复位)按钮。

需要注意的是,计算机关机后不要立即加电启动,等待 15～20 秒再开机,否则容易损坏计算机的电源。

2. 个人计算机的主要性能指标

个人计算机的主要性能指标有:

(1)主频。主频就是计算机 CPU 的工作频率,CPU 主频越高,计算机的运行速度就越快。CPU 主频是以 MHz(兆赫)、GHz(千兆赫)为单位的。

(2)字长。字长是指 CPU 在一次操作中能处理的最大数据单位,它体现了一条指令所能处理数据的能力。例如,CPU 的字长为 16 位,则每执行一条指令可以处理 16 位二进制数据。如果要处理更多位的数据,则需要几条指令才能完成。显然,字长越长,CPU 可同时处理的数据位数就越多,功能就越强。

(3)内存容量和存取周期。内存容量是指内存中能存储信息的总字节数。内存进行一次"读"或"写"操作所需的时间称为内存的访问时间,而连续启动两次独立的"读"或"写"操作(如连续的两次"读"操作)所需的最短时间,称为存取周期。内存容量越大,存取周期越小,计算机的运算速度就越快。

(4)高速缓冲存储器(Cache)。高速缓冲存储器简称高速缓存,对提高计算机的速度有重要的作用。高速缓存的存取速度比内存快,但容量不大,主要用来存放当前内存中使用最多的程序和数据,并以接近 CPU 的速度向 CPU 提供程序指令和数据。高速缓存分为一级缓存(L1 Cache,也称内部缓存)和二级缓存(L2 Cache,也称外部缓存),一级缓存在 CPU 内部,二级缓存位于内存和 CPU 之间。

(5)总线速度。总线速度决定了 CPU 和高速缓存、内存和输入、输出设备之间的信息传输容量。

计算机的运算速度是一项综合性的指标,是包括上述因素在内的多种因素的综合衡量,其单位是 MIPS(百万条指令/秒)。

3. 微处理器

个人计算机中的 CPU 又称作微处理器,它将传统的运算器和控制器等集成在一块超大规模集成电路芯片上。目前微处理器生产厂家有 Intel 公司、AMD 公司、IBM 公司等。微处理器的发展已经有几十年的历史了,迄今经历了多代产品。

第一代微处理器是 1971 年 Intel 公司研制的 4 位微处理器 4004。

第二代微处理器是 1974 年 Intel 公司研制的 8 位微处理器 8080。

第三代微处理器是 Intel 公司 1978 年和 1979 年研制的准 16 位微处理器 8086 和 8088,以及在 1982 年推出的全 16 位微处理器 80286。1981 年,8088 微处理器被首先应用于 IBM PC 计算机中。

第四代微处理器开始于 1985 年,该年 Intel 公司推出了第一种 32 位的微处理器 80386。1989 年又研制了 80486。

1993 年 Intel 公司研制了 Pentium(奔腾)微处理器。1995 年推出了新一代高性能的 32

位微处理器 Pentium Pro。为了弥补 Pentium Pro 的某些缺陷,Intel 公司在 Pentium Pro 的基础上又推出了 Pentium Ⅱ。

1999 年 Intel 公司研制了 Pentium Ⅲ 微处理器。2000 年 3 月 Intel 公司推出了 Pentium Ⅲ 1GHz 的微处理器,这是个人计算机上 CPU 的主频首次突破千兆赫兹。同时 Intel 公司推出了 Pentium Ⅲ 微处理器的简化版 Celeron(赛扬)微处理器,抢占低端市场。此后 Intel 公司推出的微处理器分为高端的 Pentium 微处理器和低端的 Celeron 微处理器。

2000 年 11 月 Intel 公司正式发布了 Pentium 4 微处理器。2003 年 Intel 公司又研制了 Pentium M 微处理器,主要用于便携式计算机中。

除了 Intel 公司外,其他公司也有不错的微处理器产品,如 AMD 公司的 Athlon(对应 Intel 公司的 Pentium)和 Sempron(对应于 Intel 公司的 Celeron)微处理器。

微处理器的发展基本遵循了摩尔定律。摩尔定律认为微处理器的性能通常 18 到 24 个月便能增加一倍。

4. 主板

主板(Main Board)是个人计算机中除 CPU 之外,最基本、最重要的基础部件了。计算机中的其他部件都连接在主板上,因此主板性能的好坏直接影响计算机的总体性能。如图 1.2-9 所示。

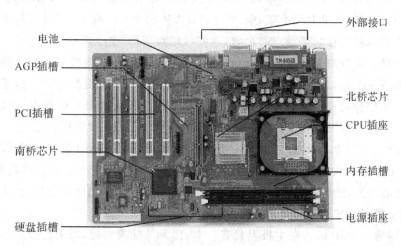

图 1.2-9　主板结构

(1)主板芯片组。主板芯片组是构成主板的灵魂和核心,它决定了主板的性能和级别。主板芯片组可以分为"北桥"和"南桥"芯片组,它们就像人的左脑和右脑一样,分别完成不同的任务。"北桥"负责与 CPU 的接口,控制 Cache、内存以及图形接口等;"南桥"负责输入输出接口以及硬盘等外部设备的控制。CPU 往往必须与主板芯片组搭配才能发挥最佳性能。

(2)基本输入输出系统。个人计算机开机后自动将操作系统加载到内存并运行起来,这个过程称为系统引导。在主板上有一块"闪存"芯片,里面存放着一段检测和启动计算机的程序,称为基本输入输出系统 BIOS(Basic Input/Output System)。BIOS 的功能是否强大在很大程度上决定了主板性能的优劣。

(3)CMOS。除了 BIOS 外,在计算机中还有一个称为 CMOS 的"小内存",它保存着计算机当前的配置信息,如日期和时间、硬盘的格式和容量、内存容量等。这些信息也是计算机加载操作系统之前必须知道的信息。CMOS 由主板上的电池来供电,关闭计算机电源后,CMOS 中的信息仍能保留。

(4)CPU 插座。CPU 插座是主板与 CPU 连接的接口。不同的 CPU 插座有不同的外观及针脚数目,配置的 CPU 也不相同。Pentium 4 采用 Socket 478CPU 插座,一般是方形的白色引脚接口,其中一个角缺针,边上有一根推杆。安装 CPU 时只要推起推杆,将 CPU 缺针的一角对齐插座缺针的一角,轻轻放入,然后压下推杆,固定 CPU 即可。

(5)扩展插槽。主板上的扩展插槽是主板通过总线与其他部件联系的通道,用来扩展系统功能的各种电路板卡都插在扩展槽中。主板上的扩展插槽数量可以反映个人计算机的扩展能力。

①内存插槽。将存储器芯片、电容、电阻等电子器件焊接在一个条形的电路板上组装起来,它被称为内存条。内存插槽用于安装内存条,每条插槽两端各有一个卡子用来固定内存条。内存插槽中有不对称的定位点,与内存条上的缺口一一对应,可以防止内存条插错方向。

安装内存条时,首先扳开内存插槽两端的卡子,将内存条的缺口对准内存插槽上的定位点,垂直用力插入,内存插槽两端的卡子会自动竖立并卡住内存条两侧的缺口。

目前,个人计算机上常用的内存条是同步动态随机存取存储器 SDRAM(Synchronous Dynamic RAM)内存条和双倍速率同步动态随机存取存储器 DDR SDRAM(Double Data Rate SDRAM)内存条。SDRAM 有 168 个针脚,DDR SDRAM 有 184 个针脚,所谓针脚就是指内存条与内存插槽插接时接触点的个数,这些接触点俗称"金手指"。

②硬盘插槽。通过扁平电缆将硬盘与硬盘插槽连接,使硬盘能够与内存交换信息。硬盘插槽的一侧都有一个缺口,而扁平电缆插头的一侧都会有一个突出部分,因此,连接时只要将扁平电缆的突出部分对准插槽的缺口,用力按下扁平电缆插头即可。硬盘上的接口有同样的缺口防止用户插错电缆方向,用相同的方法可以将扁平电缆和硬盘连接。

③PCI 插槽。PCI 插槽用来安装 PCI 接口类型的设备,如声卡、网卡等。PCI 插槽上有一个定位点,而 PCI 接口设备在对应位置上有一个缺口用来防止反向安装。安装时,首先取下 PCI 插槽前面的挡片,然后将 PCI 接口设备上的缺口对准 PCI 插槽上的定位点,垂直用力按下即可,最后拧上螺丝固定。主板上有多个 PCI 插槽。

④AGP 插槽。AGP 插槽在主板上只有一个,比 PCI 插槽略短,用来连接显卡。显卡安装方式与 PCI 接口设备相同。AGP 技术有 AGPx1、AGPx2、AGPx4、AGPx8,数字越大表示显示速度越快。AGPx8 主要应用在 Pentium 4 主板上。

(6)电池和电源插座。在主板上有一块充电式纽扣电池,它的寿命一般为 2~3 年。CMOS 中所存储的信息不随电源的关闭而消失正是由于电池存在的原因,此电池可以在计算机开机时通过主板充电。它还有一个用途是清除开机密码,即如果忘记了开机密码可以通过将 CMOS 放电的形式将密码清除。电源插座是主板连接电源的接口,负责为 CPU、内存、扩展插槽上的各种电路板卡等供电,现在主板使用的是 ATX 电源,ATX 电源插座是 20 芯双列插座,具有防插错结构。在软件的配合下,ATX 电源可以实现软件关机等电源管理功能。

5. 外部存储器

(1)硬盘。现在个人计算机上所有的硬盘都支持 S. M. A. R. T(自监测、分析和报告技术），可有效保护硬盘。某些硬盘还采用了"液态轴承"技术，来降低硬盘片高速旋转产生的噪声和热量，提高硬盘的抗震能力。

　　硬盘的接口类型可以分为 IDE、SATA 和 SCSI 三种。IDE 接口是目前个人计算机上常用的硬盘接口。SATA 接口采用串行连接方式，具有纠错能力，如果发现错误可以自动纠正，这在很大程度上提高了数据传输的可靠性。采用 SATA 接口的硬盘称为串行硬盘，性能上优于 IDE 接口的硬盘，将成为个人计算机上的新选择。SCSI 接口最初是为小型计算机研制开发的，后来被移植到个人计算机上，SCSI 接口具有很高的性能和数据传输率，但价格较高，一般用于高档的个人计算机中。

　　(2)光盘存储器。现在个人计算机上流行配置的 Combo 光盘驱动器是指集 CD-R、CD-RW、DVD 三者为一体的一种新型光盘驱动器，在功能方面，它既能读 CD-R、CD-RW 光盘，又能读 DVD 光盘，甚至还可以刻录 CD-R、CD-RW 和 DVD 光盘，正因为它具有那么多的功能，被称之为全能光盘驱动器。光盘驱动器的接口类型和硬盘相同。

　　(3)移动存储器。常见的移动存储器有"优盘"、"移动硬盘"和"移动光盘"三种。一般使用 USB 接口"优盘"采用集成电路"闪存"芯片作为存储介质，可反复存取数据，没有机械部件，可靠性高，抗震能力强，大有取代软盘的趋势。"移动硬盘"使用个人计算机上硬盘作为存储部件，外面加上一个外壳，外壳中包含接口电路板，适合于大容量数据的携带、备份和交换。"移动光盘"和"移动硬盘"类似。

6.多媒体计算机

　　多媒体技术在 20 世纪 80 年代崛起并迅速发展起来。人们普遍认为，在 21 世纪的信息社会中，多媒体技术将有更大的发展，它正在改变人们的思维观念、生活习惯，使计算机有了更广泛的用途。

　　媒体(Media)是指信息表示和传播的载体。例如，文字、声音、图形和图像等都是媒体。多媒体(Multimedia)是多种媒体的综合，而多媒体技术是把数字、文字、声音、图形、图像和动画等各种媒体有机组合起来，利用计算机、通信和广播电视技术，使它们建立起逻辑联系，并能进行加工处理的技术。

　　具有多媒体功能的计算机叫做多媒体计算机(简称 MPC)。多媒体计算机包含 5 个基本部分：个人计算机、CD-ROM 或 DVD 驱动器、声卡、音响或耳机、Windows 操作系统。也可以配置视频卡，快速处理视频图像，为多媒体计算机与电视机、摄像机等设备的连接提供接口。现在配置的个人计算机几乎都是多媒体计算机。

1.3　计算机应用与信息社会

　　本节介绍了计算机的主要应用领域、信息社会、计算机使用中的道德问题。

1.3.1　计算机的主要应用领域

　　自 1946 年第一台电子数字计算机诞生以来，人们一直在探索计算机的应用模式，尝试着利用计算机去解决各领域中的问题。

　　归纳起来,计算机的应用主要有以下几方面:

　　(1)科学计算,也称数值计算,是指用计算机来解决科学研究和工程技术中所提出的复杂的数学问题。

　　(2)信息处理,也称数据处理或事务处理。人们利用计算机进行信息的收集、存储、加工、分类、检索、传输和发布,最终目的是将信息资源作为管理和决策的依据。办公自动化(Office Automation,OA)就是计算机信息处理的典型应用。目前,计算机在信息处理方面的应用已占所有应用的 80% 左右。

　　(3)自动控制。利用计算机对动态的过程进行控制、指挥和协调。用于自动控制的计算机要求可靠性高、响应及时。计算机先将模拟量如电压、温度、速度、压力等,转换成数字量,然后进行处理,计算机处理后输出的数字量再经过转换,变成模拟量去控制对象。

　　(4)计算机辅助系统。计算机辅助系统有计算机辅助设计(Computer Aided Design,CAD)、计算机辅助制造(Computer Aided Manufacturing,CAM)、计算机辅助测试(Computer Aided Test,CAT)、计算机集成制造系统(Computer Integrated Manufacturing System,CIMS)和计算机辅助教学(Computer Aided Instruction,CAI)等。

　　计算机辅助设计是指利用计算机来帮助设计人员进行产品设计。

　　计算机辅助制造是指利用计算机进行生产设备的管理、控制和操作。

　　计算机辅助测试是指利用计算机来进行自动化的测试工作。

　　计算机集成制造系统借助计算机软硬件,综合运用现代管理技术、制造技术、信息技术、自动化技术、系统工程技术,将企业生产全过程中有关的人和组织、技术、经营管理三要素与其信息流、物流有机地集成并优化运行,实现企业整体优化,从而使企业赢得市场竞争。

　　计算机辅助教学是将计算机所具有的功能用于教学的一种教学形态。在教学活动中,利用计算机的交互性传递教学过程中的教学信息,达到教育目的,完成教学任务。计算机直接介入教学过程,并承担教学中某些环节的任务,从而达到提高教学效果,减轻师生负担的目的。

　　(5)人工智能。人工智能(Artificial Intelligence,AI)利用计算机来模仿人类的智力活动。

1.3.2　计算机与社会信息化

1.信息化

　　物质、能源和信息是现代社会发展的三大基本要素。物质可以被加工成材料,能源可以被转化为动力,信息则可以被提炼为知识和智慧。

　　信息化是社会生产力发展的必然趋势。信息化是指在信息技术的驱动下,由以传统工业为主的社会向以信息产业为主的社会演进的过程,是培育、发展以计算机为主的智能化工具为代表的新生产力,并使之造福于社会的历史过程。

　　智能化工具又称信息化的生产工具,它一般必须具备信息获取、信息传递、信息处理、信息再生、信息利用的功能。与智能化工具相适应的生产力,称为信息化生产力。智能化生产工具与过去生产力中的生产工具不一样的是,它不是一件孤立分散的东西,而是一个具有庞大规模的、自上而下的、有组织的信息网络体系。这种网络性生产工具将改变人们的生产方式、工作方式、学习方式、交往方式、生活方式、思维方式等,将使人类社会发生极其深刻的变化。

信息化生产力是迄今人类最先进的生产力,它要求有先进的生产关系和上层建筑与之相适应,一切不适应该生产力的生产关系和上层建筑将随之改变。

信息化,包括信息资源、信息网络、信息技术、信息产业、信息化人才、信息化政策、法规和标准等六大要素。

信息资源,是国民经济和社会发展的战略资源,它的开发和利用是信息化体系的核心内容,是信息化建设取得实效的关键。

信息网络,是信息资源开发利用和信息技术应用的基础,是信息传输、交换和资源共享的必要手段。

信息技术,是研究开发信息的获取、传输、存储、处理和应用的工程技术,它是在计算机、通信、微电子技术基础上发展起来的现代高新技术。信息技术是信息化的技术支柱,是信息化的驱动力。

信息产业指信息设备制造业和信息服务业。信息设备制造业包括:计算机系统、通信设备、集成电路等制造业。信息服务业是从事信息资源开发和利用的行业。信息产业是信息化的产业基础,是衡量一个国家信息化程度和综合国力的重要尺度。

信息化人才,是指建立一支结构合理、高素质的研究、开发、生产、应用队伍,以适应信息化建设的需要。

信息化政策、法规和标准,是指建立一个促进信息化建设的政策、法规环境和标准体系,规范和协调各要素之间的关系,以保证信息化的快速、有序、健康发展。

信息社会是信息化的必然结果。

2. 信息社会

信息社会也称为信息化社会,一般是指这样一种社会:信息产业高度发达且在产业结构中占据优势,信息技术高度发展且在社会经济发展中广泛应用,信息资源充分开发利用且成为经济增长的基本资源。

从传统的农业社会到现代工业社会,是人类社会发展历史上的一个非常重要的变革。工业社会相对于农业社会,极大地扩展了人类的生存空间,而信息社会相对于工业社会,则通过新的传播工具和方式,特别是通过新的传播理念,极大地扩展了人类的思维空间,构成了人类发展的新的平台。

3. 信息素养

在飞速发展的信息时代,信息日益成为社会各领域中最活跃、最具有决定意义的因素,基本的学习能力实际上体现为对信息资源的获取、加工、处理以及信息工具的掌握和使用等,其中还涉及信息伦理、信息意识等。开展信息教育、培养学习者的信息意识和信息能力成为当前教育改革的必然趋势。

在这样一个背景下,信息素养(Information Literacy)正在引起世界各国越来越广泛的重视,并逐渐加入从小学到大学的教育目标与评价体系之中,成为评价人才综合素质的一项重要指标。

信息素养这一概念是美国信息产业协会主席保罗·泽考斯基(Paul Zurkowski)于 1974

年在美国提出的。完整的信息素养应包括三个层面:文化素养(知识层面)、信息意识(意识层面)、信息技能(技术层面)。

在美国,信息素养概念是从图书检索技能演变而来的。美国将图书检索技能和计算机技能集合成为一种综合的能力、素质,即信息素养。1989年美国图书馆协会下属的"信息素养总统委员会"正式给信息素养下的定义为"要成为一个有信息素养的人,他必须能够确定何时需要信息,并已具有检索、评价和有效使用所需信息的能力"。

1998年美国图书馆协会和美国教育传播与技术协会制定了学生学习的九大信息素养标准:能够有效地和高效地获取信息;能够熟练地、批判性地评价信息;能够精确地、创造性地使用信息;能探求与个人兴趣有关的信息;能欣赏作品和其他对信息进行创造性表达的内容;能力争在信息查询和知识创新中做得最好;能认识信息对民主化社会的重要性;能履行与信息和信息技术相关的符合伦理道德的行为规范;能积极参与活动来探求和创建信息。

信息素养不仅仅是诸如信息的获取、检索、表达、交流等技能,而且包括以独立学习的态度和方法,将已获得的信息用于信息问题解决、进行创新性思维的综合的信息能力。

信息素养的教育注重知识的更新,而知识的更新是通过对信息的加工得以实现的。因此,把纷杂无序的信息转化成有序的知识,是教育要适应现代化社会发展需求的当务之急,是培养信息素养首要解决的问题,即文化素养与信息意识的关系问题。

1.3.3　计算机使用中的道德问题

1. 计算机犯罪

利用计算机犯罪始于20世纪60年代末,20世纪70年代迅速增长,20世纪80年代形成威胁,成为社会关注的热点。计算机犯罪是指利用计算机作为犯罪工具进行的犯罪活动。例如利用计算机网络窃取国家机密,盗取他人信用卡密码,传播复制色情内容等。计算机犯罪包括针对系统的犯罪和针对系统处理的数据的犯罪两种,前者是对计算机硬件和系统软件组成的系统进行破坏的行为,后者是对计算机系统处理和储存的信息进行破坏。

计算机犯罪有其不同于其他犯罪的特点:一是犯罪人员知识水平较高。有些犯罪人员单就专业知识水平来讲可以称得上是专家。因而被称为"白领犯罪"、"高科技犯罪"。其次是犯罪手段较隐蔽,犯罪区域广,犯罪机会多。不同于其他犯罪,计算机犯罪者可能通过网络在千里之外而不是在现场实施犯罪。凡是有计算机的地方都有可能发生计算机犯罪。第三是内部人员和青少年犯罪日趋严重。内部人员由于熟悉业务情况、计算机技术娴熟和合法身份等,具有许多便利条件掩护犯罪。青少年由于思维敏捷、法律意识淡薄又缺少社会阅历而犯罪。

2. 计算机病毒

"计算机病毒"最早是由美国计算机病毒研究专家 F. Cohen 博士提出的。"计算机病毒"有很多种定义,国外最流行的定义为:"计算机病毒是一段附着在其他程序上的可以实现自我繁殖的程序代码。"在《中华人民共和国计算机信息系统安全保护条例》中的定义为:"计算机病毒是指编制或者在计算机程序中插入的破坏计算机功能或者数据,影响计算机使用并且能够自我复制的一组计算机指令或者程序代码。"

（1）破坏性

计算机病毒的最根本的目的是干扰和破坏计算机系统的正常运行,侵占计算机系统资源,使计算机运行速度减慢,直至死机,毁坏系统文件和用户文件,使计算机无法启动,并可造成网络的瘫痪。

（2）传染性

如同生物病毒一样,传染性是计算机病毒的重要特征。传染性也称自我复制能力,是判断是不是计算机病毒的最重要的依据。计算机病毒传播的速度很快,范围也极广,一台感染了计算机病毒的计算机,本身既是一个受害者,又是病毒的传播者,它通过各种可能的渠道,如磁盘、光盘等存储介质以及网络进行传播。

（3）潜伏性

计算机病毒总是寄生潜伏在其他合法的程序和文件中,因而不容易被发现,这样才能达到其非法进入系统,进行破坏的目的。

（4）触发性

计算机病毒的发作要有一定的条件,只要满足了这些特定的条件,病毒就会立即触发激活,开始破坏性的活动。

（5）不可预见性

不同种类病毒的代码千差万别,病毒的制作技术也在不断提高。同反病毒软件相比,病毒永远是超前的。新的操作系统和应用系统的出现,软件技术的不断发展,也为计算机病毒提供了新的发展空间,对未来病毒的预测将更加困难。

3. 软件知识产权保护

计算机发展过程中带来的一大社会问题是计算机软件产品的盗版问题。计算机软件的开发工作量很大,特别是一些大型的软件,往往开发时要用数百甚至上千人,花费数年时间,而且软件开发是高技术含量的复杂劳动,其成本非常高。由于计算机软件产品的易复制性,给盗版者带来了可乘之机。如果不严格执行知识产权保护,制止未经许可的商业化盗用,任凭盗版软件横行,软件公司将无法维持生存,也不会有人愿意开发软件,软件产业也不会有大的发展。

由此可见,计算机软件知识产权保护是一个必须重视和解决的社会问题。解决计算机软件知识产权保护的根本措施是制定和完善软件知识产权保护的法律法规,并严格执法;同时,要加大宣传力度,树立人人尊重知识、尊重软件知识产权的社会风尚。

4. 计算机职业道德

随着计算机在应用领域的深入和计算机网络的普及,今天的计算机已经超出了作为某种特殊机器的功能,给人们带来了一种新的文化、新的工作与生活方式。在计算机给人类带来极大便利的同时,也不可避免地造成了一些社会问题,同时也对我们提出了一些新的道德规范要求。

计算机职业道德是在计算机行业及其应用领域所形成的社会意识形态和伦理关系下,调整人与人之间、人与知识产权之间、人与计算机之间以及人与社会之间的关系的行为规范总和。

美国计算机伦理协会提出了以下计算机职业道德规范,称为"计算机伦理十戒":

(1)不应该用计算机去伤害他人。

(2)不应该影响他人的计算机工作。

(3)不应该到他人的计算机里去窥探。

(4)不应该用计算机去偷窃。

(5)不应该用计算机去作伪证。

(6)不应该复制或利用没有购买的软件。

(7)不应该未经他人许可的情况下使用他人的计算机资源。

(8)不应该剽窃他人的精神作品。

(9)应该注意你正在编写的程序和你正在设计的系统的社会效应。

(10)应该始终注意,你使用计算机是在进一步加强你对同胞的理解和尊重。

计算机职业道德规范中的一个重要的方面是网络道德。网络在计算机系统中起着举足轻重的作用。大多数"黑客"往往开始时是处于好奇和神秘,违背了职业道德侵入他人的计算机系统,从而逐步走向计算机犯罪的。网络道德以"慎独"为主要特征,强调道德自律。"慎独"意味着人独处时,在没有任何外在的监督和控制下,也能遵从道德规范,恪守道德准则。

习　题

一、是非题

1.计算机区别于其他工具的本质特点是具有逻辑判断的能力。

2.计算机的性能指标完全由 CPU 决定。

3.RAM 中的信息在计算机断电后会全部丢失。

4.计算机软件包括系统软件和应用软件。

5.声音、图片等属于计算机信息处理的表示媒体。

6.存储地址是存储器存储单元的编号,CPU 要存取某个存储单元的信息,一定要知道这个存储单元的地址。

7.通常把计算机的运算器、控制器及内存储器称为主机。

8.计算机的硬件和软件是互相依存、互相支持的,硬件的某些功能可以用软件来完成,而软件的某些功能也可以用硬件来实现。

9.复制软件会妨害版权人的利益,是一种违法行为。

10.计算机病毒可以通过光盘或网络等方式进行传播。

二、选择题

1.操作系统是一种(　　)。

A. 系统软件　　　　B. 应用软件　　　　　　C. 软件包　　　　　D. 游戏软件

2.以下设备中不属于输出设备的是(　　)。

A. 打印机　　　　　B. 绘图仪　　　　　　　C. 扫描仪　　　　　D. 显示器

3.计算机内所有的信息都是以(　　)数字形式表示的。

A. 八进制　　　　　B. 十六进制　　　　　　C. 十进制　　　　　D. 二进制

4. ASCII 码是一种对（　　　）进行编码的计算机代码。

    A. 汉字　　　　　　　　B. 字符　　　　　　　　C. 图像　　　　　　　　D. 声音

5. 个人计算机使用的键盘中,Shift 键是（　　　）。

    A. 换档键　　　　　　　B. 退格键　　　　　　　C. 空格键　　　　　　　D. 回车换行键

6. 目前大多数计算机,就其工作原理而言,基本上采用的是科学家（　　　）提出的设计思想。

    A. 比尔·盖茨　　　　　B. 冯·诺依曼　　　　　C. 乔治·布尔　　　　D. 艾仑·图灵

7. 现代信息技术的核心是（　　　）。

    A. 电子计算机和现代通信技术　　　　　　　B. 微电子技术和材料技术

    C. 自动化技术和控制技术　　　　　　　　　D. 数字化技术和网络技术

8. 完整的计算机系统由（　　　）组成。

    A. 硬件系统　　　　　　B. 系统软件　　　　　　C. 软件系统　　　　　　D. 操作系统

9. 计算机病毒是指（　　　）。

    A. 编制有错误的计算机程序　　　　　　　　B. 设计不完善的计算机程序

    C. 已被破坏的计算机程序　　　　　　　　　D. 以危害系统为目的的特殊计算机程序

10. 我国将计算机软件的知识产权列入（　　　）权保护范畴。

    A. 专利　　　　　　　　B. 技术　　　　　　　　C. 合同　　　　　　　　D. 著作

三、简答题

1. 计算机的特点有哪些?

2. 计算机的硬件系统分为哪五部分?

3. 什么是计算机软件?

4. 什么是多媒体计算机?

5. 请写出三种常见的计算机输入设备。

6. 请写出三种常见的计算机输出设备。

7. 请写出三类系统软件。

8. 简述冯·诺依曼型计算机的组成与工作原理。

9. 什么是计算机病毒? 它具有哪些特征?

10. 为什么要提倡计算机的职业道德?

第 2 章

微机用户界面

从上一章可以得知,计算机是一个十分复杂的系统,它由硬件和软件两部分组成。硬件是整个计算机系统的基础,软件建立在硬件的基础之上。

软件可分为系统软件和应用软件两大类。操作系统是最重要的系统软件,它的作用主要有三个:

(1)有效地管理和使用其下层的计算机硬件资源。

(2)为其上层的应用软件提供安装和使用的环境,所以,我们通常称之为"操作系统平台"。

(3)为用户提供一个操作界面。用户要用计算机解决问题,一般是和应用软件打交道。然而,在很多情况下,用户也需要和操作系统直接打交道。为了满足这种需要,操作系统也向用户提供了一个操作界面,即我们常说的操作系统用户界面。

用户界面是非常重要的。用户界面是否友好,是否方便易用,在很大程度上决定了计算机的受欢迎程度和普及率。

微机用户界面的发展,基本上可分为文字界面和图形界面两个阶段。最具代表性的微型机操作系统文字界面是 DOS,现在已经很少使用了。

图形界面的引入,使用户能直观地进行计算机操作。一条条计算机命令,都已经变成了一个个形象化的图标、按钮或菜单项,只要对它们进行操作,就可以完成复杂的任务。这极大地减轻了人们的记忆负担,简化和易化了计算机的使用。图形界面的广泛使用,让计算机登上了每张办公桌,走入了千家万户,真正成为人们的强有力的工具和助手。

现时最流行的图形界面的微机操作系统,首推 Windows,它已占领了大部分的微型机操作系统市场。

Windows 操作系统的发展,经历了若干重要的阶段。

(1)Windows 3.1。尚不是一个真正的操作系统,而是一个在 DOS 环境下运行的子系统,但有图形用户界面。

(2)Windows 95。第一个真正的全 32 位的个人计算机图形界面的操作系统。

(3)Windows 98。对 Windows 95 作了很大的改进,支持新一代的硬件技术,加强了多媒体功能。98 版本还纳入了 Internet 应用软件,方便上网操作。

(4)Windows NT。第一个完备的 32 位网络操作系统,它主要面向服务器和工作站,是一个多用户的操作系统。

(5)Windows 2000。用 NT 的核心技术开发而成,增添了一些新的硬件支持功能。

(6)Windows XP。这是微软公司在 2003 年推出的产品。该产品的界面华丽,功能也进一步增强。

本章的内容,就是介绍微软公司的 Windows XP 操作系统的用户界面。该操作系统目前被认为是最方便使用的操作系统。

2.1　Windows XP 的基本操作

Windows XP 系统,传承了 Windows 系列操作系统的界面和操作,学习和掌握都比较容易。

2.1.1　Windows XP 的启动和关闭

计算机接通电源后,Windows XP 会自动启动。系统会要求你以某个用户名和相应的密码进行登录。

一般来说,机房里已为各台机子设立了专门的用户名,而密码为空,故可以直接打回车进行登录。登录后,Windows XP 操作系统开始工作,其界面表现为一个"桌面"。见图 2.1-1。

图 2.1-1　桌面

（1）图标。每一个图标代表一个应用程序或一个文档,双击则可以打开。用户可以把经常使用的程序和文件以图标的形式放在桌面上,这叫快捷方式。有关快捷方式的内容,请参见本章 2.3.2 节"快捷方式"。

（2）快速启动区。这里的每一个图标也代表一个应用程序,单击就可以打开。可以把桌面上方的图标拖到快速启动区中来。

（3）任务栏。Windows XP 是一个多任务的操作系统,也就是说,它可以同时运行多个任务。每一个打开的应用程序都会在桌面上开辟一个窗口,同时以一个按钮的形式出现在任务栏上。

（4）系统托盘。在后台运行的程序会以图标的形式出现在这里。

（5）系统时间。双击之可以对日期和时间进行设置。

（6）总菜单入口。单击"开始"按钮，即可进入系统总菜单入口，见图2.1-2。

图 2.1-2　系统总菜单

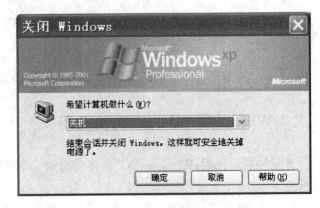

图 2.1-3　关闭 Windows XP

从图 2.1-2 中可以看到，用户要进行任何操作，都可以从系统总菜单中去选择。例如，要关机，就可以单击"开始"→"关机"。系统跳出对话框，见图 2.1-3。再单击"确定"按钮即可关机。

2.1.2　鼠标和键盘的使用

1. 鼠标

Windows XP 是一个图形化的操作系统界面，主要用鼠标作为操作工具。见表2.1。

表 2.1　鼠标操作

序号	名称	操　作	功　能
1	单击	按一下鼠标左键	选定对象
2	双击	连续按两下鼠标左键	运行程序或打开文件
3	右击	按一下鼠标右键	打开被击对象的功能菜单
4	拖拽	按住左键不放，拖动鼠标	移动对象或选定某个区域

在不同的场合，鼠标的形状是不同的，能进行的操作也不同。见表2.2。

表 2.2　鼠标的形状及其含义

序号	形状	含义	应用场合	序号	形状	含义	应用场合
1	↖	指向	桌面、菜单、工具栏	8	✥	移动	移动图形或图标
2	⧗	系统忙	暂不能接受新的命令	9	↗	沿对角线调整	调节窗口或图形大小
3	↖	后台忙	可以接受新的命令	10	↘	沿对角线调整	调节窗口或图形大小
4	↖?	帮助	单击可出现操作提示	11	↔	水平方向调整	调节窗口或图形大小
5	I	文本定位	确定文本插入位置	12	↕	垂直方向调整	调节窗口或图形大小
6	✛	图形定位	在图形界面中确定画笔位置	13	⊘	不可用	不能进行操作
7	✎	画笔	可画图	14	☝	链接	超级链接

2. 键盘

键盘是文本输入的主要工具。在 2.1.5 节"汉字输入法"中将讨论文本的输入方法。

功能键的使用需要引起注意。见表 2.3。

表 2.3　功能键表

序号	键名	功　能	序号	键名	功　能
1	Esc	取消目前的功能选择	9	PrintScreen	将整个屏幕抓入剪贴板(注)
2	Tab	光标向右 4 格一跳	10	NumLock	锁定或解除小键盘的数字形式
3	CapsLock	字母大小写转换	11	Delete	删除光标后面的字符,或删除选定的图形和其他对象
4	Shift	换档键,也可用于字母大小写转换	12	Backspace	删除光标前面的字符
5	Ctrl	控制键(与字母键或数字键合用)	13	Home	光标跳到行首
6	Alt	变换键(与字母键或数字键合用)	14	End	光标跳到行尾
7	⊞	徽标键,调出总菜单	15	PageUp	上一页
8	Enter	回车	16	PageDown	下一页

注:[Alt]+[PrintScreen]可抓取当前活动窗口。

2.1.3　窗口及其基本元素

1. 窗口

程序的运行需要一个场地,这就是窗口。例见图 2.1-4,读者可以自己试验图中所标出的各种功能。

2. 菜单

一个应用程序的功能操作是很多的,这些功能都被组织成所谓下拉菜单的形式。

①小圆点表示其所在的选项组中,只能选择一项。

②小钩表示可以选择多项。

③小三角表示有下一层的菜单,见图 2.1-4。

④省略号表示此处有下一层的对话窗口,单击即可打开。

此外,有时某些选项呈灰色,表示其暂时还不能使用。当某个条件满足后,灰色即会变成黑色,就可以使用了。

如果下拉菜单的内容很多,则可能只列出一部分,其下方有一符号 ⌄,单击之,即可将隐藏的选项调出。

2.1.4　桌面图案的设置

右击桌面空白处,在跳出的菜单中选"属性",则进入"显示属性"对话框。见图 2.1-5。这

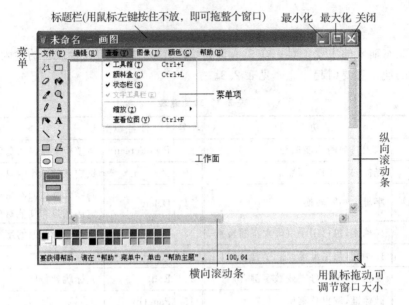

图 2.1-4　窗口示例

里显示的是第二个选项卡"桌面"。你可以用"浏览"来把你自己的相片导入作为桌面图案。

图 2.1-5 中的其他选项卡,将在本章 2.4.1 节"控制面板"中介绍。

图2.1-5　桌面图案的设置

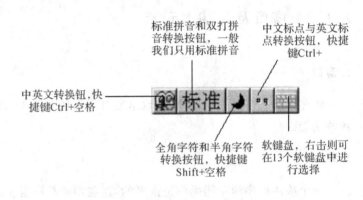

图2.1-6　智能ABC输入法工具条

2.1.5　汉字输入法

汉字的数量很大,在 GB2312-80 中,定义了两级汉字,一级 3755 个,为常用汉字;二级 3006 个,为次常用汉字。由于汉字很多,必须要编码才能输入。汉字的编码方法,可以分为下列几类:

- 顺序码。像国标码、区位码等。其特点是一字一码,没有重码,但很难记忆。
- 音码。像全拼、双拼、智能 ABC 等。音码的特点是会念就会拼,没有记忆负担,但重码多,输入速度受限。
- 形码。像五笔字型、郑码等。形码的特点是重码率低,速度快,但学习较为困难。
- 音型码。这类编码是音码和形码的组合,像二笔输入法等。

本书仅介绍智能 ABC 编码方法。

1. 进入智能 ABC 输入法状态

方法一：单击屏幕右下角的图标 CH，选择"智能 ABC 输入法"；

方法二：按 Ctrl＋Shift 组合键，各种汉字输入法会轮换出现，按若干次，直到智能 ABC 输入法工具条出现，见图 2.1-6。输入法工具条非常重要。我们必须弄懂每个按钮的含义。

调出智能 ABC 输入法后，按组合键[Ctrl]＋[Space]可以快速地在中英文输入方式之间进行切换。

2. 汉字输入要点

智能 ABC 输入法是按汉字的拼音（用小写字母）来进行输入的，但它有某些"智能"，不必输入完整的汉语拼音，就可以得到汉字。其要领是：尽量按词输入。

（1）三字、四字及更多字数的词，仅打其各个字的声母即可。例如，计算机——jsj。

（2）双字词。如果双字词很常见，则可仅打两个字的声母。例如，今天——jt。

但是，如果双字词不常见，则最好将声母和韵母全部打入。只打入声母将会出现很多重码词，你得花许多时间去翻页寻找。此乃欲速则不达。

注意：碰到无声母的字，如果拼音有混淆，可在前面加一个（'）号。例如，西安——xi'an。

（3）单字。单字一般要全拼输入。例如，将——jiang，中——zhong。

有一些高频字已定义了简码。26 个字母键上，每一个都定义了一个高频字，见表 2.4。这些字，只需按一个键，再按空格键就可以输入。这对于输入速度的提高是非常有效的。

表 2.4　高频字表

Q去	W我	E饿	R日	T地	Y有	U(注1)	I(注2)	O哦	P批
A啊	S是	D的	F发	G个	H和	J就	K可	L了	
Z在	X小	C才	V(注3)	B不	N年	M没	ZH这	CH出	SH上

注 1：U 用来引导自定义词组，见下文。

注 2：I 用来引导中文数字。

注 3：V 用来引导英文或特殊符号。

3. 造词

（1）自动造词

一般人的姓名并不是词，但你只要按一定的方法输入一遍，你的姓名就作为一个词进入了词库，下次你就可只按声母进行输入了。这就是自动造词。

（2）自定义新词

以定义"杭州师范大学"为例：

①右击智能 ABC 的工具条，在弹出的小菜单中选取"定义新词…"，屏幕上出现如图 2.1-7 所示的窗口；

②在"新词"框中输入你要定义的词，可以是汉字，也可以是特

图 2.1-7　自定义新词

殊符号,长度不能超过 15 个汉字。键入"杭州师范大学";

　　③在"外码"框中输入你将要使用的简码,可以是小写英文字母或数字;例如,"杭州师范大学"可以定义成"hsd";

　　④单击"添加"按钮,则定义完毕。你可以在下方的"浏览新词"中找到它;

　　⑤定义好的词可以删除,这只要选中后单击"删除"按钮即可。

　　词语定义好以后,单击"关闭"按钮,就可以使用了。使用的时候,要先用字母"u"打头,再按你定义的码子。例如,按"uhsd"就可以输入"杭州师范大学"。

4. 软键盘

　　要输入一些特殊的字符,可以使用软键盘。右击输入法工具条上的软键盘按钮,可得软键盘目录,见图 2.1-8。例如,想输入数学中的 Σ、π 等字母,可以在软键盘目录中选"希腊字母",见图 2.1-9;想输入温度单位℃,应该在软键盘目录中选"单位符号"。选中后,软键盘跳出,即可用鼠标进行输入,也可用键盘敲入。

　　要关闭软键盘,可用鼠标再点一下输入法工具条中的软键盘按钮。

图2.1-8　软键盘目录

图2.1-9　希腊字母软键盘

5. 词频调整

　　右击输入法工具条,打开"属性设置"对话框,可以看到若干选项。注意一定要把"词频调整"选上。"词频调整"的功能是:一个不常用的词,往往排在重码选择的后部,要翻好几页才能找到。如果设置了词频调整,那么这个词在输入了一次以后,电脑就会把它调到外码输入窗口中,下次输入时就不用找了,直接按空格就可输入。这就是一种"智能"。

　　试用"西湖"做实验,先不选"词频调整",打两遍;再选上"词频调整",打两遍。观察前后的变化。

2.2　文件管理

　　文件是计算机的核心概念。计算机中的所有程序、数据、设备等等,都是以文件的形式存在的。

　　计算机中存在着数万个文件,对它们进行有效的管理,是每一个计算机操作者的最重要的基本功。

2.2.1　基本概念

1.文件名

每一个文件都有一个文件名。文件名由主名和扩展名两部分组成,中间用".".分隔。

在 Windows XP 当中,主名的选取限制很少,甚至可以带有空格。例如,"wmn1"、"My first paper"、"关于期中考试的通知"等都可以作为文件的主名。

注意,"＊"、"?"、"＋"、"\"、"/"等字符不能进入文件名。

文件的扩展名,表示着文件的类型,十分重要。表 2.5 列出在本书中将要涉及的文件类型及其扩展名。

表 2.5　文件类型及其扩展名

序号	扩展名	文件类型	序号	扩展名	文件类型
1	.com	DOS 环境下的可执行程序	10	.wav	声音文件
2	.exe	Windows XP 环境下的可执行程序	11	.mp3	压缩格式的声音文件
3	.txt	文本文件	12	.mid	记谱形式的音乐文件
4	.doc	Word 文档文件	13	.swf	Flash 动画文件
5	.xls	Excel 电子表格文件	14	.psd	Photoshop 图像文件
6	.ppt	PowerPoint 演示文稿	15	.avi	Windows XP 格式的视频文件
7	.bmp	位图文件	16	.mpg	压缩格式的视频文件
8	.jpg	压缩格式的图像文件	17	.htm	网页文件(超文本文件)
9	.gif	交换格式的图像文件	18	.hlp	帮助文件

2.文件目录的组织结构

在 Windows XP 中,文件目录是以树形结构进行组织的。参见图 2.2-1。

从图 2.2-1 中可以看到,文件组织在文件夹中,而文件夹又按照不同的级别逐层向上归聚。文件的这种组织形式,层次分明,条理清晰,便于进行寻找和管理。

有了这种树形的文件目录结构,每一个文件都可以从根目录出发经有限的步骤而到达。我们进而引出资源定位符的概念。资源定位符由驱动器、路径和文件名三部分构成。例如:

D:\ My-doc\ 李平-多媒体\ 1-文本\ DOC\ 附录.doc

D:\My-doc\李平-多媒体\2-图形\JPG\image002.jpg

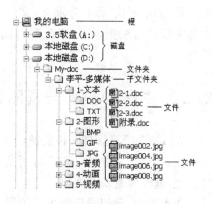

图 2.2-1　文件目录的树形结构

3. 文件的保存

上文说道,计算机中的所有程序、数据、设备等等,都是以文件的形式存在的。我们在计算机所做的任何工作,都要及时地保存起来,形成文件。

任何应用程序窗口都有"文件"菜单项,其下拉菜单中一般都有"保存"和"另存为"的子菜单项。单击"保存"按钮,得到如图 2.2-2 所示的文件保存对话框。

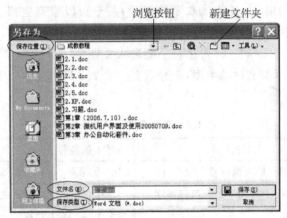

图2.2-2   文件保存对话框

从图中可看出,文件保存有三个要素:

(1)保存位置。即文件保存在哪个文件夹中,单击"浏览"按钮,可得计算机目录树,让你进行文件夹定位;如果文件夹不存在,还可以单击"新建文件夹"按钮自己创建一个。

(2)文件名。你自己为文件取名,文件名要好记,便于以后使用。

(3)保存类型。同一个文件可以以不同的类型(即不同的扩展名)进行保存,例如,一个文档既可以保存为以".doc"为扩展名的 Word 文档文件,也可以保存为以".txt"为扩展名的纯文本文件。

注意"保存"和"另存为"的区别。文件在第一次保存时,两者是一样的。但文件在存过一次以后,如果再次"保存",那么,文件三要素保持不变,原文件被覆盖。而用"另存为",则三要素都可以进行变更,你可以改变存储位置,改换文件名,甚至改换文件的类型,而原文件保持不变。

2.2.2   "我的电脑"与资源管理器

Windows XP 管理文件资源的工具有两个:"我的电脑"和资源管理器。"我的电脑"较为简单,但在进行文件拷贝转移时不是很方便。而资源管理器顺应文件目录的树形结构进行文件管理,就非常直观和便捷。

在本书中,我们采用资源管理器来进行文件操作。

1. 资源管理器的打开

方法 1:单击"开始"→"程序"→"附件"→"资源管理器";

方法 2:右击"开始",选择"资源管理器";

方法 3：右击"我的电脑"，选择"资源管理器"；

方法 4：按组合键：徽标键＋[E]。

方法 5：将资源管理器的快捷方式放在桌面上，双击即可打开。将快捷方式置于桌面上的方法，请参见 2.3.2 节"快捷方式"。

资源管理器打开后，窗口如图 2.2-3 所示。其上部是菜单、工具栏和地址栏，下部分为左右两框：左框是目录树，右框是文件夹和文件。

2. 文件夹与文件的浏览

在资源管理器左框的目录树中，凡带有"＋"的节点，表示其有下层的子目录，单击可以展开；而带有"－"的节点，表示其下层的子目录已经展开，单击可以收拢。见图 2.2-3。同时，上方的地址栏中给出了当前文件夹的名称。

在图 2.2-3 中，单击"查看"→"详细信息"，可见文件和文件夹排成图 2.2-3 右框的形式，其上方有"名称"、"大小"、"类型"、"修改日期"等标题。

单击"名称"，可以看到所有的文件或文件夹按拼音的升序排列，再单击一下"名称"，则所有的文件和文件夹按拼音的降序排列。

同样，单击"大小"、"类型"和"修改日期"，都可以让文件和文件夹按相应的关键字的升序或降序排列。这给我们寻找文件提供了很大方便。

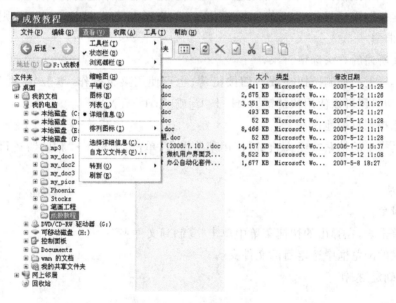

图 2.2-3　目录树中的展开与收拢和文件的查看方式

3. 文件夹与文件的选择、复制和移动

文件和文件夹的复制和移动是最常用的文件操作。在进行操作之前，首先要对复制或移动的对象进行选择。选择一般在右框中进行，形式有多种：

①单选。单击一个文件夹或文件，该对象被选中。

②连续选。要选定连续的多个对象，可单击第一个对象，再按住[Shift]键，单击最后一个对象。

③间隔选。要选定不连续的若干个对象,可按住[Ctrl],再单击各个对象。

④反选。选定若干个对象后,单击"编辑"→"反向选择",则可放弃选定的对象,而选定文件夹中的其余对象。

⑤全选。单击"编辑"→"全部选定",或者按[Ctrl]+[A],即可将当前文件夹中的对象全部选定。

对象选定之后,即可进行复制或移动操作。这里,有一个很重要的概念值得注意,即剪贴板。

剪贴板是内存中的一个特定区域,它用来存放你剪切或复制下来的内容。内容的类型不限,可以是文件或文件夹,也可以是文本片断、图形截块等。

对象进入剪贴板后,即可粘贴到其他的地方。

由于整个系统共用一块剪贴板,所以,这种对象的剪切、复制和粘贴,可以在不同的应用程序窗口之间进行。这也是 Windows 操作系统的一大特点和优点。

复制或移动文件夹或文件的方法有多种:

(1)拖动法

在右框中选定对象后,用鼠标左键按住,直接拖到左框中的目的文件夹中。

注意,如果操作是在同一个磁盘中,直接拖动的效果是移动。如果要复制,则应按住[Ctrl]键再拖。如果操作不在同一个磁盘中,则直接拖动的效果是复制。如果要移动,则应按住[Shift]键再拖。上述操作可以统一为:按住[Ctrl]拖则为复制,按住[Shift]拖则为移动。

(2)四步曲法

①用上文所述的方法选定对象;

②按工具栏上的复制按钮 或剪切按钮 ;也可使用菜单操作,单击"编辑"→"复制"或"编辑"→"剪切";还可以使用快捷键[Ctrl]+[C]或[Ctrl]+[X];

③用鼠标找到目的地;

④按工具栏上的粘贴按钮 ;也可使用菜单操作,单击"编辑"→"粘贴";还可以使用快捷键[Ctrl]+[V]。

(3)对话法

①选定对象;

②右键单击之,在弹出的快捷菜单中单击"复制到文件夹";

③在弹出的浏览框中选定目的文件夹;

④单击"确定"按钮。

4. 文件夹的创建

①在左框中选定要创建的文件夹或文件的位置;

②在右框的空白处右击,得到图 2.2-4 所示的快捷菜单;

③单击"新建"→"文件夹",在"新建文件夹"的方框中键入文件夹名,例如"作业",并打一个回车。新文件夹创建完毕。

5. 文件与文件夹的更名和删除

文件夹和文件的名称可以更改,不需要的文件和文件夹可以删除。

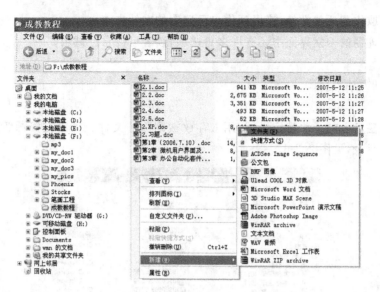

图 2.2-4　新建文件夹

右键单击文件或文件夹,在弹出的快捷菜单。选中"重命名",即可更改文件名或文件夹名。如选择"删除",即可删除此文件或文件夹。选中后按下[Delete]键也可以删除。

这样删除的文件将进入回收站,如果需要还可以还原,请参见 2.2.4 节"回收站操作"。如果不想让文件进入回收站,则可以按住[Shift],再进行删除操作。

注意:

①文件的扩展名不要随便更改,更改后往往打不开;

②如果文件已经打开,或文件夹中有文件正在打开,则必须关闭文件后才能进行文件或文件夹的更名、删除操作。

2.2.3　文件的搜索

计算机中有数以万计的各类文件,我们要善于从中找出需要的文件。文件的搜索是每个计算机操作人员的基本功。

下面以在 C:\盘中搜索以".avi"为扩展名的视频文件为例,说明进行文件搜索的方法。

①单击资源管理器上方工具栏中的"搜索"按钮,或单击"开始"→"搜索",并选择"所有文件和文件夹"选项,可得搜索界面,见图 2.2-5。

②在"全部或部分文件名:"框中键入"＊.avi",这里,"＊"号是一个通配符,表示匹配所有文件名。

③在"在这里寻找:"框中选择"本地磁盘(C:)"。

④单击"搜索",系统即开始在 C:盘中搜索扩展名为".avi"的文件,搜到的文件均列在右窗口中。你

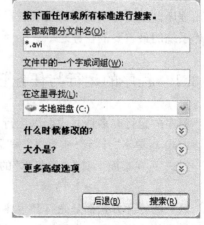

图 2.2-5　搜索文件

可以在其中选取你需要的文件,拷贝到你自己选定的文件夹中去。

在资源管理器的搜索界面中还有许多可选项,读者可以自己试用。

2.2.4　回收站操作

回收站是磁盘上的一块特定区域,用来存放被删除的文件。可以在资源管理器中查看回收站中的文件目录,见图2.2-6。

图2.2-6　已删文件的还原

进入回收站的文件并未真正地从计算机中除去,需要时还可以收回,这就是文件还原。

在回收站中选定要还原的文件,右击之,在弹出的快捷菜单中选取"还原",见图2.2-6。则此文件会回到原来的文件夹中。

2.3　程序管理

我们使用计算机的目的,是为了解决各种各样的实际问题。为此,人们设计了许许多多的应用程序。这些应用程序都安装在操作系统平台之上。对这些应用程序进行有效的管理,是操作系统的最重要的任务之一。

2.3.1　程序的运行与任务管理器

程序的运行有多种方式。以运行"记事本"程序为例。

方式1:单击"开始"→"程序"→"附件"→"记事本"菜单项。

方式2:在桌面上双击"记事本"的快捷方式。建立快捷方式的方法可参见下一节"快捷方式"。

以上的打开方式都是先打开程序,再在程序中打开文件。我们也可以从文件出发,打开与其相关联的应用程序。由于以".txt"为扩展名的文件的关联程序是"记事本",于是有下面的打开方式。

方式 3：在资源管理器中，任选一个以".txt"为扩展名的文件，双击将其打开，也就打开了记事本程序。

Windows XP 是一个多任务的操作系统，也就是说，它可以同时运行多个任务。为此，Windows XP 设立了一个任务管理器。

按组合键[Ctrl]＋[Alt]＋[Delete]，可调出"Windows XP 安全"对话框。单击其中的"任务管理器"按钮，则得"Windows XP 任务管理器"窗口，见图 2.3-1。

图 2.3-1　任务管理器

在图 2.3-1 的"应用程序"选项卡中，列出了当前正在运行的所有任务。你可以选择某个任务，再单击"结束任务"而终止其运行。

当你在运行某个程序而机子停止响应，即"死机"时，可打开任务管理器。你会发现，此任务的状态是"未响应"，这时，你就可以按"结束任务"来结束这个停止响应的程序。

2.3.2　快捷方式

快捷方式给我们提供了打开应用程序和文档的快速方便的工具。

1. 桌面快捷方式的创建

以在桌面上建立记事本程序（Notepad.exe）的快捷方式为例。

方法 1：右键单击桌面空白处，在快捷菜单上选"新建"→"快捷方式"，得图 2.3-2；单击"浏览"按钮，找到记事本程序，即"C:\WINNT\Notepad.exe"，见图 2.3-3；再按提示一步一步地往下做即可。

方法 2：在资源管理器中找到"C:\WINNT\Notepad.exe"，右击之，在弹出的菜单中选"发送到"→"桌面快捷方式"即可。

方法 3：单击"开始"→"程序"→"附件"→"记事本"菜单项，然后右击之，在弹出的菜单中选"发送到"→"桌面快捷方式"即可。

显然，方法 2 和方法 3 都比方法 1 要来得简单。

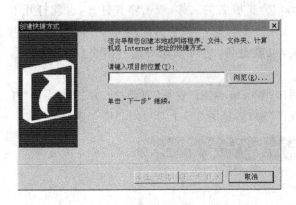

图2.3-2　开始创建快捷方式　　　　　　　　图2.3-3　找到应用程序

　　同样,可在桌面上建立文件夹或文件的快捷方式。例如,在资源管理器中找到文件"D:\李平-多媒体\ABC. bmp",右击之,在弹出的菜单中选"发送到"→"桌面快捷方式",即可在桌面上建立文件"D:\李平-多媒体\ABC. bmp"的快捷方式。这样,你就可以在桌面上很方便地打开这个文件。

2. 在文件夹中创建快捷方式的方法

　　在上面的例子中,我们创建了应用程序和文件(我们称之为目标程序和目标文件)的桌面快捷方式,其实我们可以在任何地方(不一定是桌面上)创建程序和文件的快捷方式。
　　例　创建适当的快捷方式,使得计算机一开机就自动地打开记事本程序。
　　要想一开机,记事本程序就自动地打开,必须要把记事本程序的快捷方式放入文件夹"C:\Documents and Settings\＜用户名＞\开始菜单\程序\启动"之中,所以,此题的做法是:
　　①在桌面上建立记事本的快捷方式。
　　②用文件移动的方法,将此快捷方式移到文件夹"C:\Documents and Settings\＜用户名＞\开始菜单\程序\启动"中去。

2.3.3　文件关联

　　在"记事本"中将文本存成一个文件,其默认扩展名总是". txt",而在资源管理器中打开一个扩展名为". txt"的文件,总是在"记事本"中被打开。我们说,扩展名为". txt"的文本文件和"记事本"这个应用程序之间建有关联。
　　同样,扩展名为". doc"的文档文件和 Word 程序之间建有关联,扩展名为". bmp"的文件和"画图"之间建有关联,等等。
　　对于某种格式的文件,可以改变与其关联的应用程序。
　　例如,与扩展名为". bmp"的图形文件相关联的应用程序是"画图",即 MSPaint。如果要将与其关联的应用程序改成 ACDSee,做法是:
　　①打开"我的电脑"或资源管理器。选中任一个扩展名为". bmp"的图形文件,例如"abc. bmp",然后右击,可以在弹出的菜单中发现一项"打开方式",见图 2.3-4。
　　②单击"打开方式"→"选择程序",得到图 2.3-5 所示的对话框。在"程序"下面,选择要关

联的应用程序，这里，我们选"ACDSee"。

　　③如果这时单击"确定"按钮，则文件"abc.bmp"在 ACDSee 中打开，但尚未与 ACDSee 程序建立关联。下一次你直接双击"abc.bmp"以打开它时，仍然还是在 MSPaint 中打开。

　　④要建立".bmp"文件与 ACDSee 程序的永久关联，必须在图 2.3-5 中将"始终使用选择的程序打开这种文件"前面打钩选中，再单击"确定"按钮。

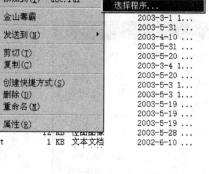

图2.3-4　文件的右击菜单　　　　　　　　图2.3-5　"打开方式"对话框

　　在机子中往往有一些文件，其图标是 Windows 徽标状，这种文件是尚未建立任何相关联程序的文件。双击这种文件，并不能直接打开它，而是弹出如图 2.3-5 的"打开方式"对话框。这时，你可以寻找一种适当的应用程序将其打开，也可以进一步让其与此程序建立永久性关联。

2.3.4　应用程序的安装与卸载

1. 应用程序的安装

　　在控制面板中有一个选项，叫做"添加/删除程序"，用它可以安装新的软件。但是，在实际应用当中很少用它，这是因为，市面上出售的软件或网上下载的软件都带有自己的安装程序，用起来更加方便。

　　现在，市场上出售的软件都是以光盘为载体的。一般一张光盘就只含一个软件。对于这种软件，只要把光盘插入光驱，光盘的自启动安装程序就会开始运行，你只要根据屏幕提示一步一步地进行操作，即可完成安装过程。

　　如果安装程序没有自己启动，你可以在"我的电脑"或资源管理器中打开光盘，在其根目录下找到文件"Setup.exe"，然后双击之，安装程序就会开始。

　　如果是从网上下载的软件，一般是压缩形式的。这时，你只需双击之，安装过程就会开始，然后根据屏幕提示一步一步地进行操作即可。

2.应用程序的卸载

不需要的软件(特别是游戏)应及时卸载,文件卸载通常有两种方法。

(1)利用软件自身所带的卸载程序进行卸载

软件一般都自带卸载程序,例如要卸载"金山词霸",可以单击"开始"→"程序"→"金山词霸"→"卸载金山词霸",卸载过程即开始,你只需按屏幕提示进行操作即可。

(2)利用控制面板进行卸载

单击"开始"→"设置"→"控制面板",在控制面板中打开"添加/删除程序"选项(图2.3-6),找到要卸载的软件,例如"金山毒霸",单击"更改/删除……",并按屏幕提示进行操作,即可将此软件卸载。

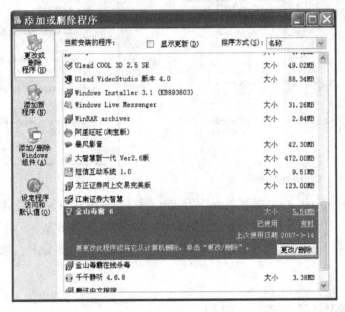

图2.3-6　删除程序

然而,软件在使用了一段时间以后,会丢失一些文件,或发生一些文件错误。这样一来,就无法用以上所述的方法进行卸载了。这时,可以用一些专门的工具软件来处理这些"顽固"垃圾,这类工具软件现在很多,像 SuperCleaner 等。

2.4　系统管理

Windows XP 是一个非常复杂的系统,其自身就有着如何管理的问题。这一节主要讨论如何对 Windows XP 系统进行参数设置和必要的维护。

2.4.1　控制面板

计算机中的设备配置和运行参数,都可以通过控制面板来进行。控制面板的内容很多,这里只介绍最常见的部分。读者在学习中,要能够举一反三,对控制面板的其他内容进行类似的设置。

1. 显示属性

单击"开始"→"控制面板"→"外观和主题"→"更改桌面背景",或在桌面空白处右击,选"属性",可得图 2.4-1 所示的对话框。

第二张选项卡"桌面"已在 2.1.4 节"桌面图案的设置"中作过介绍,现介绍其他几张选项卡。

(1)屏幕保护,见图 2.4-1。

在"屏幕保护程序"的下拉列表中,有很多屏幕保护程序。现以"三维文字"为例。选择"三维文字"以后,接着单击"设置"按钮,出现"三维文字设置"对话框,见图 2.4-2。在"自定义文字"栏中打入想显示的内容,并对各选项作适当的调整,单击"确定"退出。

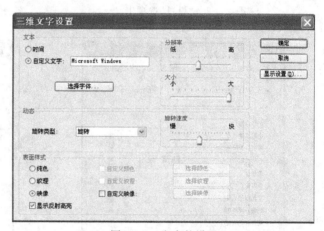

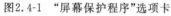

图2.4-1 "屏幕保护程序"选项卡   图2.4-2 文字的设置

在图 2.4-1 中还有一个选项"等待"也需要进行设置。一般选 1～ 10 分钟。

(2)设置,见图 2.4-3。

在此选项卡中,有两项需要进行设置。一项是"颜色",一般取"最高 32 位";另一项是"屏幕分辨率",可根据你的屏幕大小来选取。15 英寸的显示屏一般取 800×600,17 英寸的显示屏可取 1024×768。

2. 日期、时间、语言和区域设置

这里的"区域",是指用户当前处于世界的什么地方,是中国、美国还是欧洲。

在世界的不同地方,各种数据(如货币、小数、负数、日期、时间等等)的表达方式是不一样的。显然,对这些格式进行设置是非常必要的。

单击"开始"→"控制面板"→"日期、时间、语言和区域设置"→"更改数字、日期和时间的格式",得图 2.4-4 所示的设置界面。

单击"自定义"按钮,得图 2.4-5。该界面共有 5 个选项卡。

选项卡 1:数字格式,见图 2.4-5。包括小数格式、数字分组符号、负数格式、度量单位制式等。

图 2.4-3 "设置"选项卡

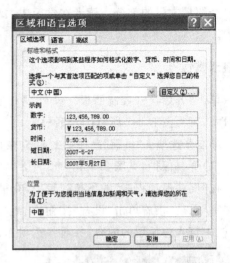

图 2.4-4 日期、时间、语言和区域设置

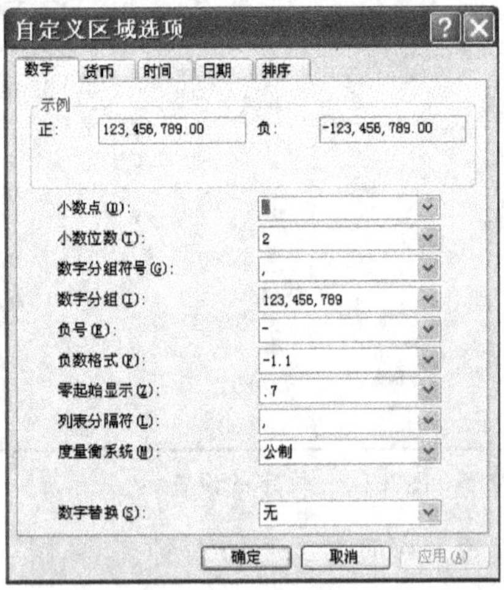

图2.4-5 数字格式

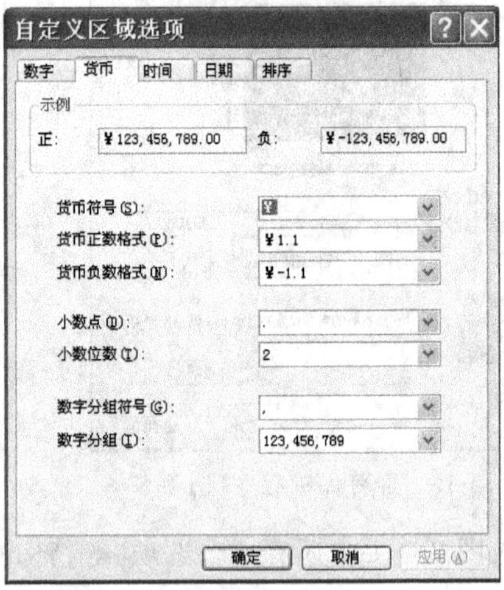

图2.4-6 货币格式

选项卡 2：货币格式，见图 2.4-6。包括货币符号及其位置、负数格式等。

还有时间格式、日期格式和排序等几张选项卡，读者可以自行实验。

2.4.2 系统维护

1. 磁盘清理

磁盘清理的主要目的是回收磁盘存储空间。主要手段有：清空回收站、删除临时文件和不再使用的文件、卸除不再使用的软件等。

单击"开始"→"所有程序"→"附件"→"系统工具"→"磁盘清理"，并选择欲清理的磁盘驱动器后，得到图 2.4-7 所示的对话框。

图 2.4-7 中有若干类可供删除的文件，其中有：

(1)Internet 临时文件；

（2）已下载的程序文件；

（3）回收站中的文件；

（4）临时文件。

如需删除，选中后单击"确定"按钮即可。

图2.4-7 选择要删除的文件类型

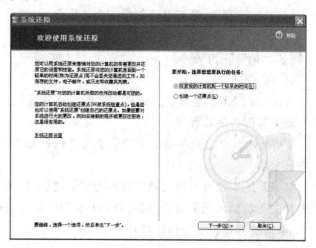

图2.4-8 系统还原

2. 故障排除

如果系统出了较大的故障，可以使用"系统还原"来解决。

所谓系统还原，就是让系统的设置恢复到故障出现以前的某一天的正常状态。

单击"开始"→"所有程序"→"附件"→"系统工具"→"系统还原"，得图 2.4-8 所示的对话框。

单击"下一步"，得图 2.4-9，日历中黑体的日期都是可供选择的还原点。选择一个日期以后，再下面的操作可根据屏幕提示进行。

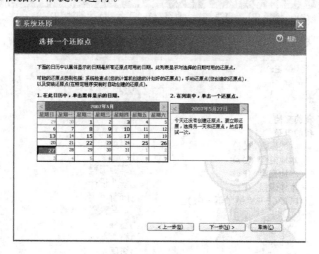

图 2.4-9 选择还原点

注意：

（1）还原以后，你在还原点之后所做的系统设置（如安装了新程序）会消失了，但你打的文档依然存在；

(2)还原是可逆的,即你可进行还原,也可取消还原操作。这样一来,你就可以进行反复的试验,值得系统恢复正常为止。

在图 2.4-8 中,还有一个选项,即"创建一个还原点",一般来说,如果你对系统进行了改变,如新安装了程序,最好自己创建一个还原点,以便将来还原。

2.4.3　硬件的安装

Windows XP 具有硬件即插即用功能。在计算机上接入一个新的硬件设备,Windows XP 会自动为其配备驱动程序。

Windows XP 已经在系统中收集了大量的驱动程序,一般的硬件,不借助外部程序,都可以安装成功。

如果系统中没有与所装硬件相匹配的驱动程序,则系统会要求你提供。这时,你应把随硬件发售的光盘插入光驱,运行其中的 Setup 程序即可将硬件安装好(Setup 程序一般会自动运行,你只需按屏幕提示操作即可)。

2.4.4　优盘的使用

目前,优盘已成为最普通最方便的移动存储工具。优盘一般都是通过 USB 接口和主机连接。

优盘的安装非常简单,将其直接插入主机的 USB 接口,Windows XP 可以立即识别并安装好驱动程序。在"我的电脑"或资源管理器中即可看到"可移动磁盘"图标,这就是优盘。见图 2.4-10。

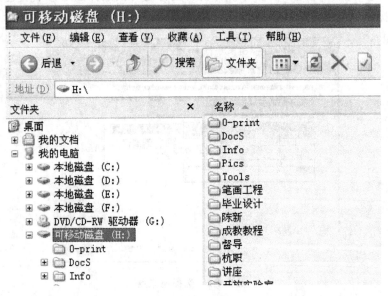

图 2.4-10　优盘

优盘不能随意拔除,否则会损坏数据。正确的方法是:

①单击屏幕右下方系统托盘中的"拔下或弹出硬件"图标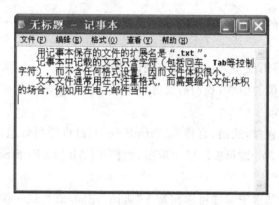;

②单击"安全删除 USB Mass Storage Device"。

如果屏幕提示你"现在无法停止通用卷设备",则不可强行将优盘拔出,应检查一下原因。原因通常是优盘上的文件正在打开状态。这时,你应先关闭这些打开的文件,才可用上文所述的方法将优盘拔出。

2.5 附 件

Windows 系统提供了若干免费的小型工具软件,它们虽然功能简单,但却十分实用。 掌握了它们,可以给我们的日常工作带来很大的方便。

这些工具软件都集中在"附件"当中。

2.5.1 记事本

记事本是最简单的文本编辑工具。单击"开始"→"所有程序"→"附件"→"记事本",即可打开。见图 2.5-1。

图 2.5-1 记事本

用记事本保存的文件的扩展名是".txt"。

记事本中记载的文本只含字符(包括回车、Tab 等控制字符),而不含任何格式设置,因而文件体积很小。

文本文件通常用在不注重格式,而需要缩小文件体积的场合,例如用在电子邮件当中。

下面讨论记事本的几个高级应用场合。

1. 在不同应用程序之间进行文本传递

当今世界上有许多种文本编辑软件,我们熟悉的 Word 只是文本编辑软件的一种。每种文本编辑软件都有自己的文本格式,相互之间通常是不兼容的。用这种软件编写的文本,用另一种软件可能就打不开。

就是用同一种软件的不同版本编写的文本,相互之间也不能完全兼容,例如,用早期的Word 95 编写的文本,在 Word 的高级版本中就可能打不开。

但是,无论哪一种文本编辑软件,还是同一个软件的不同版本,都可以将文本存成文本文件,也可以打开文本文件。于是,文本文件就成了不同软件之间或同一软件不同版本之间的文件媒介,形象地说,就是文件直通车。只要你将文章存成了文本文件,就可以在任何文本编辑软件中打开。

2. 消除文章格式

我们经常进行资料收集工作,比如各种试题。由于资料来源多种多样,得到的资料的格式也必然五花八门。

如果把这些资料都直接拷入 Word 文档当中进行编排,你就很难将它们的格式统一起来。许多人都曾经在这上面吃了大苦头。

要用统一的格式对资料进行编排,最可靠的办法是先将原来的格式全部除去,然后再重新进行格式设置。

如何消除文章资料中的格式呢?一个简单的办法,就是将其拷贝入记事本,然后存盘。

2.5.2 画图

"画图"是一个简单的图像编辑工具。单击"开始"→"所有程序"→"附件"→"画图",即可将其打开。

"画图"虽然简单,但用处很大,其中最有用的功能是截图。

为了设计出图文并茂的版面,我们需要各种各样的图形。图形的来源很多,其中很常见的一种是直接在屏幕上抓取。

抓图有许多专门的软件,然而,直接用[PrintScreen]键也能很好地进行抓图。

单独按下[PrintScreen]键可抓取整个屏幕,而按下[Alt]+[PrintScreen]组合键则可以抓取活动窗口。

抓下的东西存在剪贴板中。你可以粘贴入"画图"图面,进行进一步的编辑,然后保存成图形文件,也可以直接粘贴入 Word 文档,与文字进行混排。

例 抓取桌面上的回收站图标。

见图 2.5-2,文档中有一个回收站图标,这个图标是怎样获得的呢?这就要借助于抓图和截图。步骤如下:

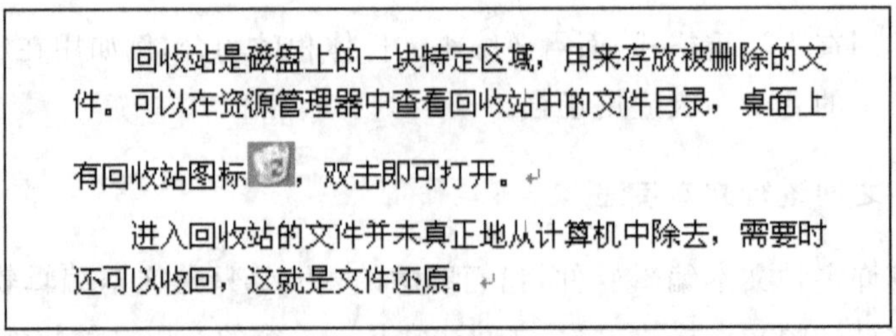
回收站是磁盘上的一块特定区域，用来存放被删除的文件。可以在资源管理器中查看回收站中的文件目录，桌面上有回收站图标，双击即可打开。

进入回收站的文件并未真正地从计算机中除去，需要时还可以收回，这就是文件还原。

图 2.5-2 文档中的回收站图标

①显示桌面，按一下［PrintScreen］键。

②打开"画图"，单击"编辑"→"粘贴"，在回答提问时单击"是"，则整个屏幕被导入图面，见图 2.5-3。

图 2.5-3　整个桌面已粘贴入"画图"窗口

③拖动鼠标，套住回收站图标，再单击"编辑"→"复制"，将其存入剪贴板。再打开 Word 文档，将图标粘贴入（插入）适当位置，见图 2.5-2。

本教科书中的图标和插图，都是这样制作的。

2.5.3　录音机

"录音机"是 Window 系统中一个小型的录音工具。它虽然简单，但也能帮我们解决一些简短的录音问题。

单击"开始"→"所有程序"→"附件"→"娱乐"→"录音机"，即可打开录音机，见图 2.5-4。

首先要试验麦克风是否正常工作，方法是单击"录音"按钮，对着麦克风讲话，如果黑窗口中有波形，则情况正常；如果没有波形，则情况不正常，这时应对音频控制参数进行设置。

双击系统托盘中的小喇叭 🔊，打开音频控制对话框，单击"选项"→"属性"→"录音"→"确定"，得图 2.5-5，再确认"麦克风"被选中，最后关闭此窗口。

录音机软件中提供的录音时间每次为 60 秒，也就是说，每次单击录音键，可录音的时间长度为 60 秒，这个时间长度往往满足不了实际需要。要解决这个问题，可以采用两次录音法。

第一次（预录）：单击录音键开始录音。当滑块到达 60 秒而停止录音时，立刻再单击录音键。如此反复，直到你想要的录音时间长度（最好略大于你想要的录音时间）。

第二次（正式录音）：单击"移至首部"按钮，再单击录音键开始第二次录音，由于这次录音是在上一次录音文件的基础上进行的，就可以克服录音长度 60 秒的限制，可以完整录下全部内容。

声音录完以后，可单击"文件"→"保存"，将其保存成文件。其扩展名为".wav"。

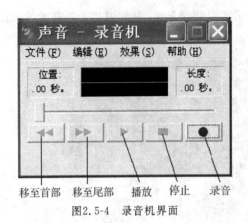

移至首部　移至尾部　播放　停止　录音

图2.5-4　录音机界面

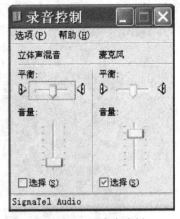

图2.5-5　选中麦克风

习　题

一、是非题

1. 同一优盘中不允许出现同名文件。

2. 在 Windows XP 环境下,系统工具中的磁盘扫描程序主要用于清理磁盘,把不需要的垃圾文件从磁盘中删掉。

3. 文本文件只能用记事本打开,不能用 Word 打开。

4. 在 Windows XP 中,双击任务栏上显示的时间,可以修改计算机系统时间。

5. 在 Windows XP 的资源管理器中,使用"工具"菜单的"文件夹选项",可以使窗口内显示的文件目录都显示出扩展名。

6. 对软盘进行完全格式化也不一定能消除软盘上的计算机病毒。

7. 在桌面上可以为同一个 Windows XP 应用程序建立多个快捷方式。

8. 在 Windows XP 中,双击未注册过的文件,则会出现一个"打开方式"的对话框。

9. 使用控制面板,可以将货币符号＄改成￥。

10. 在 Windows XP 中,回收站与剪贴板一样,是内存中的一块区域。

二、选择题

1. 在 Windows XP 中,回收站的作用是(　　　)。

A. 保存文件的碎片　　　　　　　　　　B. 存放被删除的文件

C. 恢复已破坏的文件　　　　　　　　　D. 保存被剪切的文本

2. 在 Windows XP 中,为了查找文件名以字母 A 打头的所有文件,应当在查找名称框内输入(　　　)。

A. A　　　　　　　　B. A＊　　　　　　　　C. A?　　　　　　　　D. A♯

3. 在 Windows XP 的"资源管理器"中,选择(　　　)查看方式可以显示文件的"大小"和"修改时间"。

A. 大图标　　　　　　B. 小图标　　　　　　C. 列表　　　　　　D. 详细资料

4.下面以(   )为扩展名的文件是不能直接运行的。

A．.COM   B．.SYS   C．.BAT   D．.EXE

5.Windows XP 中,同时按(   )组合键,可以打开"任务管理器",以关闭那些不需要的或没有响应的应用程序。

A．Ctrl＋Shift＋Del   B．Alt＋Shift＋Del

C．Alt＋Shift＋Enter   D．Ctrl＋Alt＋Del

6.在 Windows XP 资源管理器中,要用鼠标选定多个不连续的文件,正确的操作是(   )。

A.单击每一个要选定的文件

B.单击第一个文件,然后按住 Shift 键不放,单击每一个要选定的文件

C.单击第一个文件,然后按住 Ctrl 键不放,单击每一个要选定的文件

D.单击第一个文件,然后按住 Alt 键不放,单击每一个要选定的文件

7.一帧分辨率为 640×480、24 位真彩色的未经任何压缩的图片,其存储的数据量约为(   )。

A．900KB   B．600KB   C．300KB   D．37.5KB

8.(   )都是系统软件。

A．DOS 和 MIS   B．WPS 和 UNIX   C．DOS 和 UNIX D．UNIX 和 Word

9.启动 Windows XP,最确切的说法是(   )。

A.让 Windows XP 系统在硬盘中处于工作状态

B.把软盘的 Windows XP 系统自动装入 C 盘

C.把 Windows XP 系统装入内存并处于工作状态

D.给计算机接通电源

10.下列汉字输入法中,(   )输入法不存在重码。

A.区位码   B.自然码   C.智能 ABC   D.五笔字型

三、简答题

1.文件存盘时,用"保存"和"另存为"有什么区别?

2.删除一个程序的快捷方式以后,会影响程序本身吗? 为什么?

3.控制面板的功能有哪些?

4.什么是系统还原点? 怎样利用它来修复系统?

5.怎样在不同的应用程序间传递一段文字?

四、操作题

1.图标在桌面上有各种排列方式,试右击桌面空白处,在弹出的菜单中,选择"排列图标",试验各种排列方式。

2.在计算机中寻找图形文件"setup.bmp",将其设置为屏幕图案。并分别观察"居中"、"平铺"和"拉伸"等置放方式的显示效果。

3.全角字符和半角字符练习:

全角:1964 年 4 月 IBM360 系统问世。

半角:1964 年 4 月 IBM360 系统问世。

4.中文标点练习:

"" ' ' 、《 》〈 〉「 」…… —— ! ; :

5.将你自己的姓名和手机号码定义成自定义新词。

6.在资源管理器中进行下列操作:

(1)在 D:\盘上建立以你姓名为名字的文件夹;

(2)在此文件夹下建立"图形"、"音乐"、"视频"等子文件夹;

(3)在 C:\盘中分别以"＊.jpg"、"＊.wav"、"＊.avi"等扩展名进行搜索,在搜索到的文件中,运用连续选、间隔选等方法各选中 10 个,分别拷贝到上题建立的子文件夹中;

(4)将某个文件删除,再从回收站中将其还原到原位置;

(5)建立一个文本文件,输入内容为你的姓名、学号、地址、手机号码和 email 地址,保存在你自己的文件夹中。

7.搜索计算机中所有大于 10M 的文件。

8.打开多个应用程序,再用任务管理器一一关闭这些应用程序。

9.在桌面上建立"画图"的快捷方式。

10.在桌面上建立你自己的文件夹的快捷方式。

11.设置"三维文字"的屏幕保护程序,文字为"计算机中的三维世界",等待时间为 2 分钟,并观察程序的运行情况。

12.在控制面板中进行下列设置:

①小数点后取两位;②货币符号取"＄",格式为"＄1.1";③时间样式为"hh:mm:ss";④日期格式为"yyyy-mm-dd"。

13.在网上下载两篇文章,用记事本去除它们的格式,再将两篇文章合并成一篇,在 Word 中进行统一的格式设置。

14.采用屏幕抓图和截图的方法,输入下面带有图标的文本:

复制移动四步曲:①选定对象;②按工具栏上的复制按钮▣或剪切按钮✂;也可使用菜单操作,单击"编辑"→"复制"或"编辑"→"剪切";还可以使用快捷键[Ctrl]+[C]或[Ctrl]+[X];③找到目的地;④按工具栏上的粘贴按钮▣;也可使用菜单操作,单击"编辑"→"粘贴";还可以使用快捷键[Ctrl]+[V]。

第3章

办公自动化软件

就在十几年以前，许多办公室文稿的制作、编辑和排版工作都是由经过专门训练的打字员处理完成的，使办公效率受到很大限制。而如今，对于大多数并没有经过特别培训的办公室职员来说，这项工作已经变得如此简单。不仅仅于此，人们还可以远远超出当年打字员的想象，轻而易地举制作出规范的、能够实现数据和图表处理的电子表格；可以快速地编辑生成用于演讲、报告、宣传等的多媒体演示文稿、幻灯片；还可以轻松地完成图文并茂的网页制作并且在Internet上发布。而这一切，都得益于微型多媒体计算机和强大的办公自动化软件的支持。

办公自动化软件通常包含文字处理、电子表格处理、演示文稿制作三个常用大类。由于采用了OLE（对象链接与嵌入）技术，在上述软件之间不仅可以共享公共组件和数据，而且还可以互为服务器为对方提供服务，因此，最新的办公自动化软件一般都将上述三个部分制作成办公套件的形式进行分发。除此之外，有的办公套件中还集成了日程定制与收发管理系统、桌面数据库管理系统和可视化网站制作系统等软件。

目前世界上比较著名的办公自动化套件的开发商有：Microsoft公司、Corel公司、IBM公司和我国的金山软件公司。在这些公司的产品中，以Microsoft公司开发的Microsoft Office办公自动化套件最为有名，拥有全世界大多数办公自动化软件用户，属于当今办公自动化软件的主流产品，因此本章我们将以Microsoft Office办公自动化套件为蓝本，介绍办公自动化软件的基础理论知识和实际操作使用。

3.1 Microsoft Office 概述

Microsoft Office是美国微软公司开发的基于Microsoft Windows平台的办公自动化套件，它的最早的版本于1989年问世，当时的Office只能处理黑白文本，到了1994年，Office版本发展到了6.0，同时可以在文档中使用256种颜色。之后，随着Microsoft Windows的不断升级，Microsoft Office也历经了从Office 95，Office 97，Office 2000，Office XP，Office 2003的版本升级过程，直到2007年1月Microsoft又最新推出了2007 Microsoft Office套件，开始了Microsoft Office system的新阶段。由于Office 2007还远没有普及，因此本章主要以Office 2003为本课程的基准版本。

Microsoft Office 2003作为通用的办公和管理平台，可以提高使用者的工作效率和决策能力。Microsoft Office 2003是一个庞大的办公软件和工具软件的集合体，为适应全球网络化需要，它融合了最先进的Internet技术，具有更强大的网络功能；Microsoft Office 2003中文版针对汉语的特点,增加了许多中文方面的新功能,如中文断词、添加汉语拼音、中文校对、简繁体转换等。Microsoft Office 2003 不仅是办公人员日常工作的重要工具,也是大多数电脑使用者日常生活中不可缺少的得力助手。

3.1.1　Microsoft Office 组件

在 Microsoft Office 套件中,包含了 Microsoft Word,Microsoft Excel,Microsoft Power-Point,Microsoft Access,Microsoft Outlook 和 Microsoft FrontPage 等组件(为了方便起见,以下我们将省略名称中的"Microsoft",直接称呼"Office"或"Word"等等)。尽管现在的 Office 套件越来越趋向于集成化,但在 Office 2003 套件中各个组件仍有着比较明确的分工。一般说来,Word 主要用来进行文本文档的建立、编辑、排版、打印等工作;Excel 的主要任务是进行有计算任务的数据记录、预算、财务、数据汇总等电子表格的处理工作;PowerPoint 的主要作用是制作多媒体演示文稿、幻灯片及投影片等;Access 是一个内置了数据库应用程序开发环境的桌面数据库管理系统;Outlook 则是一个桌面日程定制与收发管理的应用程序;而 FrontPage 是用来制作和发布 Web 页面的一个可视化工具。

3.1.2　Office 软件的启动与关闭

Office 软件的启动与 Windows 平台的其他软件类似,在开始菜单中可以找到他们的快捷入口:单击 Windows 开始按钮 ，级联展开"开始菜单"→"所有程序"→"Microsoft Office 2003"程序组,其中列有"Microsoft Word 2003"、"Microsoft Excel 2003"、"Microsoft PowerPoint 2003"、……等选项(图 3.1-1),单击其中某一项便可启动相应的 Office 软件。

图 3.1-1　Office 2003 的程序组菜单

要结束 Office 软件的运行,可以通过以下 3 种方式之一来操作:单击窗体右上角的红色关闭按钮 ；或者展开"文件"菜单,单击"退出"选项;或者单击窗体左上角的图标(称为"控制图标"),并从展开的"控制菜单"中单击"关闭"选项。

3.1.3　图形用户界面与所见即所得

Office 软件的操作是完全基于图形用户界面(GUI, Graphical User Interface)的。所有 Office 软件创作的作品,包括 Word 文档、Excel 工作表和 PowerPoint 幻灯片都是所谓"所见即所得(What you see is what you get)"的,也就是说,在电脑显示器上看到的效果是什么样,打印出来就是什么样。这也是 Windows 应用软件的开发标准之一。

3.1.4　Office 的窗体及其界面元素

在 Office 套件中,所有组件都拥有符合 Windows 编程标准的、风格统一的、整体样式大同小异的通用窗体和界面元素,比如菜单栏、常用工具栏、格式工具栏,任务窗格、浮动工具栏、状态栏等界面元素的外观、位置和风格都是一样的。图 3.1-2 就是 Word 组件的窗体、界面构成元素及其名称的介绍。

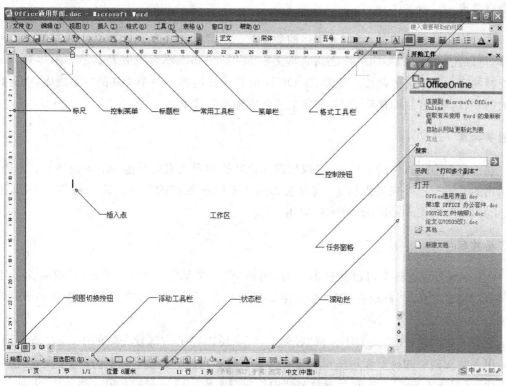

图 3.1-2　Word 的窗体界面及其元素

 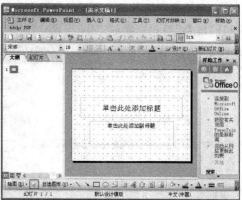

图 3.1-3　左—Excel 的窗体界面,右—PowerPoint 的窗体界面

图 3.1-3 左、右分别是 Excel 和 PowerPoint 组件的窗体界面。可以看出,各个组件界面之

间最大的差别就在于他们的工作区不同,这是因为他们所创作和编辑的对象是完全不同的。关于 Excel 和 PowerPoint 与 Word 组件的其他不同之处,我们将在后续章节中为读者介绍。

3.1.5　Office 组件间的资源共享

在 Office 套件中,有许多可以共享的数据和服务,也有许多可以复用的程序和工具。

1. 数据共享

在 Office 的各个组件之间,最直接的数据共享的方式就是复制和粘贴。通过复制+粘贴操作,可以在 Office 的不同组件之间共享文本、图片、表格、音频、视频和其他多媒体对象。数据交换的媒介是系统剪贴板。此外,在 Office 套件中还内置了一个丰富的剪贴画库,里面有大量的图片、动画、音频和视频资源,在各个组件中都可以共享。

2. 服务共享

在一个 Office 组件的文档中,可以用嵌入或链接的方式引用其他 Office 组件及其文档,由被引用的 Office 组件来提供服务,同时也提供了文档中数据的共享。这是得益于 OLE(Object Linking and Embedding)技术的应用。

3. 工具共享

Office 套件中有许多可以共享的工具,例如"常用工具栏"、"格式工具栏"等众多的工具栏;还有"校对工具"、"自动更正"、"公式编辑器"、图表、艺术字、VBA 宏编辑器和 Office 助手等等。

值得一提的是,在中文 Office 的"校对工具"中还内置了一部较完整的中、英文双向词典,可以用来对文档中的拼写和语法错误进行扫描比对,当发现错误后不仅会指出错误,还会提出更正建议(图 3.1-4 左)。这对于避免文档中的拼写和语法错误非常有用。读者在"工具"菜单中可以找到"拼写和语法"选项(图 3.1-4 右),单击它,便可以开始对文档的拼写和语法错误进行扫描。利用这一工具,在 Office 软件中练习英文默写是一个很不错的主意,因为有最好的老师为我们批卷、给我们建议。

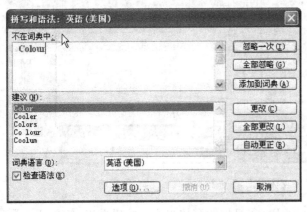

图 3.1-4　左—"拼写和语法"对话框,右—"拼写和语法"菜单

3.1.6 Office 通用工具的显示与隐藏

Office 套件的通用工具有:常用工具栏、格式工具栏,任务窗格、浮动工具栏、状态栏等。这些通用工具为我们工作提供了极大的方便,很大程度地免除了我们到层次复杂、选项众多的菜单中去寻找需要功能的麻烦,而只要在工具栏中方便地点击某一按钮即可完成同样的操作。然而,这些工具都会占据一定的界面空间,减小工作区的范围,所以,有时为了制作版面较大的作品或者审视作品的全局效果,我们需要隐藏这些界面工具,以获得更大的工作空间。

通用界面工具的显示与隐藏大多可以在"视图"菜单的"工具"子菜单中完成。展开"视图"→"工具"子菜单,其中有几十个选项(图 3.1-5),这些都是各通用工具栏的名称,可以看见其中某些项目前面有一个被选中的复选框,表示这些工具栏当前是可见的。如果单击某一复选框,会取消对该复选框的选择,同时相应的工具栏也就被隐藏。若需要显示某一工具栏,只需单击相应的选项即可。Office 的界面工具栏都是可以浮动的,即可以用鼠标拖动工具栏到界面的任何位置,而且还可以垂直放置,读者不妨自行体验。

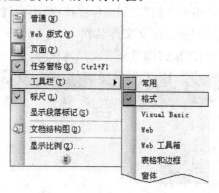

图 3.1-5 通用界面工具的显示与隐藏"视图"→"工具"子菜单

相仿地,如果要显示或隐藏"任务窗格",只需单击"视图"菜单中的"任务窗格"选项,在选择和退选间切换,即可完成显示或隐藏操作。

3.2 Microsoft Word 2003

Word 2003 是 Office 2003 办公套件的一个组件,它是一个字处理软件,具有强大的文字编辑与排版能力,可用于进行书信、传真、公文、报告、论文、商业合同、写作排版等一些文字集中的工作以及一些简单的出版物等,并且可以在文档中插入图形、图片、表格、艺术字、公式和图表等各种对象,从而可以轻松编排出多种用途、图文并茂的文档。

3.2.1 Word 的文件操作

文件操作包括空白文档的新建、已有文档的打开和编辑修改后文档的保存与关闭。

1. 文档的新建

当启动 Word 以后,软件会自动创建一个空白文档,也可以通过以下几种方式创建新文档:展开"文件"菜单,单击"新建"选项;或者单击"常用工具栏"(图 3.2-1)左侧的新建按钮 ；或者单击"任务窗格"中的"新建文档"→"空白文档"链接。新建的文档由 Word 自动命名为"文档 1. doc"、"文档 2. doc"……,这些文件名是临时的,到文件保存的时候可以指定一个自定义的名称来替换它们。其中". doc"是 Word 文档的默认扩展名,是 Windows 操作系统对文件的分类管理标识。

图 3.2-1 "常用工具栏"

2. 文档的保存

经过编辑的文档如果需要保存,可以通过以下步骤来完成:展开"文件"菜单,单击"保存"或"另存为"选项;或者单击"常用工具栏"左侧的保存按钮 ,此时 Word 会弹出"另存为"对话框(图 3.2-2),在下方"文件名"栏中自定义文件名称,并且在上方"保存位置"下拉列表中选择正确的保存位置,然后单击"保存"按钮即可完成文档的保存。

图 3.2-2 "另存为"对话框

如果用户修改了文档,在尚未保存前直接选择了关闭 Word 的操作,则在关闭前 Word 会弹出提示对话框,询问用户:"是否保存对'XXX'的更改?",如果单击"是"按钮,则弹出"另存为"对话框,按上述保存步骤操作,同样可以完成文档的保存,保存完后退出 Word;如果单击"否"按钮,则不保存对文档的修改而直接结束 Word;若单击"取消"按钮,则取消关闭指令,返回编辑状态。

3. 文档的打开

要打开现存的文档,可以通过以下方法来操作:展开"文件"菜单,单击"打开"选项;或者单击"常用工具栏"左侧的打开按钮 ，Word 会弹出"打开"对话框（图 3.2-3），找到需要编辑或浏览的文件，单击"打开"按钮即可。

图 3.2-3 "打开"对话框

打开 word 文档最简单的方法是在资源管理器中找到需要编辑的文件，双击文件图标即可打开该文档。Windows 操作系统会根据文件的扩展名".doc"，自动调配分管软件"Winword.exe"来处理该文档。

Office 套件中其他组件的启动、关闭以及文件操作方法也都是类似的。

3.2.2 Word 文档的文本编辑

文本的编辑就是在 Word 文档的工作区插入、修改或删除文本。编辑区分为边界区和编辑区。边界区的大小由页边距决定，可以通过拖动标尺或者"页面设置"对话框来改变上下左右页边距（在后续章节介绍）。工作区除去边界区之后的区域称为编辑区，只有在编辑区之内才可以输入和编辑文本。

1. 插入点定位

对于新建的文档，在编辑区的第一行行首会有一个闪烁的竖线形状的光标，指示文字的插入点。对于已有文本的区域，只需在指定的位置单击鼠标左键，插入点便会定位在单击点上；通过键盘上的［↑］、［↓］、［←］或［→］键，也可以移动插入点。

小技巧 按下［Home］键或［End］，可以将插入点快速移动到行首或到行尾；按下［Ctrl］+［PgUp］或［Ctrl］+［PgDn］组合键，可以将插入点快速移动到上一页或下一页的首行行首；按下［Ctrl］+［Home］或［Ctrl］+［End］组合键，可以将插入点快速移动到文档的顶端或文档的末尾。

2. 文本的输入

每个输入的文字会由插入点开始，从左往右顺序排列，排满一行后，文本会自动换行。如果需要另起一段,按下[Enter]键即可实现分段操作,同时插入点自动移到下一行行首。

Word 的默认文本输入状态是"插入",用鼠标双击状态栏中的"改写"标志,"改写"二字会由灰色变成黑色,在此状态下输入的字符会自动替换插入点右边的字符而不是插入。再次双击"改写"标志,可以关闭"改写"状态,返回"插入"状态。

小技巧　通过按下键盘上的[Insert]键,也可以进行"插入"与"改写"的状态切换。

3. 文本的选定

要对文本进行操作,选定文本是首要的步骤。选定文本方法有多种。

拖动法:用鼠标在文本中上下左右拖动,可以选中拖过的文本;

点击法:将鼠标指针移动到左边界区,当指针变成指向右上的箭头形状时,单击鼠标,便可以选中指针右边的一整行文本;而双击鼠标可以选中指针右边的一整段文本;连击三次则可以选中整篇文档。

小技巧　键盘法:按下[Shift]键不放,再反复按下[↑]、[↓]、[←]或[→]中的某个键,可以选中由插入点开始到光标停留位置的所有文本;如果按下[Shift]键不放,再按下[End]键或[Home],则可以选定由插入点开始到行尾或到行首的所有文本;

4. 文本的编辑

对于已有文本的任何部分都可以进行编辑修改。用鼠标左键单击文档的任意位置,插入点会随着单击点而重新定位,这时输入的文本会插入到插入点,而其后的文本会自动右移。如果要改写某文本片段,只需选中这个片段,然后直接输入新的文本,新文本就可以取代被选中的文本。当然也可以先删除旧文本,再输入新文本。

5. 文本的删除

将插入点定位到需要删除的文本左边,每按一次[Delete]键可以删除插入点右边的一个字符;也可以按下[Backspace]键来删除插入点左边的字符。如果要删除一些连续的文本片段,则可以选中该片段,然后按下[Delete]键或者[Backspace]键,即可一次性将选中的文本整片删除。

6. 文本的复制

Word 允许对连续的文本进行复制并多次粘贴到文档的任意位置。操作方法是:

选中要复制的文本,然后用以下几种方法之一将文本复制到 Windows 系统剪贴板;

选择"编辑"菜单或者快捷菜单中的"复制"选项、或者单击"常用工具栏"中的复制按钮、或者按下[Ctrl]＋[C]组合键;

然后用下列方法之一将系统剪贴板中的文本粘贴到插入点:选择"编辑"菜单或者快捷菜单中的"粘贴"选项、或者单击"常用工具栏"中的粘贴按钮、或者按下[Ctrl]＋[V]组合键。

小技巧　文本复制最简单的方法是按下[Ctrl]键不放,同时用鼠标直接拖动选中的文本到新的位置即可。

7. 文本的移动

文本移动的实质就是将文本从某一个位置剪切下来保存到系统剪贴板,然后粘贴到新的位置上去。移动操作有下列几种方法:选择"编辑"菜单或者快捷菜单中的"剪切"选项、或者单击"常用工具栏"中的剪切按钮 ✂、或者按下[Ctrl]+[X]组合键;然后将系统剪贴板中的文本粘贴到插入点即可完成文本的移动。

小技巧 文本移动最简单的方法是用鼠标直接拖动选中的文本到新的位置即可。

3.2.3 Word 文档的文本格式化

Word 文档的默认中文字体格式为五号宋体,英文为 10 号 Times New Roman。很难想象一张报纸上所有的标题、内容的文字都是一样大小,一样的风格、一样的颜色,既没有线条也没有图案。要使得文档富有美感、能吸引眼球,必须进行合理的布局和排版。

Word 文档的格式化分为 3 个层次:文本的格式化、段落的格式化和页面的格式化。

文本的格式化主要是指对文本的字形、字号、风格、颜色以及效果等属性进行设置的过程。文本的格式化主要是通过"字体"对话框来完成的,单击"格式"菜单中的"字体"选项,便可打开"字体"对话框(图 3.2-4)。对话框有 3 个选项卡:"字体"、"字符间距"和"文字效果"。

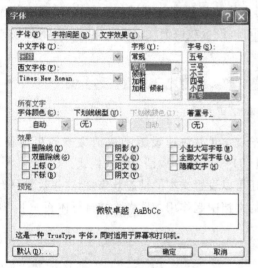
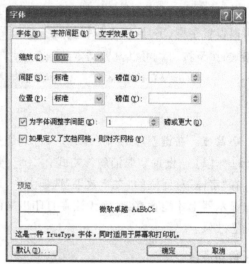

图 3.2-4 "字体"对话框:左—"字体"选项卡,右—"字符间距"选项卡

1. 字型字号与风格

在"字体"对话框中可以对单个字符,多个字符,一段文本或多段文本进行格式设置。设置的步骤很简单,只需先选中某个文本片段,然后打开"字体"对话框,在"字体"选项卡中按需要选择各个选项,最后单击"确定"按钮,即可完成文本的格式化。图 3.2-5 是文本格式化的部分范例。

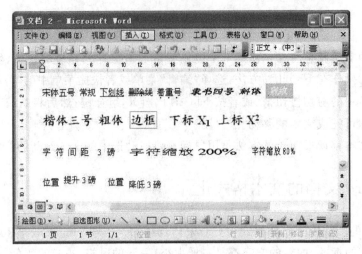

图 3.2-5　字体编排范例

2. 字符间距与位置

如果要改变字符间距、对字符进行缩放、提升或者降低,则需要在"字符间距"选项卡(图 3.2-4 右图)中进行设置。

单击"格式工具栏"上的按钮(图 3.2-6),可以快速设置部分常用的文本格式:通过下拉列表可以设置字型、字号;按下按钮 **B**、*I*、U 和 A 可以设置或取消文本的粗体、斜体、下划线或边框格式;按下按钮 A 可以设置文本的颜色。

图 3.2-6　"格式"工具栏

小技巧　在键盘上按下[Ctrl]+[B]组合键,可以快速设置和取消文本的粗体格式;[Ctrl]+[I]—设置和取消斜体格式;[Ctrl]+[U]—设置和取消下划线格式。

在"字体"对话框的"文字效果"选项卡中,还可以设置文本的动态效果,但这些效果只有在电脑显示器上才能观察到,而无法在打印出来的文档中起作用。读者不妨自行体验一下,观察其动态效果。

3. 边框和底纹

通过"边框和底纹"对话框(图 3.2-7)可以为文本加上边框可背景效果。"边框和底纹"对话框的入口可以在格式菜单中找到。在对话框的"边框"选项卡中可以为文本添加边框并设置边框的风格、线型、宽度和颜色;而在"底纹"选项卡中则可以为文本添加底纹以及设置底纹的颜色和图案。

4. 文本格式的复制

如果文档中有许多部分的文本需要设置成相同的格式,那么我们可以不必一一设置,Office 的格式复制工具可以帮助我们免除重复劳动,只需用"格式刷"轻轻一刷,即可实现格式的复制操作:

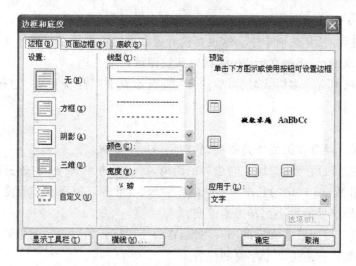

图 3.2-7 "边框和底纹"对话框

首先选中已经设置好格式的文本或将插入点置于其中;

然后双击"常用工具栏"中的"格式刷"按钮,以激活格式刷,此时在鼠标指针左边加上了一把刷子;

现在可以通过鼠标的拖动在任意文本上"刷",凡是被刷过的文本都会被套用同样的格式。

若要取消格式刷,在"格式刷"按钮上单击一次或者按下键盘上的[Esc]键即可。如果激活格式刷时使用的是单击,那么格式刷只能使用一次便自动取消。

3.2.4 Word 文档的段落格式化

段落的格式化主要是指对文章段落的对齐方式、缩进、段间距离和行间距离等属性进行设置的过程。段落的格式化主要是通过"段落"对话框来完成的,单击"格式"菜单中的"段落"选项,便可打开"段落"对话框(图 3.2-8)。

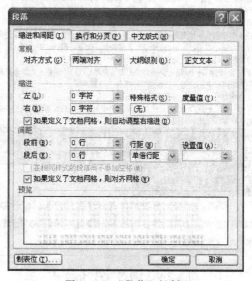

图 3.2-8 "段落"对话框

对话框中有3个选项卡:“缩进和间距”、“换行和分页”以及“中文版式”。其中最常用的格式设置都在“缩进和间距”选项卡中。这也是读者要掌握的重点所在。其他2个选项卡中的格式属性一般不用设置,使用中文版Word的默认值即可。

“段落”对话框中有许多格式名称,他们分别是什么含义呢?以下逐一进行介绍:

1.基本段落格式

(1)对齐方式。段落在页面中是靠左、靠右还是居中放置。

(2)左右缩进。段落距编辑区左右边界的距离,默认缩进距离为0。缩进距离通常以字符为单位,也可以用Word规定的长度单位,如磅、厘米、英寸等。以字符作为度量单位的好处是缩进距离能够根据字号的大小而动态地改变。

(3)首行缩进。按照某些文字的书写习惯,在每个段落开始时自动缩进若干距离。例如中文段落就需要设置首行缩进2个字符的位置。

(4)悬挂缩进。从第二行开始的每一行左边都比第一行缩进一定距离。

(5)段前段后。段前是指段前间距,即一个段落距上一段落的垂直空白;而段后指的是一个段落下方需要留出的垂直空白。段前段后的间距通常以“行”为度量单位,它可以根据字号来自动计算行的动态高度。

(6)行距。指段落之中行与行之间的垂直距离。行距可以用行的倍数进行度量,也可以使用Word规定的长度单位。

明确了各种格式名称的定义,段落的格式化就比较容易完成了:先将插入点定位于需要格式化的段落之中任意位置(如果需要同时格式化多个连续段落,则需要选中这些段落),然后打开“段落”对话框,按需要选择格式属性,最后单击“确定”按钮即可完成设置。

图3.2-9展示了几种主要的段落格式化的效果。

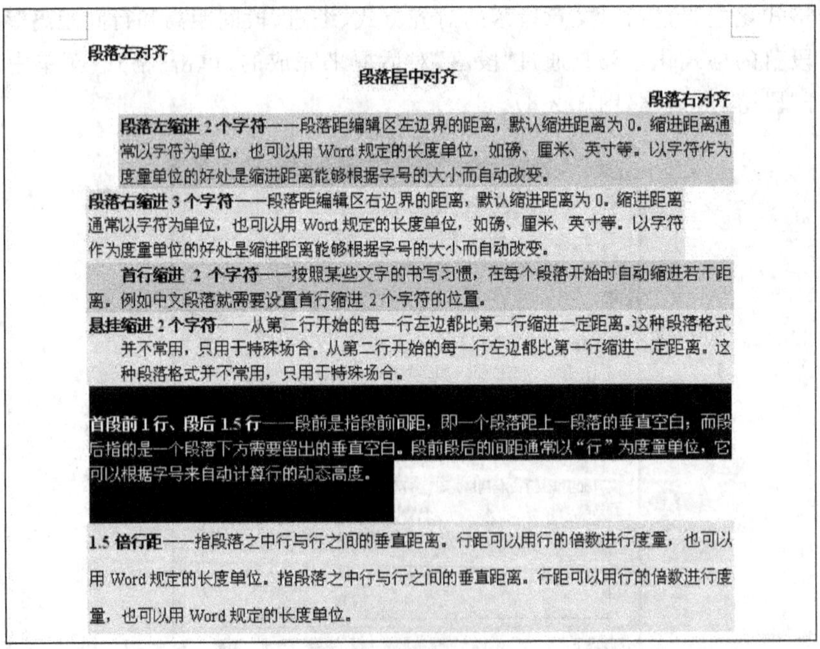

段落左对齐

段落居中对齐

段落右对齐

段落左缩进2个字符——段落距编辑区左边界的距离,默认缩进距离为0。缩进距离通常以字符为单位,也可以用Word规定的长度单位,如磅、厘米、英寸等。以字符作为度量单位的好处是缩进距离能够根据字号的大小而自动改变。

段落右缩进3个字符——段落距编辑区右边界的距离,默认缩进距离为0。缩进距离通常以字符为单位,也可以用Word规定的长度单位,如磅、厘米、英寸等。以字符作为度量单位的好处是缩进距离能够根据字号的大小而自动改变。

首行缩进 2个字符——按照某些文字的书写习惯,在每个段落开始时自动缩进若干距离。例如中文段落就需要设置首行缩进2个字符的位置。

悬挂缩进2个字符——从第二行开始的每一行左边都比第一行缩进一定距离。这种段落格式并不常用,只用于特殊场合。从第二行开始的每一行左边都比第一行缩进一定距离。这种段落格式并不常用,只用于特殊场合。

首段前1行、段后1.5行——段前是指段前间距,即一个段落距上一段落的垂直空白;而段后指的是一个段落下方需要留出的垂直空白。段前段后的间距通常以“行”为度量单位,它可以根据字号来自动计算行的动态高度。

1.5倍行距——指段落之中行与行之间的垂直距离。行距可以用行的倍数进行度量,也可以用Word规定的长度单位。指段落之中行与行之间的垂直距离。行距可以用行的倍数进行度量,也可以用Word规定的长度单位。

图3.2-9 “段落”格式化效果

小技巧　在段落第一个字符左边单击鼠标,然后按下[Tab]键,可以快速设置首行缩进。

2. 扩展段落格式

除了"段落"对话框中定义的段落格式外,Word 还可以进行其他的一些段落格式定义。主要有:首字下沉、项目符号和编号、分栏、文字方向等等。以下分别介绍他们的含义与设置方法。

(1)边框和底纹。与文本格式化类似,在"边框和底纹"对话框中也可以为段落添加边框并设置底纹。在图 3.2-9 中可以看见几种设置了不同底纹效果的段落。

(2)首字下沉。首字下沉是让段落的第一个字符占据多行的高度,达到一种特殊的醒目效果,常见于报刊杂志等出版物的版面。该格式需要在"首字下沉"对话框中(图 3.2-10 左)进行,该对话框通过"格式"菜单的"首字下沉"选项打开。其主要选项是"下沉行数"。首字下沉效果图 3.2-10 右图。

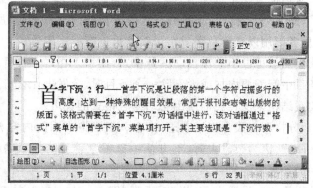

图 3.2-10　左—"首字下沉"对话框,右—"首字下沉"效果

(3)项目符号和编号。项目符号和编号是 Word 提供的一种为文档中有序或无序列表自动编号的自动化格式,这是文档编辑中经常需要用到的段落格式,它的效果图 3.2-11。

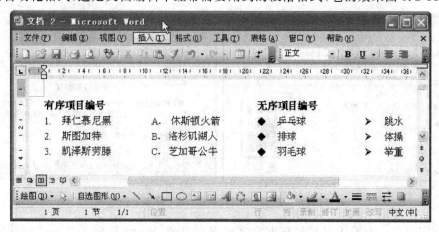

图 3.2-11　"项目符号和编号"格式

这种格式需要在"项目符号和编号"对话框(图 3.2-12)中进行设置。该对话框的入口在"格式"菜单中。

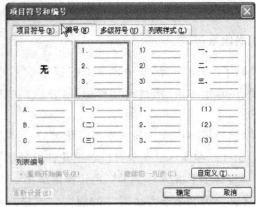

图 3.2-12　"项目符号和编号"对话框:左—"项目符号"选项卡,右—"编号"选项卡

　　该对话框有 4 个选项卡,其中最为常用的是前 2 个选项卡:"项目符号"(图 3.2-12 左)和"编号"(图 3.2-12 右)。前者用以选择图标作为项目符号,所编的条目是无序的,即不分先后的,而后者则用以选择数字或字母对条目进行有序编号。

　　我们当然可以不使用自动编号格式,而手工在每个条目之前逐一加上编号,但是如果在众多的条目中间需要增加或者删除一个条目时,会发生什么情形呢? 请读者自己动手验证一下,通过实践结论来支持我们使用自动编号格式的理由。

　　(4)分栏。每人都读过杂志,杂志一般都把页面的内容分成左右两栏排版,为的是可以对折起来阅读,因为杂志太薄,不方便一只手拿着看。为了满足出版物排版的需求,Word 也支持分栏的段落格式。

　　分栏格式的设置在"分栏"对话框(图 3.2-13 左)中完成,对话框的入口在"格式"菜单中。分栏的设置步骤很简单:首先选中需要分栏的段落,然后打开"分栏"对话框,选择"栏数"(共分为几栏)、每栏的宽度和栏间的距离,最后单击"确定"按钮,分栏即告完成。效果图 3.2-13 右图。

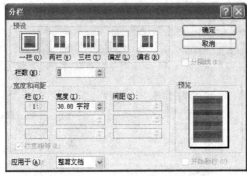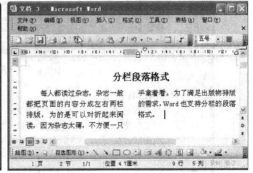

图 3.2-13　左—"分栏"对话框,右—段落分栏效果

　　(5)文字方向。为了适应某些东方文字的书写习惯,Word 提供了文字或段落竖排的格式。此种格式在"文字方向"对话框(图 3.2-14 左)中设置,对话框的入口也在"格式"菜单中。

　　可以看到,文字方向有 5 种选择,首先选中文本或段落,然后打开"文字方向"对话框,选择其中一个选项,单击"确定"按钮,即可改变文字排列方式。效果图 3.2-14 右图。

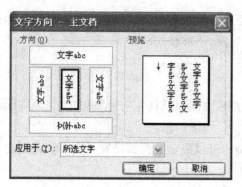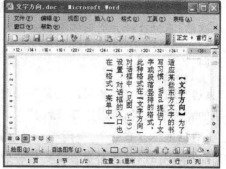

图 3.2-14　"文字方向"对话框和文字竖排效果

3. 段落格式的复制

如果文档中有许多段落需要设置成相同的格式,那么我们同样可以使用"格式刷"来进行操作:将插入点置于设置好格式的段落之中,激活格式刷,然后在任一段落中单击鼠标,即可为该段落复制选定的格式,操作比文本格式的复制更加简单。

3.2.5　Word 文档的页面格式化

Word 文档最终是以页面的形式输出的,因此页面的格式化对文档的整体外观和输出结果起着非常重要的作用。页面格式化包括:页边距、纸张大小与方向、页眉和页脚等等。

页面的格式化主要在"页面设置"对话框中完成。在"文件"菜单中单击"页面设置"选项即可打开"页面设置"对话框(图 3.2-15)。

"页面设置"对话框中有 4 个选项卡,最常用的设置在前 2 个选项卡即"页边距"和"纸张"中。

图 3.2-15　"页面设置"对话框:左—"页边距"选项卡,右—"纸张"选项卡

1. 页边距

可以看见,在"页边距"选项卡中,可以根据需要分别设置上、下、左、右 4 个页边距的尺寸,

还可以设置装订线的方向以及离纸张边缘的距离。页边距也可以通过拖动水平标尺和垂直标尺的方法调整,不过这种方法只能粗略地调整边距,不够精准。

2. 纸张方向

在"页边距"选项卡中,还可以设置纸张的排版方向。默认方向为"纵向",当纵向无法满足文档展示的宽度需求时,可以选择"横向"。

注意:对话框下方有一个"应用于"下拉列表,可以决定上面的设置是在本页范围内有效还是对整篇文档都有效,默认是对整篇文档有效。

3. 纸张大小

根据不同稿件的打印规格要求,还可以选择纸张的大小,这需要在"纸张"选项卡中进行。纸张大小可以通过下拉列表进行选择,下列列表中列出了常用的标准纸张规格。如果我们需要特殊的纸张规格,在列表的最后,还有一个"自定义大小"的选项,选择该项后,在"宽度"和"高度"选择框中选择或输入需要的尺寸,即可得到自定义大小的版面。不过,这里设置的纸张大小只是在电脑显示器上看到的大小,虽说 Windows 的输出是所见即所得的,但如果没有相应尺寸的打印纸,打印结果当然也是无法能匹配的。

设置完页边距、方向和纸张大小后,Word 会根据当前编辑区的大小,重新排列整篇文档,每行的长短、每页的行数以及整篇文档的页数都会有相应的变化。

4. 页眉和页脚

在大中型公司、规范化企业的文件、信笺、传真、合同等文本的页面顶端,通常可以看到公司或企业的 Logo、名称和地址等标志信息;而在页面底端会有联系电话、传真、电子邮件等联络信息,这就是页眉和页脚。

页眉和页脚需要通过"视图"菜单中的"页眉和页脚"选项来添加和编辑。单击"页眉和页脚"选项后,Word 会弹出"页眉和页脚"浮动工具栏,并且自动在页面顶端添加了一个文本框(图 3.2-16),在其中加入的图片和文本就成为文档的页眉。

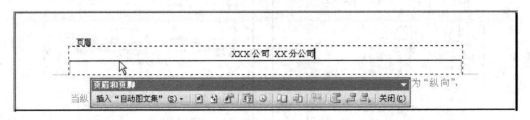

图 3.2-16　页眉的编辑与"页眉和页脚"工具栏

页眉是对整篇文档都有效的,即在每页的顶端都会自动加上相同的页眉,除非在"页面设置对话框"的"版式"选项卡中选择了"奇偶页不同"选项。

编辑完页眉后,单击"页眉和页脚"工具栏中的"在页眉和页脚间切换"按钮，可以转到对页脚的编辑状态(图 3.2-17),开始对页脚的编辑。

页眉和页脚也可以进行格式化。

小技巧　双击页眉或页脚部位可以自动进入页眉或页脚的编辑状态。

图 3.2-17 页脚的编辑

5.页码

为页面添加页码有 2 种方法,在编辑页脚时,可以单击"页眉和页脚"工具栏中的 ![按钮] 按钮,页脚中会自动加入页码;还有一种专门添加页码的方法:单击"插入"菜单的"页码"选项→打开"页码"对话框(图 3.2-18)→选择页码在页面出现的位置和对齐方式→单击"确定"按钮即可在每一页面的固定位置添加上页码。

如果不想在文稿的封面出现页码,可以退选"首页显示页码"复选框。

单击"格式"按钮,还可以进行更多页码的自定义设置,请读者自行实验。

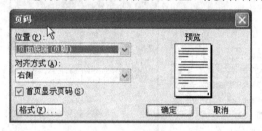

图 3.2-18 "页码"对话框

6.页面边框

在"边框和底纹"对话框的"页面边框"选项卡(图 3.2-19 左)中可以为页面添加边框并设置边框的风格、线型、宽度和颜色。页面边框还可以设置成艺术型边框:在对话框的"页面边框"选项卡的"艺术型"下拉列表中选择一种花边,单击"确定"按钮,即可得到艺术型边框的效果(图 3.2-19 右)。

图 3.2-19 左—"边框和底纹"对话框的"页面边框"选项卡,右—"艺术型"边框效果

3.2.6　Word 文档的图文混排

图片可以丰富文档的布局的层次、增加视觉的美感、滋润读者的心情和舒缓阅读的节奏，然而更重要的是，图片可以辅助文字更直观地引入问题、更简明地表达观点、更深入地描述细节和更准确地阐明结论。所以在文档中适当位置加入适量、适宜的图片，是文章吸引读者眼球、赢得读者加分的重要手段之一。

Office 软件提供了在文档任意位置插入图形、图片等视觉对象(图文混排)的功能。

1. 图片的插入与删除

在文档中插入图片很容易：将插入点定位需要放置图片的位置上，展开"插入"菜单中的"图片"子菜单(图 3.2-20 左)，可以看见其中有多个图片来源选项，单击"来自文件"，便会打开"插入图片"对话框(图 3.2-20 右)，在其中选中需要的图片文件，单击"确定"按钮，便可将指定的图片插入到指定的位置。

图 3.2-20　左—"插入"→"图片"菜单，右—"插入图片"对话框

"来自文件"指的是图片来源于本电脑磁盘中保存的图片文件。如果选择"剪贴画"选项，则可以将 Office 剪贴画库作为图片来源，从中选择一些常用的图片、花边或动画。

如果要删除图片，先单击选中该图片，然后按下［Backspace］或［Delete］键即可。

2. 图片的格式设置

插入图片后，还可以调整图片的位置、大小、边框线条、颜色、亮度、对比度、旋转角度等等属性，甚至还能够对图片进行剪裁。这些大都可以借助于"图片工具栏"或者"设置图片格式"对话框(图 3.2-21)来完成。对话框入口在图片的快捷菜单中。

小技巧　有些图片格式的设置不必麻烦地打开对话框，可以直接操作：当图片被选中时，四周会出现 8 个小点，称为"尺寸控点"，拖动其中之一，就可以改变图片的大小。

更多快捷操作可以通过"图片工具栏"来辅助完成，读者有兴趣可以自行体验。

3. 图文混排

当图片被插入到文档以后，默认地，它会占据整个页面宽度，而不论图片本身是多窄，这样它左边或右边就会出现空白，不仅不协调，而且浪费版面。好在 Word 提供了图文环绕的技

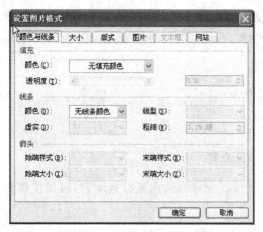 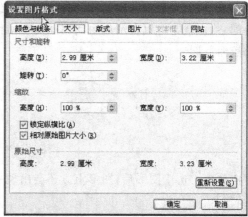

图 3.2-21　"设置图片格式"对话框：左—"颜色与线条"选项卡，右—"大小"选项卡

术，该技术不仅可以使文本紧紧围绕图片，还可以将图片与文本重叠放置。这些设置可以在"设置图片格式"对话框的"版式"选项卡（图 3.2-22 左）中完成。

 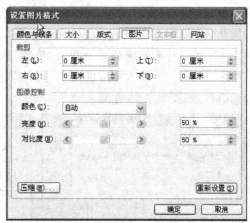

图 3.2-22　"设置图片格式"对话框：左—"版式"选项卡，右—"图片"选项卡

Word 还提供了多种其他图文混排的方式，请读者自行体验。

4. 图形绘制

除了插入现成的图片文件以外，Word 还提供了在文档中绘制图形的功能。图形绘制主要通过"绘图"工具栏（图 3.2-23）辅助完成。

图 3.2-23　"绘图"工具栏

在默认情况下，"绘图"工具栏是不隐藏的，它通常固定显示在窗口底部。如果没有看见，则可以用 3.1.4 中介绍的方法使其显现出来。

借助于"绘图"工具栏，可以绘制多种图形，例如线条、箭头、矩形、椭圆、多边形、柱体、椎体等几何图形，还可以绘制许多不规则图形，外加许多预定义的自选图形，如流程图，各种箭头等;此外还可以设置图形的格式,如线条颜色,线条粗细、填充颜色,三维效果等等。另外很有用处的一点,就是可以在图形中间添加文字,对制作对话、标注等非常有用。图 3.2-24 展示了部分绘图范例。

图 3.2-24　绘图范例

小技巧　选中图形后,图形上方还会出现一个绿色小圆点,用鼠标拖动它,可以使图片自由旋转。

5. 插入艺术字

艺术字可以为文档增加动感、活力和感染力。Office 提供的艺术字是将文本经图形化处理产生的效果,因此将其归纳到图片一类,所以它的功能入口与图片在同一个菜单中。插入艺术字的步骤如下:

展开"插入"菜单的"图片"子菜单→单击"艺术字"选项→打开"艺术字库"对话框(图 3.2-25 左)→选择一种艺术字样式→单击"确定"按钮→接着打开下一个对话框"编辑"艺术字"文字"(图 3.2-25 右)→输入相应的文字,同时设置字体与风格→单击"确定"按钮,即可将艺术字添加到插入点(图 3.2-26 左)。

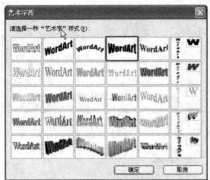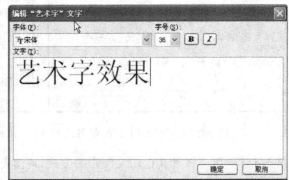

图 3.2-25　左—"艺术字库"对话框,右—"编辑"艺术字"文字"对话框

插入文档的艺术字对象可以通过与图片对象一样的方法进行处理,包括大小、位置和环绕等,还可以通过"艺术字"工具栏(图 3.2-26 右)进行更多的格式化设置。

图 3.2-26　左—艺术字效果,右—"艺术字"工具栏

6. 插入文本框

文本框是一个矩形的文档容器,里面可以编排文本、图片、表格等页面对象。文本框放在整个文档之中就像一幅"画中画",当需要将一段文档(如标题)混排在另一段文档当中时非常

好用。插入文本框的方法是：

展开"插入"菜单中的"文本框"子菜单，单击"横排"或者"竖排"选项，便可直接在插入点加入一个文本框对象。"横排"和"竖排"决定文本框中的文本排列方向。

文本框也可以设置边框、底纹和环绕方式等，方法与上面介绍的类似，不再赘述。

3.2.7　Word 文档中的表格

除了文字和图片之外，在许多文档中，还需要用数字来说话，比如业绩、报告、合同、论文、名册、清单等等，这些数据大都需要以二维表格的形式展现。功能强大的 Word 也为我们提供了在文档中加入二维表格的支持。

1. 表格的创建

正规创建表格的方法是通过"插入表格"对话框来完成：展开"表格"菜单，单击"插入"子菜单中的"表格"选项，便会打开"插入表格"对话框（图 3.2-27 左）。在对话框中选择构成表格需要的行数和列数，并设置列的宽度或者让 Word 自动调整列宽，然后单击"确定"按钮，一个表格便在插入点创建完成。

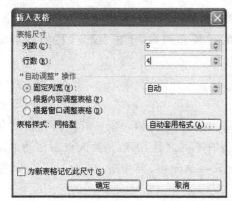
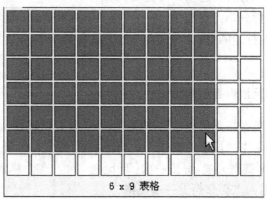

图 3.2-27　左—"插入表格"对话框，右—"表格选择框"

创建表格还有一种更快捷的方法：按下（注意，不是单击）"常用工具栏"中的囲按钮，按钮下方会出现一个"表格选择框"（图 3.2-27 右），此时向右下方拖动鼠标，拖过的水平和垂直格子数就决定表格的实际行、列数。拖动时，我们不用去数行和列，在"表格选择框"下方可以看到岁拖动动态改变的"m×n 表格"的字样。等我们松开鼠标左键的同时，表格就自动创建完成。这种方法的缺点是不能选择列宽等属性。

2. 表格格式的设置

表格创建完成后，还可以进行列宽、边框、底纹等格式的设置。直接用鼠标拖动表格线，就可以方便地改变列宽和行高，而其他格式的设置与上文介绍的方法类似，不再重复。更多的表格属性的设置可以在表格的"表格属性"对话框中进行。"表格属性"对话框的入口在"表格"菜单或快捷菜单中可以找到。

注意，在设置表格属性之前，必须先选中表格，选中表格的方法是，将鼠标指针移动到表格之中,在表格左上角可以看到一个田标记,单击此标记即可选中整个表格。

3. 行列的插入与删除

在表格创建好以后,还可以随时插入或删除行和列,方法如下:先将插入点置于需要插入或删除的行或列当中,展开"表格"菜单,选择"插入"或"删除"子菜单,单击其中的"行"或"列"选项,即可完成行或列的插入或删除操作。

删除行、列也有更快捷的方式:先选中行(与选中一行文本类似)或列(鼠标指针移到列上方,当指针变成向下的实心箭头形状时,单击左键),然后按下[Backspace]键即可。

如果是要删除整个表格,在选中表格后,按下[Backspace]键即可完成。

小技巧 如果要清除行、列或全部表格中的内容,选中目标,按下[Delete]键即可实现。

4. 单元格的合并与拆分

表格中单一的格子称为"单元格",多个单元格可以合并成一个,一个单元格也可以拆分为多个。

合并单元格操作:首先用鼠标拖动选中多个要合并的单元格,然后单击"表格"菜单中的"合并单元格"选项即可完成;

拆分单元格操作:将插入点置于要拆分的单元格内,单击"表格"菜单中的"拆分单元格"选项,在打开的"拆分单元格"对话框中选择拆分后的行数和列数,单击"确定"按钮即可完成拆分。

5. 单元格内容的编辑

单元格就跟一个文本框类似,里面可以编排所有的 Word 文档对象。其编辑和格式化操作与文本和段落的操作完全相同,不再重复。如果说有不同之处,那就是插入点的移动可以由[Tab]键来完成,每按一次[Tab]键,插入点会移到下一单元格,而按下[Shift]+[Tab]组合键,插入点会移到上一单元格。

6. 单元格数据的计算

在 Word 表格中,可以对行或列中单元格的值进行算术运算。例如在图 3.2-28 左图所示的表格中,我们分别作对行进行求平均值、对和列求和运算。

姓名	高等数学	大学英语	计算机基础	平均分
张三	78	92	89	
李四	89	76	97	
王五	66	98	79	
赵六	98	65	92	
总分				

姓名	高等数学	大学英语	计算机基础	平均分
张三	78	92	89	86.33
李四	89	76	97	
王五	66	98	79	
赵六	98	65	92	
总分	331			

图 3.2-28 左—原始表,右—计算后的表

求平均分:将插入点置于第二行最右边一个单元格中,单击"表格"菜单中的"公式"选项,打开"公式"对话框(图 3.2-29 左),在"公式"栏中输入"＝AVERAGE(LEFT)",单击"确定"按钮,便可得到如图 3.2-28 右图所示的计算结果"86.33";

求总分:将插入点置于第二列最下面的单元格中,在"公式"对话框的"公式"栏中输入"＝

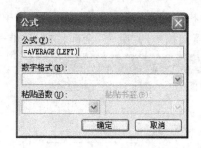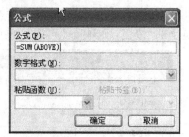

图 3.2-29　"公式"对话框:左—求平均值公式,右—求和公式

SUM(ABOVE)"(图 3.2-29 右),单击"确定"按钮,便可得到总分的计算结果"331";

计算公式也可以从"公式"对话框的"粘贴函数"下拉列表中选择,但是注意在括弧中必须写上"LEFT"或"ABOVE"等参数,用来确定计算的范围。

7. 表格与文本的相互转换

有时候我们有一堆数据或清单,需要把它们以表格的形式归纳整理起来,这就可以使用 Word"将文字转换成表格"的功能。

先选中需要转换的数据或清单,然后单击"表格"菜单→"转换"子菜单中的"文字转换成表格"选项→打开"文字转换成表格"对话框(图 3.2-30)→选择与清单中相对应的分隔符(比如逗号,空格等)→最后单击"确定"按钮,即可完成转换。

相反地,我们也可以把表格转换成文字,这个过程请读者自行实验。

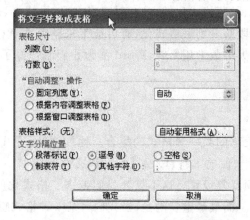

图 3.2-30　"文字转换成表格"对话框

3.2.8　Word 文本的查找和替换

写文章难免会出现错别字,对于一篇很长的文章比如小说,一个习惯性错误可能不自觉地会出现几十次甚至数百次,例如"惟一"写成"唯一"、"账号"写成"帐号"、全角"( )"写成半角"( )"等等。校对的时候发现了,要一一修改,会存在至少 2 个问题:费时费力、难免遗漏。不过 Office 想得很周到,为我们提供了强大的查找和替换功能,借助它可以轻而易举地解决上述问题。

查找和替换可以借助"查找和替换"对话框(图 3.2-31)实现。单击"编辑"菜单中的"查找"

或"替换"选项即可打开对话框。在"查找内容"栏中输入"唯一",在"替换为"栏中输入"惟一",然后单击"替换全部"按钮,顷刻间就可以将整篇文档中的"唯一"全部替换成"惟一"。

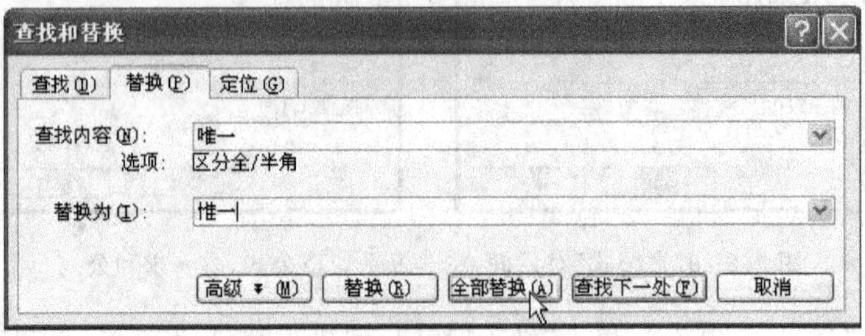

图 3.2-31　"查找和替换"对话框

如果我们不需要进行全局替换,可以进行有选择地替换:连续单击"查找下一处"按钮,直至找到真正需要替换之处,再按下"替换"按钮(仅替换一处),如此继续,便可达到目的。

对话框中还有一个"高级"按钮,单击它会展开更多选项,从中可以选择查找诸如段落标记,制表符等特殊符号,还可以查找经过格式化的文本,例如可以将红色、粗体的"计算机"替换成蓝色带下划线的"计算机"。读者可以自己去做一下这些有趣的实验。

小技巧　按下[Ctrl]+[F]键可以快速打开"查找和替换"对话框。

3.2.9　Word 文档的样式套用

前文介绍了很多文本、段落格式化的方法,看起来方便、灵活,但是却没有用足 Office 的自动化功能。而且对不同的段落分别做格式化,有可能带来整篇文章格式不统一的问题。对于文档编辑中可能用到的绝大多数常用格式,Word 都为我们制作好了现成的样式,方便我们在需要的时候套用。

1.样式的概念

所谓样式,是文本或段落的某一套格式的集合。比如对"标题 1",可以预设一种样式:隶书、3 号字、粗体、黑色、居中、段前 1 行、段后 2 行。那么每当编写一级标题时,就可以套用这种样式,而不需要再去逐项反复设置。这不仅为我们带来了格式化的方便,更重要的是,可以统一全部一级标题的格式。而最最重要的是,当我们对某一种格式感到不满意的时候,只要去修改样式,那么所有套用这种样式的段落或文本都会自动按新的样式更新!

2.样式的套用

按前文介绍的方法选中段落或文本,单击"格式"菜单中的"样式和格式"选项,则任务窗格会自动转到"样式和格式"页面(图 3.2-32 左),单击某一样式,选中的段落或文本就会自动被套用该样式。

3.样式的修改

要修改某个样式,需要用鼠标右键单击该样式,在快捷菜单中选择"修改",以打开"修改样式"对话框(图 3.2-32 中),单击左下角的"格式"按钮,从下拉菜单中选择"段落",就可以在打开的"段落"对话框（图 3.2-32 右）中修改样式了。修改完样式，单击"确定"按钮后，所有以前采用该样式的段落都被自动更新为修改过的新样式。

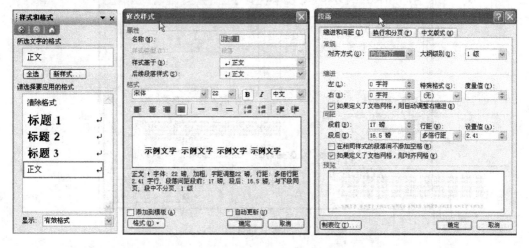

图 3.2-32　左—"样式和格式"页面，中—"修改样式"对话框，右—"段落"对话框

如果 Word 提供的样式不能满足我们的需要，用户也可以新建样式：在任务窗格上部单击"新样式"按钮，即可进入"新建样式"对话框，编辑样式过程与样式修改类似。

3.2.10　Word 文档目录的创建

写过小说、论文或教材等大文章的读者会有体会，编写目录是一件很麻烦的事情，要把各级章节标题整理出来，按缩进格式排列，还要编上右边对齐的页码。且不说右对齐有多困难（不相信？去试试看），更加叫人郁闷的是，当文章经过修改、章节或文字有了增减以后，原先编好的页码就全都白费了！

感谢 Word 为我们提供了自动目录创建的功能，替我们解决了这个难题。不过要特别说明的是，要实现目录的自动创建，必须有个前提，那就是在文档格式化的时候，各级标题的格式都必须是套用了"标题 1"、"标题 2"……等标题样式或正确设置了大纲级别的，否则无法自动创建目录。

1. 目录的创建

展开"插入"菜单的"引用"子菜单→单击"索引和目录"选项→打开"索引和目录"对话框（图 3.2-33）→选择"目录"选项卡→在下半部"常规"栏的"格式"下拉列表中选择目录的排版格式以及"显示级别"（即目录要细化到几级标题）→在"打印预览"栏中观察实际的效果→如果级别正确，排版合适，就单击"确定"按钮，目录即告创建完成。

自动创建的目录，格式统一，整齐美观，错落有致，而且单击某一章节的目录项，观察点就可以跳转到相应的章节，方便浏览。更加重要的是，不论文档内容有多少增减，即便增减了章节条目，目录都可以自动更新。

2. 目录的更新

方法有 3 种：选中目录，按下［F9］键；或者在目录中单击鼠标右键，在快捷菜单中选择"更

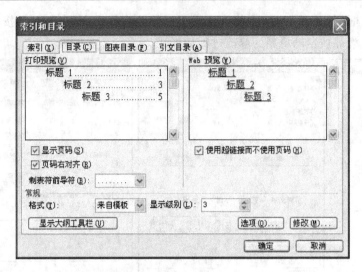

图 3.2-33　"索引和目录"对话框

新域";或者关闭文档后在重新打开,目录都会自动更新。

3.2.11　Word 文档的打印

虽然办公自动化的进程突飞猛进,但是完全脱离纸质文件的时代还没有真正到来,所以许多文档还是需要通过打印来分发、传阅和归档的。

Office 软件为其创作的文档提供了通用的打印接口,因此在不同的组件中,操作方法都是一致的。

1. 打印预览

在打印之前,需要对打印的实际效果进行确认,这可以通过"打印预览"功能来观察审视。单击"文件"菜单中的"打印预览"选项,或者单击"常用工具栏"中的"打印预览"按钮 ,即可在"打印预览"视图中对文档的实际输出效果进行预览。

图 3.2-34　"打印预览"专用工具栏

注意:使用打印预览功能之前,我们的电脑必须已经安装了打印机驱动程序。

在"打印预览"视图窗口中有一个专用工具栏(图 3.2-34),通过它可以方便浏览甚至进行页边距调整。其中有缩放,单页和多页切换、调整标尺、缩小字体填充等按钮,在最后一页只剩下一、两行的情形下,可以单击"缩小字体填充"按钮 ,自动微缩前面所有页面的文字,来挤下最后一页的内容。这是一个非常人性化的功能,可以节约纸张和文件厚度。

2. 打印

预览完成后,可以直接单击专用工具栏左边的"打印"按钮 直接进行打印。但是针对打印操作还有许多选项可以设置,这需要通过"打印"对话框(图 3.2-35)来完成。"打印"对话框的入口在"文件"菜单中。

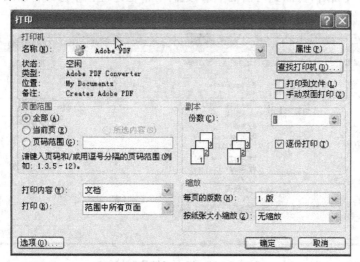

图 3.2-35　"打印"对话框

如果我们的计算机连接了一台以上打印机,那么可以在"打印"对话框中选择打印机;在"页面范围"栏中可以选择打印全部、打印当前页(插入点所在的页)或打印部分指定页面;在"副本"栏中可以指定打印份数;在"打印"下拉列表中可以选择分别打印奇偶页;在"缩放"栏的"按纸张大小缩放"下拉列表中可以选择纸张规格。

设置完这些选项之后,单击"确定"按钮便可以开始打印。

3.2.12　用 Word 制作网页

在当今 Web 应用这么发达的时代,为了宣传自己和单位的形象、发表自己的观点、贡献自己的知识和经验、服务和方便广大网民等,许多人都在制作自己的网站。个人网站之所以这么普及,这很大程度上得益于简单方便的网页制作工具,Word 就是其中之一。

用 Word 制作网页很容易,内容的编辑和排版与上面介绍的完全相同,所不同的就是网页中间需要有一些超链接,用于引用 Web 上的其他相关资源,如另一个网页、图片、音频和视频等。另外一个区别是网页保存的文件名是".htm"或".html"。

1. 插入超链接

超链接可以插入到文本中,也可以插入到图片中(包括表格、文本框和其他对象中的文本与图片)。插入的步骤是:

(1)选中文本或图片(例如"北京奥运会官方网站"),单击"插入"菜单或快捷菜单的"超链接"选项,打开"插入超链接"对话框(图 3.2-36),可以看到,在对话框上部"要显示的文字"栏中已经填好了"北京奥运会官方网站"的字样;

(2)在下方"地址"栏中输入所引用目标资源的地址,如"http://www.beijing2008.cn/",单击"确定"按钮,就在所选择的文本或图片中已经了超链接。如果我们不清楚目标资源的地址,那么可以单击"查找范围"栏右边的◉按钮,Word 会帮助我们打开 Web 浏览器窗口,从中找到需要引用的页面后,再回到对话框中来,这时对话框地址栏中已经自动填入了引用目标的地址。

图 3.2-36 "插入超链接"对话框

插入超链接后,原来的文本被加上了下划线,而且颜色也变成了蓝色(加了超链接的图片外观没有任何改变),此时将鼠标指针移到文本或图片上,指针会变成手的形状,按住[Ctrl]键的同时单击鼠标,就会在窗口中引入目标地址所指向的页面。

2. 编辑超链接

将插入点置于超链接中,单击"插入"菜单或快捷菜单的"超链接"选项,打开"编辑超链接"对话框(该对话框与"插入超链接"对话框除了标题以外,其他完全相同),在其中修改要显示的文字、目标地址或者其他选项,单击"确定"按钮,即可完成修改。

3. 删除超链接

打开"编辑链接"对话框,单击"删除超链接"按钮,单击"确定"按钮,即可删除超链接。也可以在快捷菜单中选择"取消超链接"选项来删除超链接。要说明的是,删除超链接并没有删除原来的文本或图片,只是删除了其中对目标资源的引用。

4. 网页的保存

网页制作完成后,在"文件"菜单中选择"另存为网页",Word 即自动在我们定义的文件名后加上".htm"扩展名予以保存。以后在资源管理器中双击该文件,文件就会在默认的 Web 浏览器中打开,而不是在 Word 中打开了。

3.3 Microsoft Excel 2003

Excel 2003 是 Office 2003 办公套件的一个组件,它是一个电子表格(Spreadsheet)处理软件。电子表格是信息时代提高办公效率,实现办公自动化的重要工具,它可以用于记录、组织、统计、分析、汇总、图形化数据,通过电子表格软件,方便快捷地制作出各类报表,如成绩报告、账务报表、材料预算、销售统计报告、财务评估报告、市场趋势分析报告等。

Excel 主界面窗体与及界面主要元素名称如图 3.3-1 所示，供读者阅读下文时参照。

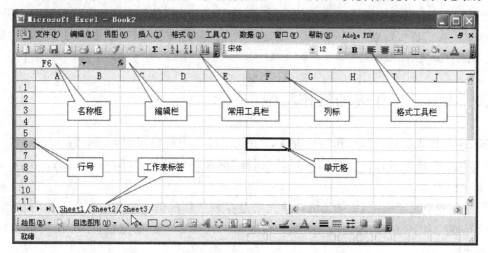

图 3.3-1　Excel 主界面窗体及界面主要元素名称

为了使用方便，通常将最常用的命令入口放在主菜单下方的"常用工具栏"中，而将最常用的格式设置命令入口放在"格式工具栏"中（图 3.3-2）。

图 3.3-2　"常用工具栏"（上）和"格式工具栏"（下）

3.3.1　Excel 工作簿的新建、打开与保存

工作簿是 Excel 文档的磁盘存储单元，即 Excel 的数据文件。工作簿是存放电子表格的容器，要使用 Excel 电子表格就必须创建工作簿。工作簿由若干张工作表组成。

1. 工作簿的新建

每次启动 Excel 时，Exce 会自动新建一个工作簿："Book1"，并在其中默认地新建了 3 张工作表："Sheet1"，"Sheet2"和"Sheet3"。我们也可以在打开的 Excel 窗体中单击"新建"按钮，或者单击"文件"菜单中的"新建"选项来新建工作簿。

2. 工作簿的保存

在 Excel 应用程序窗口的"文件"菜单中选择"保存"或"另存为"选项，弹出"另存为"对话框，指定工作簿的文件名和保存位置，单击"保存"按钮即可。保存时无须指定文件的扩展名，Excel 会自动为其加上扩展名："．xls"。也可以通过"常用工具栏"中的"保存"按钮来进行保存操作。

3. 工作簿的打开

在 Windows 资源管理器中,找到需要打开的 Excel 工作簿,双击文件图标即可打开选定的工作簿。我们也可以在打开的 Excel 窗体中单击"打开"按钮,或者单击"文件"菜单中的"打开"选项来打开工作簿。

3.3.2　Excel 工作表的操作与维护

Excel 工作表由若干"行"和"列"组成,Excel 工作表中可以容纳 65536 行×256 列。行以"行号"标注,行号为:1,2,…,65536;列以"列标"标注,列标为:A,B,…,Z,AA,AB,…,AZ,BA。BB…。

行与列的交叉区为一个"单元格",单元格是存放数据的最小单元。列标与行号的组合构成了单元格的名字(也称"地址"),如"A2"代表第一列第 2 行的单元格,"B5"代表第二列第 5 行的单元格。

1. 工作表的选取

单击工作区底部的工作表标签(图 3.3-1),如:"Sheet1",即可将 Sheet1 选定为当前工作表。如果要同时选定多个表,只要配合[Ctrl]键或[Shift]键进行操作即可(与资源管理器中选取文件类似)。

2. 工作表名的修改

双击工作表标签,即可对其名称进行编辑;也可以从快捷菜单中选取"重命名"选项,来进行重新命名。

3. 工作表的移动

工作表可以移动到另一个工作表之前或之后,也可以移动到不同的工作簿中。移动方法如下:

在"编辑"菜单中选择"移动或复制工作表"选项→打开"移动或复制工作表"对话框(图 3.3-3 左)→在"工作簿"下拉列表中选择目标工作簿→在"下列选定工作表之前"列表框中选取移动的位置→单击"确定"按钮→完成移动。

小技巧　拖动某一个工作表标签到另一个工作表标签的左边或右边即可完成工作表的移动。

4. 工作表的复制

工作表的复制与工作表的移动方法近似,只是需要在"移动或复制工作表"对话框中选中"建立副本"复选框(图 3.3-3 右)。复制后的默认工作表名称是在源表名后加上一个数字序号,通常新表需要重新命名。

小技巧　按下[Ctrl]键不放,同时拖动某一个工作表标签到另一个工作表标签的左边或右边即可完成工作表的复制。

图 3.3-3　"移动或复制工作表"对话框　左—移动，右—复制

5. 工作表的添加

在"插入"菜单中选择"工作表"选项，或在快捷菜单中选择"插入"选项，然后在打开的对话框中选择"工作表"，即可增加一张工作表。

6. 工作表的删除

在"编辑"菜单中选择"删除工作表"选项，即可删除当前工作表，也可在快捷菜单中选择"删除工作表"选项来完成该操作。注意：工作表的删除操作为不可逆操作，无法撤销与恢复，因此操作要慎重。

7. 行、列的插入

鼠标单击某一行或某一列的任意位置，在"插入"菜单中选择"行"或"列"选项；或者鼠标右键单击行号或列标，快捷菜单中选择"插入"，即可在被单击的行或列前插入一行或一列。

8. 行、列的删除

鼠标单击要删除的行号或列标（可以是多行或多列），在"编辑"菜单或快捷菜单中选择"删除"，即可删除选中的行或列。

3.3.3　Excel 数据编辑区域的选取

要在 Excel 工作表中对数据进行操作，必须首先选定某一个存放数据的单元格，以确定数据的归属。在 Excel 工作表中可以选定一个单元格、可以选中一行、一列或一个矩形区域，甚至还可以选中多行、多列、多个矩形区域以及它们的组合。

以下介绍对各种范围选定的具体操作，首先打开一个 Excel 工作簿：

1. 单元格的选定

用鼠标左键单击某一单元格即选中了该单元格。单元格被选中后该单元格会被加上一个黑色粗线边框，此单元格被称为"活动单元格"，在名称框中可以看见该单元格的名称"B2"（图3.3-4），此时输入的数据就会填入活动单元格。

2. 一行或一列的选定

用鼠标左键单击某一行的行号(如"2"),则第二行被全部选定(图 3.3-5);选定一列与选定一行相仿,用鼠标左键单击某一列的列标(如"C"),则第三列被全部选定。

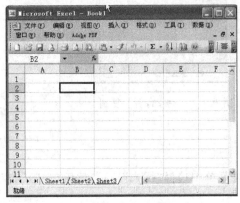
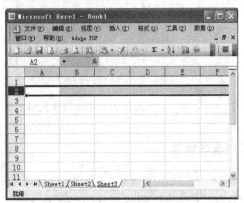

图3.3-4　选定单元格　　　　　　　　　　　　图3.3-5　选定整行

3. 多行或多列的选定

选定多行多列有以下 3 种情形和相应的方法:

(1)选定相邻的行或列:在行号或列标上用鼠标拖动,则拖过的行或列被全部选定。

(2)选定不相邻的行或列:先选定某一行或列,然后按下[Ctrl]键不放,同时选定后续的行或列,如此反复即可(图 3.3-6)。

(3)混合选定行和列:先选定某一行或列,然后按下[Ctrl]键不放,同时选定其他的行或列,如此反复即可(图 3.3-7)。

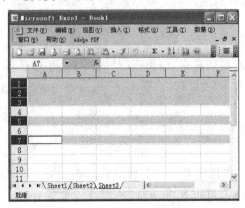
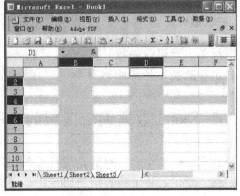

图3.3-6　选定不相邻的多行　　　　　　　　图3.3-7　混合选定整行列

4. 矩形区域的选定

选定矩形区域的方法有三种:

(1)用鼠标左键直接在工作表中拖动(如从"B2"拖至"C6");

(2)先用鼠标左键单击位于矩形区域某一角的单元格(如"B2"),然后按下上档键[Shift]不放,再用鼠标左键单击位于矩形区域另一对角的单元格(如"C6");

（3）先用鼠标左键单击位于矩形区域某一角的单元格（如"B2"），然后按下功能键［F8］，再用鼠标左键单击位于矩形区域另一对角的单元格（如"C6"）；

以上三种方法都可以选中区域（"B2:C6"）（图3.3-8）。

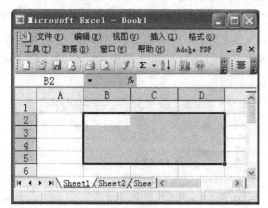

图3.3-8　选定矩形区域

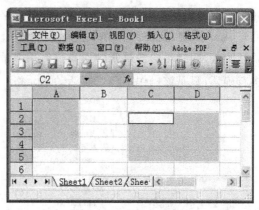

图3.3-9　选定多个区域

选定多个矩形区域：方法很简单，先按上述方法选种第一个区域，然后按下控制键［Ctrl］不放，再选中第二个区域，第三个区域……，即可选中多个矩形区域，多个矩形区域可以相交。注意此时活动单元格位于最后被选定区域的第一个单元格（图3.3-9）。

5. 活动单元格

活动单元格就是当前拥有焦点的单元格，也即当前可以被操作的单元格，数据的输入和编辑只作用于该单元格。当选定某一区域后，可以看到区域中除了第一个单元格是白色的背景外，其余单元格均有较深的背景色，此时白色的那个单元格就是活动单元格。

3.3.4　Excel 数据的录入与维护

Excel 工作表的单元格中可以放置不同类型的数据，如：数值型（可用于计算的数据）、文本型（文字和符号等）、日期型（日期和时间）等等。为了分类更明确，关系更清楚，通常一列中的数据类型都应该是相同的。例如第一列放姓名、第二列放年龄等。对于不同类型的数据，Excel 会作不同的显示处理：对于文本数据，自动在单元格中靠左对齐，数值型数据则靠右对齐，而日期型数据会按照本机区域设置中定义的日期格式来显示。

在新建的 Excel 工作表中，所有单元格的默认格式均为"常规"，它是一种通用格式，Excel 会根据输入的具体数据不同而作智能化的处理。

1. 单元格的数据类型设置

选中一个单元格或区域，选择"格式"菜单中的"单元格"或者快捷菜单中的"设置单元格格式"选项（图3.3-10），会弹出的"单元格格式"对话框。其中有6个选项卡，选择"数字"选项卡，在左边可以看到"分类"列表框中列出了所有的预定义格式（图3.3-11）。其中最常用的是"数值"、"文本"和"日期"等，单击选中某一格式，再单击"确定"按钮，即完成了对所选单元格区域的格式设置。

2.单元格数据的输入

　　输入数据前必须先选定单元格或区域,然后直接由键盘输入字符、数字或标点符号,输入时可以在编辑栏中看到输入的内容(与单元格中的内容一致)(图 3.3-12);输入完毕后可以按回车[Enter]键、制表键[Tab]、光标移动键[↑]、[↓]、[←]、[→]或用鼠标单击另一单元格来确认输入,同时将活动单元格切换到另一个单元格,也可以用鼠标单击编辑栏左侧的✓按钮来进行确认,只是该操作不会切换活动单元格。

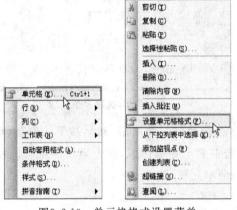

图3.3-10　单元格格式设置菜单

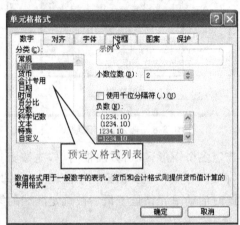

图3.3-11　单元格格式对话框

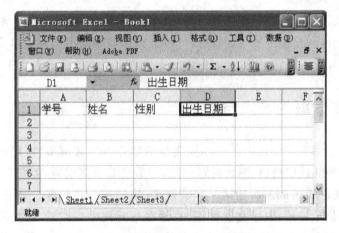

图 3.3-12　单元格数据输入

3.单元格数据的修改

　　选定要修改的单元格,使其成为活动单元格,然后在编辑栏中进行编辑即可;也可以双击该单元格,然后直接在单元格中进行编辑,编辑完后按上述方法进行确认即可。如果想放弃修改,可以在确认前按下跳出键[ESC],单元格的内容会恢复到编辑前的原样不变,也可以用鼠标单击编辑栏左侧的✗按钮来放弃修改。

4.单元格数据的删除

　　选定要删除的单元格区域,按下删除键[Delete]或退格键[Backspace],即可删除选定区域的内容。

　　小技巧　如果需要在多个单元格中输入相同的内容,可以先选中这些单元格,并在活动单元格中输入需要的内容,然后同时按下[Ctrl]+[Enter]组合键,即可使区域中所有单元格获得相同的内容

3.3.5　Excel 数据的复制与填充

1.数据的复制

　　Excel 中的数据复制方法与其他 Windows 应用程序一样:选中要复制的单元格或区域→单击"复制"选项、按钮 或按下组合键[Ctrl]+[C]→选中粘贴的目标单元格或区域→单击"粘贴"选项、按钮 或按下组合键[Ctrl]+[V],即可完成。要注意的是,如果是区域范围的数据复制,则在粘贴前选择的粘贴区域必须与复制区域大小范围完全一致,否则粘贴会出错。

　　小技巧　区域数据粘贴前不必要选中整个区域,而只选中第一格单元格即可,让 Excel 自己去判断粘贴区域的范围。

2.数据的移动

　　只需要将数据复制方法中所有的"复制"操作改为"剪切"操作,整个过程就变成了数据移动操作。

　　除了标准的复制方法以外,Excel 还为我们提供了一种称为填充的数据复制方法,用于数据的智能化批量复制。

3.简单数据填充

　　如果要将一个单元格中的数据复制到相邻的单元格或区域中,只要选中该单元格,将鼠标指针指向其右下角的填充柄(一个实心小方块)(图 3.3-13),待鼠标指针由"⊕"变为"十"后,向需要复制的单元格拖动,释放鼠标后,可以看到凡是被鼠标拖过的单元格中都填入了相同的内容(图 3.3-14)。

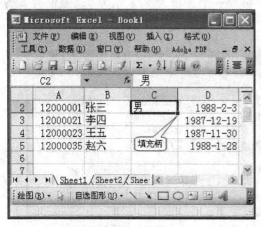
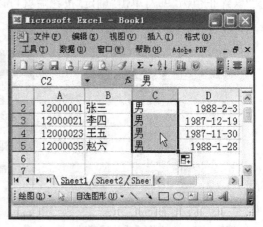

图3.3-13　填充前　　　　　　　　　　　　　　　　　　图3.3-14　填充后

4. 枚举类型数据的填充

如果活动单元格中的数据是枚举类型的(如："星期一"、"January"等)，则拖动后得到的结果并不是简单复制，而是被智能地填充为"星期二、星期三、……"和"February，March，……"等(图 3.3-15)。

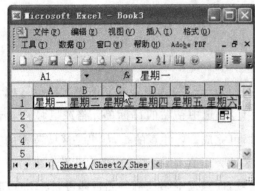

图3.3-15　枚举型数据填充效果

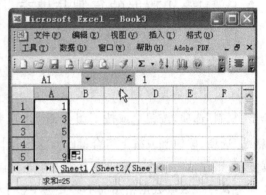

图3.3-16　等差数列填充效果

5. 等差数列填充

如果要做一个 50 项的等差数列：1,3,5,7,9,…,99，我们不需要逐个地去输入这些数据，而只需要在相邻的两个单元格中分别输入"1"和"3"，然后选中这两个单元格，沿 1→3 的方向拖动填充柄至第 50 个单元格即可。如果一次无法拖到第 50 格，也可以分开多次拖动(图 3.3-16)。如果活动单元格中的数据是带数字的文本，如"第 1 章"，则可以利用此方法来实现顺序号码的自动生成，而且无须预先输入两个数据，一个数据便足够。

6. 高级智能填充

以上我们的填充操作都是使用鼠标左键进行拖动，如果改用鼠标右键拖动，那么当释放鼠标时，就会弹出一个快捷菜单，其中列出了多种填充功能(图 3.3-17)，我们选择其中的"序列"选项，随即会弹出一个"序列"对话框(图 3.3-18)，选中"等差序列"单选按钮，同时设置"步长"为"2"、终止值为"99"，单击"确定"按钮后就可以得到一个首项为 1、末项为 99、差值为 2 的等差数列。

图3.3-17　右键拖动后快捷菜单

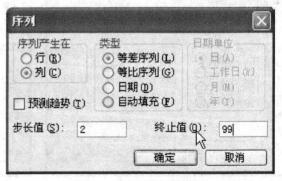

图3.3-18　"序列"对话框

3.3.6　Excel 工作表的格式化

为了使数据的显示与输出格式的整洁、清楚和美观,对工作表往往需要进行格式化。格式化包括单元格数据的字体、风格、颜色、背景、对齐方式、显示样式和边框等的设置。

关于字体、风格、颜色、背景等格式的设置与在 Word 中的设置方法基本相同,但是设置的环境与 Word 不同。在 Excel 中,它们是在"单元格格式"对话框的"字体"和"图案"选项卡中进行的。

而以下主要介绍对齐方式、显示样式和边框等的设置。

1.对齐方式设置

按前节介绍过的方法打开"单元格格式"对话框。选择"对齐"选项卡(图 3.3-19),在其中可以分别设置"水平对齐"和"垂直对齐"方式(效果见图 3.3-20),通过右边的"方向"栏,还可以随意设置角度,可以将单元格内容设置成竖直排列或任意角度排列。如果仅需要设置单元格水平对齐方式,则无须打开"单元格格式"对话框。而只需要像在 Word 中一样,单击格式工具栏中的水平对齐按钮 ▤ ▤ ▤ 即可。

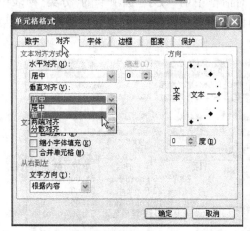

图3.3-19　单元格对齐方式设置

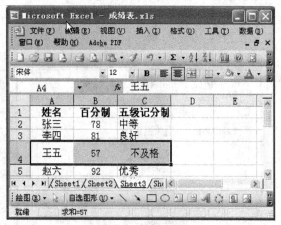

图3.3-20　设置水平居中与垂直居中后的效果

2.数值显示样式设置

数值型的数据常常会带有正负号、小数点和分隔符等符号,因此显示格式可以有一些不同的选择与组合。

(1)小数位数设置。如果某一列中存放的是金额数据,那么通常我们需要将其小数位数固定为 2 位,这同样可以在"单元格格式"对话框中设置。当我们选择数字格式为"数值"后,对话框右边会出现"小数"设置框(图 3.3-21),通过它可以调整小数的固定位数。设置小数位数前后的效果见图 3.3-22。

(2)分隔符位置设置。当一个数值很长时,为了便于快速阅读,我们通常给它加上千位分隔符,即每隔 3 位数字加上一个逗号。默认的格式是不使用千位分隔符,如果需要使用,可以在设置数值格式的同时,选中"使用千位分隔符"复选框即可(图 4.19)。

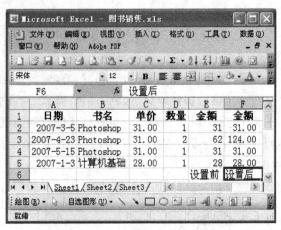

图3.3-21　小数位数和千位分隔符设置　　　　图3.3-22　设置小数位数前后

3. 日期显示样式设置

日期型的数据常常会带有斜杠连字符和冒号等符号,因此显示格式也可以有一些不同的选择与组合。

想要改变日期的显示格式,先在"单元格格式"对话框中的"数字"选项卡的"分类"列表中选择"日期",然后在右边"类型"列表框中选择一种格式即可实现(图 3.3-23)。设置后的效果见图 3.3-24。

图3.3-23　日期显示格式设置　　　　图3.3-24　设置日期格式的后效果

4. 表格边框设置

为了增强输出与显示效果,可以为区域和单元格设置边框。设置边框通常都是以一张表为单位进行的,步骤是:要先选定一个表格区域→打开"单元格格式"对话框→选择"边框"选项卡→在右边"线条"—"样式"列表框中选择一种线型(实线、虚线、粗线、细线等)→然后在左边"预置"框中单击"外边框"或"内部"按钮→以在下方预览边框效果(图 3.3-25)→反复选择不同线条样式进行预览,直至效果满意为止。设置边框后的效果见图 3.3-26。

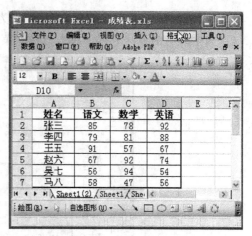

图3.3-25　表格边框设置　　　　　　　　　图3.3-26　设置边框后效果

5. 单元格的合并与拆分

在许多场合中，表格中的内容需要突破默认表格线的限制，比如表头，可能会占据整个表格的宽度，而不是仅仅局限在某一个小小的单元格范围内。

(1)单元格的合并。单元格的合并即去掉多个单元格之间的表格线，并将他们作为一个单元格来处理。步骤是：将需要合并的单元格选中→然后在"单元格格式"对话框中选择"对齐"选项卡(图 3.3-27)→选中下方的"合并单元格"复选框，即可完成合并(图 3.3-28)。也可以通过单击格式工具栏中的"合并及居中"按钮 来实现。

(2)单元格的拆分。如果要将合并过的单元格拆分，只需将上述"合并单元格"复选框前的对钩去掉即可。但是要注意，工作表创建时的默认单元格是 Excel 的最小数据存放单元，不能够再进行拆分，只有合并过的单元格才能拆分，所以，准确地说，拆分单元格实质上是"取消合并"。

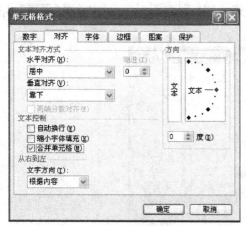

图3.3-27　合并单元格设置　　　　　　　图3.3-28　第一行合并单元格后效果

6. 条件格式的使用

通过为单元格定义条件格式，可以赋予所有满足条件的单元格以特殊的外观。例如我们有时需要将某成绩表中不及格的数据用特殊的颜色或背景显示出来，以加强醒目效果。

以下我们以图 3.3-29 中的数据为例,来为不及格成绩设置条件格式。

(1)选中所有的成绩数据。单击"格式"菜单的"条件格式"选项(如图 3.3-29)。

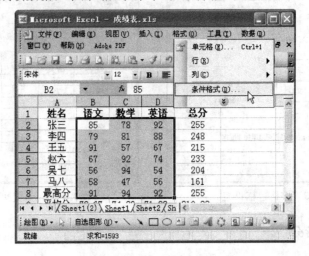

图 3.3-29 条件格式选项

(2)定义条件表达式。在"条件格式"对话框(图 3.3-30)中,通过下拉列表箭头来选择"单元格数值"和"小于",在最右边的文本框中,键入"60",然后单击"格式"按钮。

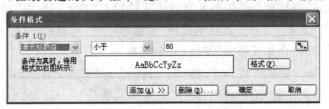

图 3.3-30 条件格式对话框

(3)显示格式定义。在继而弹出的"单元格格式"对话框(图 3.3-31)中选择"图案"选项卡,并选择"单元格底纹"颜色为浅灰色。

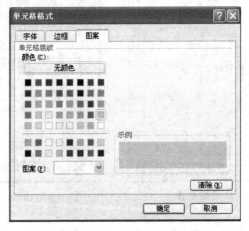

图 3.3-31 单元格格式对话框

(4)操作确认。单击"确定"按钮,关闭"单元格格式"对话框。再单击"确定"按钮,关闭"条件格式"对话框,此时便可在原成绩单上看到用浅灰色底纹修饰的不及格数据(图 3.3-32)。条件格式的实质就是将满足条件的单元格用指定格式进行修饰。

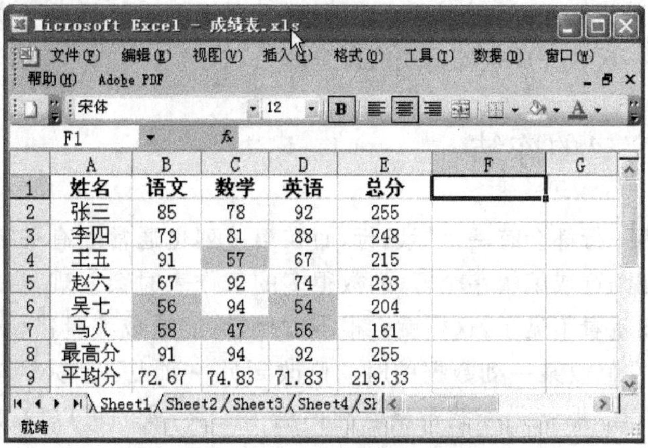

图 3.3-32　通过条件格式选择不及格数据

7. 行与列的格式化

行与列的格式化主要是设置行高与列宽。新建工作表中行的高度与列的宽度都是默认的,如果需要改变行高与列宽,有以下三种方法。

(1)手动调整。将鼠标箭头移动到相邻行号之间的分隔线上,当鼠标箭头变成上下双向箭头时,拖动鼠标到适当的位置,就可以重新定义行高;同理可以改变列宽。

(2)设置行、列格式。先选中需要改变的行(可以选择多行),在"格式"菜单中选择"行"→"行高"选项,然后在弹出的对话框中输入高度值,确认后即可改变行的高度;同理可以改变列宽。

(3)自动调整行高与列宽。先选中所有需要调整列,然后在"格式"菜单中选择"列"→"最合适的列宽"选项,Excel 会根据单元格内容的多少而自动确定每列的列宽;同理可以自动改变行高。

上述"格式"菜单中的选项也可以在快捷菜单中找到。

8. 行、列的隐藏与再现

在某些场合下,需要将某些数据隐藏起来,Excel 为我们提供了现成的方法。

(1)行、列的隐藏。先选中需要隐藏的列(例如"B"列),然后在"格式"菜单中选择"列"→"隐藏"选项,即可发现"B"列不见了;同理可以隐藏某些行。

(2)行、列的再现。先选中被隐藏列的左右两列(如"A、C"两列),然后在"格式"菜单中选择"列"→"取消隐藏"选项,发现"B"列又出现了;同理可以再现被隐藏的行。

上述"格式"菜单中的选项同样可以在快捷菜单中找到。

9. 预定义格式的套用

对 Excel 工作表的格式和外观有较高要求时,设置所有的格式需要较多的步骤。好在Excel 为我们准备好了许多预定义的格式模板,我们可以很方便地拿来套用。预定义格式的

套用方法如下:

首先,选定需要套用预定义的格式的数据区,通常是整个表格区域,然后在"格式"菜单中选择"自动套用格式"选项,在弹出的"自动套用格式"对话框中选择一个模板,预览满意后,单击"确定"按钮,即可一次性完成全部格式的设置。

3.3.7　Excel 窗口的冻结

一般在工作表第一行都会有一个标题行,而在第一列也通常会有关键字列(比如姓名、品名、编号等)。我们在浏览或编辑一个行、列数很多的工作表时会发现,当表格被滚动之后,标题行或关键字列往往就看不见了,这样就会很不方便,可能造成编辑错位,将某一行的数据录入到另一行之中,或在修改某一列数据的时候修改到另一列去了。为了解决这个问题,Excel提供了一个专门的工具,那就是冻结窗格。利用这个工具,我们可以使得标题行或关键字列"冻结"住,不随其他数据一起滚动。下面我们来介绍具体实现方法。

打开一工作表,如果要使第一行冻结,就将活动单元格置于第二行第一个单元格(也就是单击"A2"),再选择"窗口"菜单中的"冻结窗格"选项,这样,第一行就被冻结了。试拖动垂直滚动条,第一行标题行始终坚守岗位,而下面每条记录与标题行的关系一一对应,也就不容易造成错位了。如果要使第一列冻结,就将活动单元格置于第一行第二个单元格("B1");如果要使第一行和第一列同时冻结,就将活动单元格置于第二行第二个单元格("B2")。当然也可以冻结多行多列,以适应标题占用多行多列的情形。

3.3.8　Excel 页面的设置与打印

要将 Excel 工作表的内容整齐、美观地制作成报表,不仅需要对工作表进行单元格层次上的格式化,还需要进行整个页面层次上的格式化,即"页面设置"。页面设置完成后,可以通过"打印预览"功能对输出效果进行检验,最后再进行打印。

与 Word 类似,页面设置在"页面设置"对话框中完成。在"文件"菜单中选择"页面设置"选项,可以打开"页面设置"对话框。

1. 页面设置

在"页面设置"对话框中选择"页面"选项卡,在其中可以调整页面方向、缩放比例、纸张大小等选项。

2. 页边距设置

在"页面设置"对话框中选择"页边距"选项卡,在其中可以调整页面的上下左右边距、表格在页面上的水平及垂直对齐方式等选项。

3. 页眉/页脚的自定义

在"页面设置"对话框中选择"页眉/页脚"选项卡,单击"自定义页眉"或"自定义页脚"按钮,即可以设计自己的页眉和页脚。

4. 工作表设置

在"页面设置"对话框中选择"工作表"选项卡,在打印区域选择框中可以选择需要打印的数据区域;在"打印标题"选择区中可以选择每页都需要重复打印的表头包含的若干行;如果在单元格格式中未设置边框,在此还可以选择是否打印边框。

5. 打印预览

在"文件"菜单有一个"打印预览"选项,单击可以进入打印预览视图,在此视图中除了可以审视输出效果以外,同时可以对页面设置进行拖动调整,还可以进行分页预览。打印预览视图同样通过常用工具栏中的"打印预览"按钮 进入。

6. 打印

打印预览如果没有发现不满意,则可以单击"文件"菜单的"打印"选项,来进行打印,打印对话框的选项与其他 Windows 应用程序大都一样,不再赘述。如果打印前不再进行其他设置,则直接单击常用工具栏中的"打印"按钮 即可。

3.3.9 Excel 公式的应用

Excel 具有很强的计算能力,只要在单元格中创建所需要计算公式,就可以动态地计算出相应的结果。通过 Excel 的公式,不仅可以执行各种普通数学运算与统计,还可以进行因果分析、回归分析等复杂运算。

公式由等号("="),常量、变量(单元格名称引用,如"B2")、运算符和函数等组成。Excel 可使用的运算符有"+"(加)、"-"(减)、"*"(乘)、"/"(除)、"∧"(乘方)、"％"(百分比)、双引号和左右括弧等,函数将在 3.3.10 节中专门介绍。

1. 公式的创建

选择一个单元格,输入等号"=",然后依次输入需要计算的数据和运算符(见 3.3-33 节),最后进行输入确认即可完成,此时单元格中显示的公式已经变成计算所得的结果了,不过只要选中该单元格,在编辑栏中看到的还是原始公式。

2. 公式的编辑

编辑公式可以在编辑栏中进行,也可以通过双击公式所在单元格,然后直接在其中编辑。

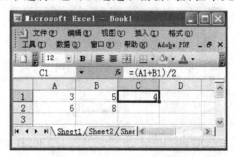

图 3.3-33　公式与编辑栏

3. 单元格的引用

每一个单元格都有一个名字,如"A2","C5"等,单元格的名字就是变量名,单元格的内容则是变量的值。如果在公式中需要引用某单元格的值进行运算,可以直接输入该单元格的名字,也可以用鼠标单击该单元格而自动完成引用。

单元格引用有 3 种方式:相对引用、绝对引用与混合引用。

(1)相对引用。引用单元格时不是使用其绝对地址来定位,而是引用其相对地址(即被引用单元格相对于公式所在单元格的方位和距离)来定位,如"C4"单元格中的公式要引用"A1"单元格的数据,公式中虽然写的是"A1",而实际引用的是:"C4"单元格向左边数第 2 列、向上方数第 3 行的单元格,而不论它是否叫"A1",即便将单元格名称改成其他名字,引用也照样正确。凡是直接书写单元格名字的引用都是相对引用。

(2)绝对引用。引用单元格时使用其绝对地址来定位,假如公式中要引用"A1"单元格,那么不论公式放在哪一个单元格中,被引用单元格的地址始终是"A1"。绝对引用在公式中的书写规定是在单元格名字的列标和行号前各加上一个"$"符号,即"$A$1"。

(3)混合引用。混合引用顾名思义就是两种引用方法的混合使用,例如"$A1",其中"$A"说明列是绝地地址,引用一定在 A 列,而"1"是相对地址,说明被引用的单元格在公式上方,隔一行的位置。

(4)不同表中数据的引用。前面讨论的单元格引用都是在同一张表中进行的,如果引用的单元格在另一张表中,则在引用时就需要加上表的名字和一个惊叹号,如"Sheet2! C4",引用的是"Sheet2"表中的"C4"单元格。编辑公式时可以先用鼠标单击被引用的工作表标签(如"Sheet2")打开工作表,然后单击需要引用的单元格(如"C4"),最后按下[Enter]键即可在公式中完成引用。

注意   公式中所使用的所有表达式符号如运算符、引号、括号、函数名等必须为纯西文(半角)符号,运算数如文本常量、变量名等可以使用中文符号。

4. 公式的复制与移动

公式的复制和移动的方法与单元格的复制和移动的方法相同,同样也可以通过填充方式进行批量复制。所不同的是,如果公式中含有单元格的相对引用,则复制或移动后的公式会根据当前所在的位置而自动更新。例如"C1"单元格中的公式为"=(A1+B1)/2",将其复制到"C2"后,公式变成了"=(A2+B2)/2"(图 3.3-34)。这正是相对引用的妙处,使得公式的复制成为可能。

图 3.3-34   公式复制后的参数变化

3.3.10　Excel 常用函数的使用

　　Exceld 的函数实际上就是 Excel 预先定义好的一些复杂的计算程序,可以供用户通过简单的调用来实现某些复杂的运算,而无须用户懂得如何编写程序代码。在 Excel 中有 400 多个函数可供使用,以下我们介绍几个最常用函数的调用方法,读者可以举一反三,学习掌握其他函数的使用。

1. 求和函数　SUM( )

　　功能:计算多个数字之和。

　　调用语法:SUM(Number1,Number2,…)

　　其中 Number1,Number2,…?? 分别为需要求和的数据参数,参数可以是常数、单元格或连续单元格区域引用,如果是区域的引用,则参数应该是 REF1:REF2 的形式,其中 REF1 代表区域左上角单元格的名字,REF2 代表右下角单元格名字,如"A1:A30"、"A1:F8"。

　　例如:"=SUM(3,2)"的结果为 5。

　　如果单元格"A1"的值为 3,"A2"的值为 5,则:"=SUM(A1:A2)"的结果为 8。

　　如果单元格"A2"至"E2"分别存放着 5,15,30,40 和 50,则:"=SUM(A2:C2)"的结果为 50;"=SUM(A1,B2:E2)"的结果为 138。

　　调用函数是可以打开"插入函数"对话框(图 3.3-35)来选择函数,并且可以使用"函数参数"对话框(图 3.3-36)来输入和编辑函数的参数。"函数参数"对话框可以显示函数的名称、函数的功能、各个参数和及其描述、函数的当前计算结果和整个公式的计算结果。

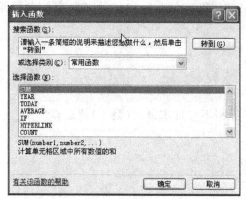

図3.3-35　"插入函数"对话框　　　　図3.3-36　"函数参数"对话框

　　操作步骤:选中要存放结果的单元格→选择"插入"菜单的"函数"选项→打开"插入函数"对话框→在"或选择类别"下拉列表中选择"常用函数"→在"选择函数"列表框中选择"SUM"→单击"确定"按钮即可打开"函数参数"对话框→在上部"Number1"输入框中输入需要求和的单元格区域(如"A1:A2"),如果有多个不连续的区域需要求和,则可以在"Number2"输入框中输入第二个区域,然后第三个区域……,最后单击"确定"按钮,即可完成公式的编辑。注意,此时公式最左边自动加上了"="号。

　　小技巧　如果不知道求和区域的引用名称,可以直接用鼠标在工作表中选取:单击公式选项板"Number1"右侧的"折叠"按钮 ,"函数参数"对话框就会缩成一个横条,显露出工作表来,用鼠标选择需要求和的区域后,再次单击"折叠"按钮,则"函数参数"对话框又会展开,此时发现所选择的区域已经自动填写好。如果事后还想通过"函数参数"对话框来修改参数,则需先选中公式所在单元格,再单击"编辑栏"左边的 按钮。

注意　参数区域中包含的非数值单元格和空单元格不参加求和运算。

小技巧　单击常用工具栏中的按钮 Σ 可以快速实现求和,求和的数据区域由 Excel 自动判定,当然也可以手工修改。

2. 求平均值函数　AVERAGE( )

功能:计算多个数字之平均值。

调用语法:AVERAGE(Number1,Number2,...)

例如:"=AVERAGE(7,5)"的结果为 6。

若单元格"A1"的值为 3,"A2"的值为 5,则:"=AVERAGE(A1:A2)"的结果为 4。

如果单元格"A2"至"E2"分别存放着 10,15,30,45 和 50,则:"=AVERAGE(A2:D2)"的结果为 25;"=AVERAGE(A2:B2,D2:E2)"的结果为 30。

注意　参数区域中包含的非数值单元格和空单元格不参加求平均值运算。

同样可以使用"函数参数"对话框来编辑含有平均值函数,以下不再重复。

3. 求最大值函数　MAX( )

功能:找出多个数字中之最大值。

调用语法:MAX(Number1,Number2,...)

例:设单元格"A2"至"E2"分别存放着 10,15,30,45 和 50,则:"=MAX(A2:E2)"的结果为 50。

4. 求最小值函数　MIN( )

求最小值只需将函数名改为 MIN( )即可。

注意　参数区域中包含的非数值单元格和空单元格不参加求最大(最小)值运算。

5. 计数函数　COUNT( )

功能:计算数单元格区域中数值项的个数。

调用语法:COUNT(Value1,Value2,...)

例:设单元格"A2"至"E2"分别存放着 10,15,Name,45 和 50,则:"=COUNT(A2:E2)"的结果为 4。因为"Name"为非数字项。

6. 条件选择函数　IF( )

功能:执行条件判断,根据逻辑测试的真假值返回不同的结果。

调用语法:IF(logical_test,value_if_true,value_if_false)

参数 logical_test? 为一个逻辑表达式,? 表示判断条件,其计算结果可以为 TRUE(真)或 FALSE(假)。例如表达式"5>3"的值为 TRUE,而表达式"5=3"的值为 FALSE。

参数 value_if_true 是当 logical_test 为 TRUE 时返回的值,参数 Value_if_false 是当 logical_test 为 FALSE 时返回的值。

例 设单元格"A1"的值为 58,则"＝IF(A1＞59,'及格','不及格')"的结果等于"不及格",因为条件"A1＞59"不成立(FALSE),所以输出 Value_if_false 的值"不及格"。

参数 Value_if_true 和 Value_if_false 可以是常量,也可以是函数和公式。

例:IF[A1＞59,"及格","IF(A1＞=40","补考","重修")]。含义是:大于 59 分的输出"及格",小于 60 分的输出由公式"IF(A1＞=40","补考","重修")来确定,大于等于 40 分的输出"补考",小于 40 分的输出"重修"。

7. 日期函数　TODAY,YEAR,MONTH,DAY

(1)当前日期函数 TODAY()

功能:返回计算机系统的当前日期,如果系统日期设置正确,则返回当天日期。

调用语法:TODAY(),没有参数,但括号不能省略。

例:"＝TODAY()"的返回值为系统的当前日期,如"2007-9-15"。

(2)求年份函数 YEAR()

功能:返回某日期中的年份分量。

调用语法:YEAR(serial_number),参数 serial_number 是一个日期型的量。

例:"＝YEAR('2008-8-8')"的返回值为"2008","＝YEAR(TODAY())"的返回值为"2007"(假定读者的电脑系统时间为 2007 年)。

参数也可以为变量,如果参数为常量,则必须用双引号限定。

(3)求月份函数 MONTH()

功能:返回某日期中的月份分量。

调用语法:MONTH(serial_number),参数 serial_number 是一个日期型的量。

例:"＝MONTH('2008-8-8')"的返回值为"8"。

(4)求日子函数 DAY()

功能:返回某日期中的日子分量。

调用语法:DAY(serial_number),参数 serial_number 是一个日期型的量。

例:"＝DAY(A1)"的返回值为"15"(假设"A1"单元格中为"2007-9-15")。

3.3.11　Excel 数据的图表化

图表具有较好的视觉效果,可方便用户查看数据的分布、走向、差异、交点、拐点和预测趋势。例如,您不必分析工作表中的多个数据列就可以立即看到各门课程学生成绩的分布和统计情况。

1. 图表的创建

图表的创建可以求助于"图表向导"系列对话框来快速完成。

(1)单击"插入"→"图表"选项(或单击常用工具栏中的"图表向导"按钮🔳),便可弹出"图表向导"对话框(图 3.3-37)。向导的第一步是"图表向导－4 步骤之 1－图表类型",在"标准类

型"选项卡左侧的"图表类型"列表框中列出了所有预定义的图表大类,右边的"子图表类型"列
出了每一大类中的图表样式供用户选择,按我们的需要选择一种能最恰当地表示统计意义的
样式,然后单击"下一步"按钮,进入步骤2。

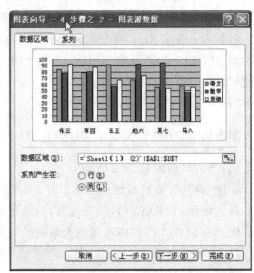

图3.3-37　图表向导－4步骤之1－图表类型　　　图3.3-38　图表向导－4步骤之2－图表数据源

　　(2)第二步是"图表向导－4步骤之2－图表源数据"(图3.3-38),其中有两个选项卡"数据
区域"和"系列",先选择"数据区域"选项卡,在"数据区域"输入框中输入需要在图表中展示的
数据区域(如"A2:G8"),也可以单击输入框右侧的折叠按钮,自行在工作表中选择数据区域
(可以是不连续区域),确认后可以看到所选区域的数据已经以图表的形式显示在对话框上半
部的预览框中,观察图表是否符合我们的要求,如果看上去不对,那可能是数据区域选错了,可
以重新选择;或者改选输入框下面的单选按钮"行"或"列",看看哪种效果是您所期望的。然后
单击"下一步"按钮,进入步骤3。

　　(3)第三步是"图表向导－4步骤之3－图表选项"(图3.3-39),其中有6个选项卡,选择
"标题"选项卡,在"图表标题"输入框中为图表起一个名字,再选择"图例"选项卡,设置图例在
图表布局中的位置,也可以选择不显示图例。(其他选项卡一般不需要设置,如果有特殊需要,
读者可以自行选用)然后单击"下一步"按钮,进入步骤4。

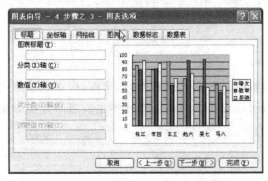

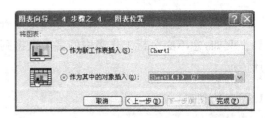

图3.3-39　图表向导－4步骤之3－图表选项　　　图3.3-40　图表向导－4步骤之4－图表位置

　　第四步是"图表向导－4步骤之4－图表位置"(图3.3-40),从中可以选择所创建的图表是
放在新的工作表中还是放在现有的工作表中,如果是放在新的工作表中,则选中"作为新工作

表插入"单选按钮,并在输入框中为新工作表起一个名字;如果是放在现有的工作表中,则选中"作为其中的对象插入"单选按钮,并在下拉列表中选择一个工作表,单击"完成"按钮后图表即可插入指定的工作表中。完成后还可以用鼠标拖动来调整图表的大小和位置(图 3.3-41)。

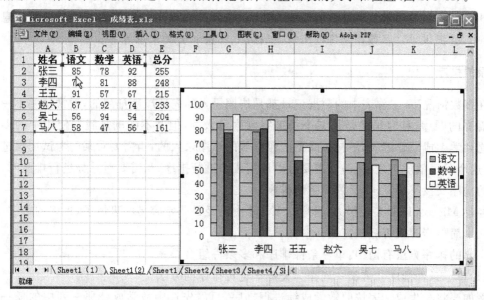

图 3.3-41　完成后的图表

2. 图表的修改与修饰

在图表制作完成后,还可以对制作过程的各步骤进行调整和修改,方法是:先单击选中图表,然后单击"图表"菜单或打开快捷菜单,可以看见其中列出了与制作步骤相对应的选项:"图表类型"、"数据源"、"图表选项"和"位置",选择其中需要修改的选项,即可重新打相应步骤的开图表向导对话框,从中对原设置进行修改即可。

除了上述修改图表的方法之外,在图表中双击某一个子对象,如标题、图例、坐标轴、图形或曲线,都可以打开相应的设置对话框(图 3.3-42),在其中可以修饰图表的图案、字体、颜色、标志、对齐方式等属性,来美化图表的外观。

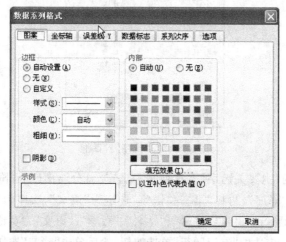

图 3.3-42　图表修饰对话框之一

3.3.12　Excel 的数据处理

计算机的主要功能之一是数据处理,将看似杂乱的数据经过处理后得到有用的信息。在 Excel 中,就提供了许多数据处理的工具,如排序、筛选和分类汇总等等。

1. 记录的排序

在多数情况下,工作表中的数据记录都是按照录入的先后顺序排列的,通常这并不一定是我们需要的顺序,有时虽然是按某个关键字顺序录入的,但并不能满足我们使用中的多种需要。比如学生成绩登记表,最初可能是按照学号的顺序录入的,当需要对某门考试成绩进行比较时,这个顺序就没有意义了,就需要针对该门成绩进行排序;当需要对总分进行排队时,单科成绩的次序又没有意义了,又需要重新排序。

经过 Microsoft 的多年努力,排序在 Excel 中已经是非常容易的事情了,再多的数据,只需经过几个简单步骤便可轻松完成。

主要的排序方法有两种:单一条件排序和多条件组合排序。

(1)单一条件排序。将某一列作为关键字进行排序的方法。

例如要将学生成绩表按照数学成绩进行排序,只需先选中数学成绩那一列中的任一单元格(不要选中整列),然后单击常用工具栏中的“降序”按钮，成绩表即可按照数学成绩从高到低重新排列。如果单击“升序”按钮，则从低到高排列。

(2)多条件组合排序。将某几列同时作为关键字进行排序的方法。

如果某外语学院要对高考录取成绩表进行综合排名,首先要考虑的是总分是否上线,如果总分相同,则要看外语成绩,如果外语成绩相同,则再看语文成绩。根据这个规则,借助于 Excel 很方便就可得到结果。操作步骤简述如下:

首先单击成绩表中任何一个单元格(必要步骤,表示要对这个表格进行操作),再选择“数据”菜单的“排序”选项,打开“排序”对话框(图 3.3-43)。

图 3.3-43　“排序”对话框

在“排序”对话框的“主要关键字”下拉列表中选定“总分”,次序为“降序”;将“次要关键字”选定为“英语”,次序为“降序”;再将“第三关键字”选定为“语文”,次序为“降序”。

如果表格顶部有标题行,如“准考证号”、“姓名”、“数学”、“语文”、“英语”和“总分”等,则这些列标题不能参与排序,故应选中“有标题行”单选按钮,然后单击“确定”按钮,即可完成排序过程。

2. 记录的筛选

筛选(或过滤)是 Excel 提供的一个非常有用的数据处理工具,其功能是将指定区域中满足条件的记录挑选出来单独处理或浏览,而将不满足条件的记录隐藏起来。例如,我们可以在成绩登记表中将考试成绩不及格的记录挑选出来;可以从职工档案表中将职称为"工程师"的记录查找出来;也可以从工资表中将"基本工资"小于 1000 元的记录过滤出来。

下面我们举例说明筛选的基本方法,请读者举一反三,自己练习不同的筛选方法。

(1)假设有一工资表如图 3.3-44 所示,现在要将其中职称为"讲师"或者"工资"少于 1000 元的记录筛选出来,操作方法是:

首先单击工资表中任何一个单元格(必要步骤,表示要对这个表格进行操作),再选择"数据"→"筛选"→"自动筛选"选项,此时可以看到每列的列标题右侧多出来一个下拉箭头 ▼ 。

图3.3-44　工资表　　　　　　图3.3-45　筛选后只显示"讲师"的表

在"职称"旁的下拉列表中选择"讲师",这时,除了两名讲师外,其余的记录都被隐藏了(图3.3-45)。如果要去掉筛选结果而恢复原表,在下拉列表中选择"(全部)"即可。

(2)如果要将"工资"少于 1000 元的记录过滤出来,则单击"基本工资"旁的下拉箭头,在列表中选择"(自定义)",打开"自定义自动筛选方式"对话框(图 3.3-47),在左边的下拉列表中选择"小于",右边的列表框中输入"1000"(图 3.3-47),然后单击"确定"按钮,就筛选出了所有满足"工资"少于 1000 元条件的记录。如果要给这些人增加工资,那操作就方便多了。

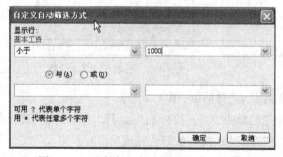

图3.3-46　"自定义自动筛选方式"对话框

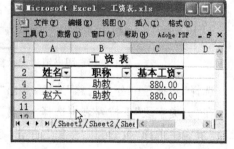

图3.3-47　"工资"少于1000元的表

3. 组合筛选

以上介绍的是单个条件的筛选,我们也可以进行多条件的组合筛选。多条件的组合筛选

有三种:

(1)在同一列(字段)上的多条件筛选。比如要筛选"工资"小于1000元同时又大于900元的记录,就可以在图4.47所示对话框中的第二行定义第二个条件"大于"－"900",然后选择两个条件之间的逻辑关系为"与",最后单击"确定"按钮即可完成。

如果有更多的约束条件,可以重复上述步骤(当选定第二个条件后,对话框会自动增加一行,供您定义第三个条件)。

(2)在不同列上的多条件筛选。只需在某一列完成的单条件的筛选基础上再对另一列进行单条件筛选即可。

(3)前两种情况的混合筛选。只需在某一列完成的多条件的筛选基础上再对另一列进行多条件筛选即可。

4. 分类汇总与分级显示

分类汇总是数据处理中经常需要用到的一种操作,例如在"图书月销售报表"中需要知道本月每本图书的销售总量,而一本书的所有销售往往不是在同一时间发生的,而是分布在不同时段。要靠人工在成千上万条记录中逐条记录查找并累计是非常烦琐并且极易出错的事情,好在Excel为我们提供了现成的工具,可以非常方便快捷地实现分类汇总工作。下面以"图书月销售报表"(图3.3-48)为例,介绍分类汇总的基本操作方法(假设表中有"日期"、"书名"、"单价"、"数量"和"金额"5列)。

单击"图书月销售报表"中的"书名"列中的某一单元格(必要步骤),然后按"书名"进行排序(升序、降序均可),即将同名的书都排列到一起。

图3.3-48　图书销售记录图　　　　　3.3-49　"分类汇总"对话框

选择"数据"→"分类汇总"选项,弹出"分类汇总"对话框(图3.3-49)。

在"分类字段"下拉列表中选择"书名",在"汇总方式"下拉列表中选择"求和",在"选定汇总项"列表中选择"数量"和"金额",单击"确定"按钮,分类汇总即告完成(图3.3-50)。

在图3.3-50中显示的分类汇总结果中可以看见"总计"、"XX汇总"和所有原始记录共三个级别的内容,其实按照实际工作要求,只需要看见汇总结果就可以了,也就是将大量不必要显示的原始记录隐去,方法很简单:单击左上方"显示级别"按钮组 1 2 3 中的按钮 2 ,即可得到图3.3-51中的结果,即只显示"2级"汇总结果。如果只想显示"总计",那么单击按钮 1 即可,这样就会光显示"1 级"汇总结果。

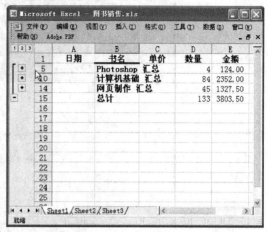

图3.3-50 "分类汇总"结果　　　　　图3.3-51 分类汇总结果"2级"显示

3.4 Microsoft PowerPoint 2003

PowerPoint 2003 是 Office 2003 办公套件的一个组件,它是一个演示文稿制作软件,具有强大的多媒体排版能力,可用于制作和放映课件、讲稿、报告、展览、商业宣传等一些对公众展示的幻灯片、投影片等,可以通过插入图片、动画、音频、视频等多媒体对象,从而轻松编排出多种用途的演示文稿。

利用 PowerPoint 做出来的作品叫做演示文稿,演示文稿是由一页一页相对独立的页面组成的,其中的每一页就是一张幻灯片。

3.4.1 PowerPoint 的界面与视图

1. PowerPoint 的界面

PowerPoint 的工作区与 Word 和 Excel 有着较大的区别(图 3.4-1)。默认情况下它通常有左、中、右 3 个窗格:左边为导航窗格,用于幻灯片的快速定位与切换;中间是幻灯片窗格,或叫做主窗格,它是一个可视化的编辑区,大部分幻灯片制作工作在这里完成;而右边是 Office 通用的任务窗格,作为操作的快速向导和助手。右窗格在不用的时候可以暂时关闭。

2. PowerPoint 的视图

视图是将相同的文档内容以不同的视角展现出来的结果,不同的视图有不同的作用和功能。PowerPoint 的常用视图有普通视图、幻灯片浏览视图、幻灯片放映视图。

(1)普通视图。普通视图是 PowerPoint 的主要编辑视图,可用于撰写或设计演示文稿。它有三个工作区域:左侧是可在幻灯片文本大纲("大纲"选项卡)和幻灯片缩略图("幻灯片"选项卡)之间切换的窗格,也称为"大纲窗格";右侧为幻灯片窗格,以较大的视图显示当前幻灯

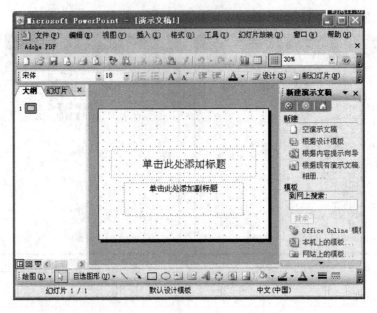

图 3.4-1　空白演示文稿的创建

片;底部为备注窗格,可以在其中键入幻灯片备注,并可将这些备注打印成备注页(图 3.4-2)。备注页的内容在幻灯片放映时不会出现,但在保存为网页的演示文稿中可以显示。

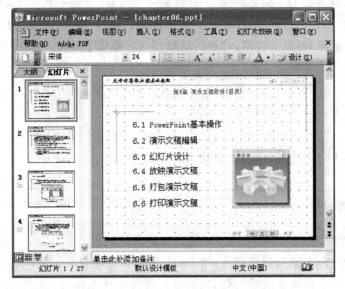

图 3.4-2　PowerPoint 的普通视图

　　(2)幻灯片浏览视图。幻灯片浏览视图是将所有幻灯片以缩略图的形式排列的视图,用于对幻灯片的快速浏览、排列、移动、删除以及设置隐藏和切换方式等(图 3.4-3)。

　　(3)幻灯片放映视图。幻灯片放映视图是将幻灯片以全屏的大小在显示器上完整展现,在放映中可以看到或听到多媒体的动态播放效果,放映中可以手动或自动进行幻灯片的切换(图 3.4-4)。

图 3.4-3 PowerPoint 的幻灯片浏览视图

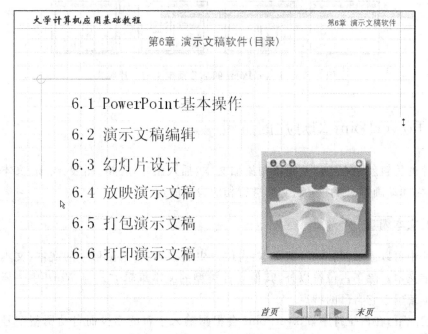

图 3.4-4 PowerPoint 的放映视图

3. 视图的切换

在工作区左下角有一排视图切换按钮：，从左至右依次为"普通"、"幻灯片浏览"和"幻灯片放映"，按下其中一个按钮即可切换到指定的视图。视图的切换还可以通过"视图"菜单进行。

4. 幻灯片的占位符

占位符是一种带有虚线或阴影线边缘的矩形框，在这些框内可以放置标题、正文、图表、表格和图片等对象。把占位符和其中的内容作为一个整体对象,可以方便对象的整体设置可动画控制。

5. 幻灯片的版式

　　"版式"指的是占位符在幻灯片上的布局方式。幻灯片版式包含多种组合形式的文本和对象占位符。为了用户能快速为幻灯片布局,在 PowerPoint 预先定义好了许多常用版面布局方式。单击"格式"菜单的"幻灯片版式"选项,在任务窗格中就可以看到这些版式(图 3.4-5 列出了部分版式)。如果某个版式最接近我们要创作的幻灯片,只要在新建幻灯片时选用它就可以了,选用某个版式后,新建的幻灯片中就按所选版式的布局自动加入了占位符。预定义版式中占位符的大小和位置并不是固定的,用户可以自由进行调整或删除。预定义版式中还有一种特殊的"空白版式"供我们选用。

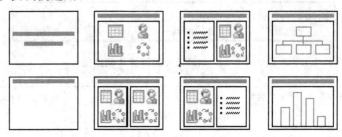

图 3.4-5　PowerPoint 的部分预定义幻灯片版式

3.4.2　PowerPoint 幻灯片的编辑

　　幻灯片的编辑就是在幻灯片窗格中添加文本,插入图片、表格、图表、绘图、文本框、电影、声音、超链接和动画等对象并且对它们进行相应设置的过程。

1. 幻灯片的文本编辑

　　幻灯片中可以添加四种类型的文本:占位符中的文本、自选图形中的文本、文本框中的文本和艺术字文本。除了占位符以外,其他 3 种类型的文本编辑方式与 Word 中一样。而占位符中的文本编辑有它自己的特点。

　　默认情况下,在占位符中,PowerPoint 会根据输入字符的多少而自动调整字号以适应占位符的大小。当占位符被缩小或增大时,文本也会缩小或增大文本以适应占位符的变化。

　　小技巧　通过格式工具栏中的 A⁺ A⁻ 按钮,可以快速调整字号的大小;通过 ⫦ ⫧ 按钮,可以快速调整行间距;通过 A ▾ 按钮,可以快改变文本的颜色。

2. 幻灯片的对象编辑

　　在 PowerPoint 幻灯片中,除了可以插入图片。艺术字、表格等普通对象以外,还可以插入声音和影片对象。与 Word 不同的是,这些插入的对象与文本之间不能实现环绕效果。

　　在 PowerPoint 中,所有对象的插入操作都通过"插入"菜单中进行。插入普通对象包括自选图形的方法与在 Office 其他组件中大同小异,不再重复。以下仅就声音和影片对象的插入方法进行简要介绍。

　　展开"插入"菜单的"影片和声音"子菜单→单击"文件中的声音"选项→打开"插入声音"对话框→在磁盘中选择一个音频文件→单击"确定"按钮→弹出"播放方式"对话框（图 3.4-6）→单击"在单击时"按钮→在幻灯片中拖动鼠标确定占位符的大小和位置，插入即告完成。此时在声音对象占位符上会出现一个小喇叭图标，放映幻灯片时，只要单击该图标，就开始播放声音。如果前面单击的是"自动"按钮，那么当幻灯片开始放映时，无需单击，声音即自动开始播放。

图 3.4-6　选择"播放方式"对话框

　　插入影片的过程和播放方法与声音基本相同，只是插入后的占位符不同，影片的占位符是一个较大的矩形，通常显示的是影片的第一幅画面。

　　小技巧　反复按下［↑］、［↓］、［←］或［→］键，可以移动选中的对象；如果按下［Ctrl］键不放，再按下［↑］、［↓］、［←］或［→］键，则可以微量移动选中的对象，实现位置的微调。

3. 动作按钮的插入

　　PowerPoint 与传统幻灯片的最大区别就在于 PowerPoint 可以进行人机交互，即操作者可以通过幻灯片中的对象给 PowerPoint 发出指令，使其按用户的需要去做事情。动作按钮和超链接就是典型的人机交互对象。插入动作按钮的步骤介绍如下：

　　（1）展开"幻灯片放映"菜单的"动作按钮"子菜单，可以看见有 12 个按钮的图标（图 3.4-7），将鼠标指针移到某一图标上，会弹出一个按钮说明（例如"动作按钮：前进或下一项"），单击某个按钮，然后在幻灯片中适当的位置上单击鼠标，即可以将相应的按钮添加到幻灯片中；

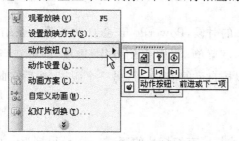

图 3.4-7　选择"播放方式"对话框

　　（2）与此同时，PowerPoint 会弹出对话框（图 3.4-8），其中有 2 个选项卡，"单击鼠标"和"鼠标移过"，可用于设定当鼠标在按钮上单击或移动时应发生的动作。我们以"单击鼠标时的动作"为例，可以"无动作"、"超链接到"或者"运行程序"等选择，默认地已经选择了与按钮说明相对应的动作，我们也可以从"超链接到"下拉列表中选择一个其他动作。选择好动作以后，单击"确定"按钮，即完成了动作的指定，在幻灯片放映过程中，只要单击该按钮，就可以执行规定的动作了。

图 3.4-8　选择"动作设置"对话框

可选的超链接列表中除了当前演示文稿中的所有幻灯片以外,还可以从中选择链接到"其他文件"和"URL"等动作。"其他文件"指的是保存在当前电脑中的网页、图片、视频、音频、Flash、Office 文档和 PDF 文档等资源;而"URL"就是指 Web 上某个资源的地址。由此可见,其实动作按钮就是超链接的一种具体形式。

如果选择的是"运行程序"单选按钮,则在放映过程中单击动作按钮时,PowerPoint 会通过操作系统来运行指定的程序。指定程序的方法是:单击"浏览"按钮,在"选择程序"对话框中找到需要的程序(如记事本:notepad.exe),然后单击"确定"按钮即可完成动作设置。在放映幻灯片时单击此按钮,便能够立即打开 Windows 记事本。

除了动作按钮以外,也可以在任何文本和图片上插入超链接,从而执行规定的动作,不再赘述。

4. 幻灯片的插入

每当运行 PowerPoint 的时候,PowerPoint 会自动新建一张幻灯片。我们也可以自行插入第二张幻灯片:展开"插入"菜单,单击"新幻灯片"选项,即可在当前幻灯片之后加入一张默认版式的幻灯片,我们可以按自己的需要选用另一个版式,然后在此基础上进行编辑。

5. 幻灯片的复制

如果准备新建的幻灯片与已有幻灯片的版式一样或很接近。可以先选中这张幻灯片,然后展开"插入"菜单,单击"幻灯片副本"选项,即可在当前幻灯片之后加入一张复制的幻灯片,在此基础上稍作修改便可得到另一张幻灯片。

小技巧　在大纲窗格或幻灯片浏览视图中,按下[Ctrl]键的同时拖动一张幻灯片到一个新的位置,可以快速实现幻灯片的复制。

6. 幻灯片的删除

在大纲窗格、或者在幻灯片浏览视图中选中某一幻灯片,然后单击[Delete]或[Backspace]

键,即可删除选中的幻灯片。当然也可以借助"编辑"菜单或者快捷菜单中的"删除"选项来完成删除操作。

7. 幻灯片的浏览

如果演示文稿中有不止一张幻灯片,那么只要在普通视图中单击大纲窗格中的某一幻灯片大纲或缩略图,就可以在主窗格中看到对应的幻灯片;或者在幻灯片浏览视图中双击任一张幻灯片缩略图,同样可以在普通视图中看到相应的幻灯片。

3.4.3　PowerPoint 幻灯片的格式化

文稿的格式化就是对文稿及其页面对象的位置、大小、颜色、边框和背景等属性进行格式设置的操作。前面介绍过的版式虽然可以为新幻灯片提供版面布局方案,但仅此而已,以下对版式以外的格式化操作进行介绍。

1. 占位符的格式化

一般对象的格式化我们在 Word 章节中已经学习过,这里仅介绍占位符的格式化操作。

占位符的位置和大小可以用鼠标拖动来改变,其他格式(如边框、颜色和背景等)的设置可以在"设置占位符格式"对话框(图 3.4-9)中进行,通过"格式"菜单的"占位符"选项可以打开该对话框。可以看见,对话框中的选项与"设置文本框格式"对话框非常类似,不再赘述。要说明的是,设置格式前必须首先选中占位符,选中的方法是:移动鼠标到占位符边缘,待指针变成四向箭头时,再单击鼠标。

图 3.4-9　"设置占位符格式"对话框

在一张幻灯片中,可以对多个对象同时进行批量格式化,批量格式化之前需要同时选中多个对象,方法是:先选中一个对象,然后按下[Ctrl]或[Shift]键不放,同时逐一选择其他需要的对象,选中所有需要的对象后再开始进行格式化操作。

2. 页面背景的格式化

页面的背景需要通过"背景"对话框(图 3.4-10)来设置。单击对话框中的下拉列表,在其

中选择"其他颜色"列表项,可以打开"颜色"对话框(图 3.4-11),从中为对象选择背景颜色;

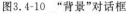
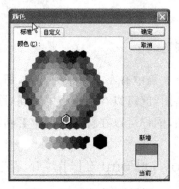

图3.4-10　"背景"对话框　　　　　　　图3.4-11　"颜色"对话框

　　如果在下拉列表中选择"填充效果",能够在"填充效果"对话框(图 3.4-12)中为对象设置复合的背景效果如"渐变"、"纹理"和"图案",还可以选择图片来作为背景。

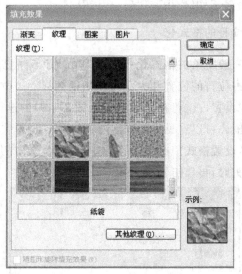

图 3.4-12　"填充效果"对话框:左—"渐变"选项卡,右—"纹理"选项卡

　　选择好背景以后,需要单击"背景"对话框右边的"全部应用"或"应用"按钮来确认设置,如果选择后者,仅仅将当前幻灯片的背景设置成选定的背景;如果选择前者,则会将演示文稿中所有幻灯片都设置成同样的背景;

3.背景的快速格式化

　　如果想在短时间内快速地做出一个美观大方的演示文稿,那么可以利用 PowerPoint 预先做好的设计模板来帮助我们进行页面的格式化。通过"格式"菜单的"幻灯片设计"选项,便可以找到这些设计模板,它们的缩略图排列在任务窗格的"应用设计模板"栏中等待我们的选择。在图 3.4-13 中,列出了部分设计模板的缩略图。

　　用鼠标单击某一设计模板,立刻可以在主窗格中看到实际的页面格式化效果,我们可以反复选择、反复预览比较,最后确定一个最合适的模板。设计模板是应用到所有幻灯片的,它可以使我们的演示文稿的外观风格保持一致。

图 3.4-13 部分设计模板的缩略图

4.套用母版进行格式化

幻灯片母版是一种可以将预定义好的各种格式化方案应用到所有幻灯片的一种模板。在母版中,可以插入要显示在多个幻灯片上的标志性图片、徽标、更改占位符的位置、大小和格式、自定义背景和配色方案等。母版就像将所有的公共对象画在了一张透明纸中,蒙在了所有的幻灯片上,所以母版中的插入的对象会出现在所有幻灯片中,但却不会删除或取代某一幻灯片中的对象和格式。在母版在还可以设置各级标题和正文的字体、设定项目符号等,来为幻灯片定义样式。

母版分为“幻灯片母版”、讲义母版和“备注母版”等。“幻灯片母版”是最常用的母版。为标题幻灯片制作的幻灯片母版称为“标题母版”,它只能应用于版式为“标题幻灯片”的幻灯片,而普通的幻灯片母版则不能应用于标题幻灯片。

查看和编辑幻灯片母版的方法是:展开“视图”菜单中的“母版”子菜单,选择“幻灯片母版”,即可切换到母版视图。母版视图和幻灯片视图没什么区别,可以像编辑任何幻灯片一样编辑幻灯片母版。编辑完毕,单击“幻灯片母版视图”工具栏上的“关闭母版视图”按钮,即可回到幻灯片视图。此时会发现,所有幻灯片都拥有了母版中所插入的对象,并且都在规定的位置上。

5.页眉和页脚的格式化

在 PowerPoint 中,页眉通常用于备注页和打印的讲义中,对于幻灯片来说,一般不需要页眉,如果所有幻灯片需要一个统一的标题,可以在母版中添加;而页脚却很常用,例如日期和时间、幻灯片作者和幻灯片编号等。

编辑幻灯片页脚的方法是:在“视图”菜单中单击“页眉和页脚”选项,打开“页眉和页脚”对话框(图 3.4-14)。从中可以选择是否要显示时间、编号,并且定义时间和页脚的具体内容,同时在右下角的“预览”框中可以看到设置的大致情况。设置完成以后,单击“全部应用”或“应用”按钮(这 2 个按钮的含义同前所述),即可将页脚显示在幻灯片中。

3.4.4 PowerPoint 幻灯片的放映

制作幻灯片的目的就是为了放映,所以 PowerPoint 提供了专门的幻灯片放映视图。

1.幻灯片的放映

单击视图切换按钮组中的按钮 ☐ 便可以直接将视图切换到幻灯片放映视图;通过“幻灯片

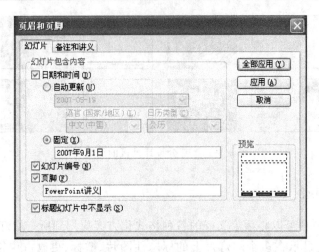

图 3.4-14　"页眉和页脚"对话框

放映"菜单的"观看放映"选项,也可以开始放映幻灯片。不过两种方法是有区别的:前者放映的是当前幻灯片,而后者则从第一张幻灯片开始放映。

结束放映:单击快捷菜单的"结束放映"选项,可以中止幻灯片的放映。

小技巧　按下键盘上方的[F5]键,可以快速启动幻灯片放映;按下键盘左上角的[Esc]键,可以快速中止幻灯片放映。

2. 幻灯片的切换

在幻灯片放映过程中,对于没有添加过动画效果的幻灯片来说,单击鼠标或者按下[Enter]键即可切换到下一张幻灯片;而对于添加过动画效果的幻灯片,只有等所有的动画都执行完毕才能切换,除非打开快捷菜单,单击"下一张"选项;

如果要切换到上一张幻灯片,则需要打开快捷菜单,单击"上一张"选项;

也可以直接实现跳跃式切换:展开快捷菜单的"定位至幻灯片"子菜单,里面列出了当前演示文稿中的所有幻灯片,单击其中某张幻灯片,即可直接切换至那张幻灯片。

3. 幻灯片的过渡

为了增加视觉、听觉和动态效果,在幻灯片切换过程中,可以加入一些特殊的过渡处理。增加切换过渡效果的步骤如下:

单击"幻灯片放映"菜单的"幻灯片切换"选项后,在任务窗格中便展开了幻灯片切换的选项,先选择切换动画效果(图 3.4-15 左),每选择一种,就可以在主窗格立即看到预览效果;然后选择切换速度和切换时的声音(图 3.4-15 右),即可完成切换过渡设置。注意,此时的过渡效果仅应用于当前幻灯片的切换,如果要让所有幻灯片都用同一种过渡方式(未免太单调了),只要单击下方的"应用于所有幻灯片"按钮即可。

4. 自动切换

以上介绍的幻灯片切换属于手动切换方式。为了适应演示文稿在展览会、广告栏等无人值守场合的放映,PowerPoint 还提供了自动切换方式。在任务窗格下方可以看到"换片方式"

图 3.4-15　"幻灯片切换"选项：左—切换动画效果，右—切换速度和声音效果

选项栏（图 3.4-15 右），默认的换片方式是手动换片，即"单击鼠标时"切换；也可以选择自动换片，设定"每隔××（分）：××（:秒）"进行切换；如果两者都选中，那么，在设定的时间内单击鼠标，立即手动切换，如果没有单击鼠标，则等设定时间一到，就自动切换。

5.排练计时

由于每张幻灯片的内容的多少不同、难易不同，或者动画长度不同，要分别为每张幻灯片设定不同的切换间隔很麻烦，因此 PowerPoint 又提供了一个排练计时工具，它可以让我们以预演的方式来轻松设定每张幻灯片的切换间隔时间。排练方法如下：

图3.4-16　"预演"控制面板　　　　图3.4-17　确认保留预演结果对话框

单击"幻灯片放映"菜单中的"排练计时"选项，便进入了幻灯片放映视图，由第一张幻灯片开始放映，同时屏幕左上角出现了一个"预演"控制面板（图 3.4-16），其中有下一项、暂停和重放按钮以及 2 个数字秒表，左边的秒表显示当前幻灯片的播放时间，右边的显示到当前时刻的总播放时间。我们可以根据实时播放中的感觉，适时地单击"下一项"按钮，直至播放完毕，关闭"预演"控制面板，在弹出的确认保留预演结果对话框（图 3.4-17）中单击"是"，PowerPoint便记下了所有幻灯片的切换时间。此后便可以使用本次的排练时间进行自动放映了。

6.设置放映方式

如果要使用排练时间来自动放映，那么需要在"设置放映方式"对话框（图 3.4-18）中进行设置，对话框的入口在"幻灯片放映"菜单中。在"换片方式"栏中选中"如果存在排练时间，则使用它"单选按钮即可。

放映时还可以指定幻灯片范围，是全部放映还是部分放映，如果是部分放映，则需要指定幻灯片编号范围。这些需要在"放映幻灯片"栏中设定。

对话框中还有一些其他选项栏，如放映类型、放映选项等，意思不难理解，请读者自行体验。

小技巧　如果需要放映部分不连续的幻灯片，可以在幻灯片浏览视图中选中那些不需要放映的幻灯片，然后在"幻灯片放映"菜单或快捷菜单中单击"隐藏幻灯片"选项即可。

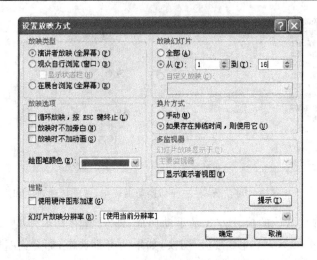

图 3.4-18　"设置放映方式"对话框

3.4.5　PowerPoint 幻灯片的动画效果

在授课或演讲中,我们通常不会也不应该将幻灯片的内容一股脑儿和盘托出,有时是为了留点悬念让听众去思考,有时是为了不让后面的内容干扰观众,因此我们需要控制后续内容的出现时机。PowerPoint 为了迎合演讲和授课的需要,在幻灯片放映过程中,可以对其中的对象进行出现和隐藏时机的控制,并提供了对象出现时的动态视觉和听觉效果。

1. 利用动画方案

PowerPoint 为我们准备好了许多现成的动画方案,可以快速地设置对象的隐现动画效果。设置步骤如下:

首先选中幻灯片中的一个对象(如文本框、图片等),再单击"幻灯片放映"菜单的"动画方案"选项,此时在任务窗格中便展开了所有的动画方案的选项,选择一种方案,并在主窗格预览它的效果,如果效果满意,再接着对下一个对象进行设置,如此反复,直至完成对所有对象的动画设置。

2. 自定义动画

如果现成的动画方案还不够多样化,我们可以自定义对象的隐现动画效果,但设置步骤相对较麻烦。以下简要进行介绍:

(1)选中应该第一个出现的对象,单击"幻灯片放映"菜单的"自定义动画"选项,此时在任务窗格中可以看到自定义动画的选项窗体,其中上方有一个"添加效果"按钮,单击它,便会展开一个菜单,列出了对象出现的 4 种方式(图 3.4-19),鼠标指针移到某种方式上,又会向右展开对应的列表,列出了这种出现方式下对象进入的细节,再单击一种细节,便为当前对象设定了基本的出现效果(图 3.4-20);

(2)在图 3.4-20 中可以看到当前对象的动画属性分别在几个列表框中显示,通过这些下拉列表,还可以对刚才的选择进行修改;在最下部列出了这个对象及其编号,单击其右侧的下拉箭头,看到列表中还有更多细节可以设置(图 3.4-21)。

图3.4-19　"添加效果"

图3.4-20　动画对象列表图

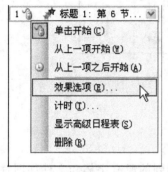

图3.4-21　动画细节设置

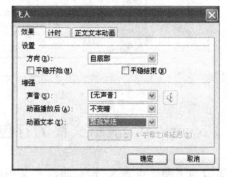

图3.4-22　动画细节设置

(3)单击"效果选项",打开细节设置对话框(图 3.4-22),在其中还可以设置对象出现时的"增强效果",例如伴音、播放后是否隐藏、对象中文字是作为一个整体进入还是拆分成字符进入等等。

(4)选择对象进入的开始时机,是"单击开始"还是"从上一项之后开始",后者可以实现对象的自动连续出现。开始时机同样可以在"排练计时"中进行设定。

(5)再选中应该第二个出现的对象,重复(1)~(4),如此继续……。

设置对象出现动画的步骤虽然麻烦,但多练习几次,熟悉了基本过程,也就不难了。

3.4.6　PowerPoint 演示文稿的打印

与 Office 其他组件不同,PowerPoint 可以将演示文稿以 4 种不同的形式打印出来:幻灯片、讲义、备注页和大纲视图,可以在"打印"对话框(图 3.4-23)的"打印内容"下拉列表中进行选择。

(1)幻灯片打印。每页打印一张幻灯片,可以选择幻灯片的颜色、灰度和边框。

(2)讲义打印。每页可以选择打印多至 9 张幻灯片,以减小讲义厚度。

(3)备注页打印。每页的上半部打印一张幻灯片,下半部打印备注内容。

(4)大纲视图打印。将大纲窗格中"大纲"选项卡中可以看见的内容打印成稿。

(5)打印预览。除了 Office 的通用打印预览方法以外,PowerPoint 在"打印"对话框中还有一个"打印预览"按钮,可以在设置打印选项的同时进行预览。

(6)打印。预览满意后,可以直接进行打印,方法与其他 Office 组件没有任何区别。

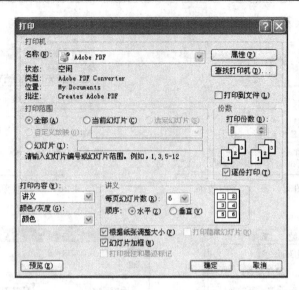

图 3.4-23 "打印"对话框

3.4.7 PowerPoint 演示文稿的打包

打包是指为了便于携带和分发,将演示文稿所使用到的所有字体和文件如图片、声音、电影和链接的其他演示文稿和程序等包装在一起的过程。制作完成的演示文稿可能需要带到异地进行放映,或者发送给领导观看。不同的计算机上安装的 PowerPoint 版本可能不同,甚至可能没有安装 PowerPoint,在这种情况下,演示文稿就有可能无法正常放映。打包是解决这个问题的最好办法。

演示文稿打包时,PowerPoint 会将所有关联的文件和字体都保存到同一个文件夹中,并且在其中添加了一个"PowerPoint Viewer"程序,用于播放演示文稿。打包还可以将演示文稿制作成能够自动运行的光盘。

1. 演示文稿的打包

单击"文件"菜单的"打包成 CD"选项,打开"打包成 CD"对话框(图 3.4-24),先为 CD 或文件夹命名(如:"我的个人简历");如果计算机配备了 CD 或 DVD 刻录机,则可以单击"复制到 CD"按钮,开始刻录,否则,单击"复制到文件夹"按钮,即可将所有文件创建到指定的文件夹。

打包前还可以设置演示文稿的打开密码和修改密码:单击"选项"按钮,打开"选项"对话框,在其中键入必要的密码即可。设置了修改密码的演示文稿,可以在一定程度上保持原稿的完整性。

2. 放映打包的文稿

如果打包时已经刻录成光盘,则在驱动器中插入光盘后,演示文稿会自动放映;如果没有刻录成光盘,则在打包的文件夹中双击文件"Play.bat",即可开始放映。

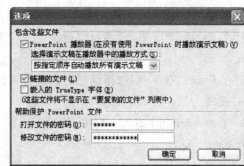

图 3.4-24　"打印"对话框

习　题

一、是非题

1. 在 Word 2003 中,与图片、图形一样,表格也可以与文本进行混排。

2. Word 2003 表格中具有数据自动统计的功能。

3. 样式是指一组已经命名的文本与段落的格式模板,样式用于对文档进行格式化。

4. 在 Word 2003 中,可以插入 Excel 工作表。

5. 在 Excel 2003 中,分类汇总前必须在要分类的列上进行排序操作。

6. 在 Excel 2003 中,如果对创建图表的数据源进行了更新,图表也会同步更新。

7. 在 Excel 2003 工作表中,单元格可以自由拆分。

8. 在 Excel 2003 工作簿中删除工作表后,可以通过"撤销"操作进行恢复。

9. 在 PowerPoint 2003 中,幻灯片的放映必须是从头至尾进行播放。

10. 在 PowerPoint 2003 的大纲窗格中,不可以添加文本框。

二、选择题

1. 在 Word 2003 中,无法对(　　)进行格式化。

A. 文本　　　　　　　　B. 段落　　　　　　　　C. 页面　　　　　　　　D. 窗体

2. 在 Word 2003 中,(　　)无法通过字体对话框进行设置。

A. 对齐方式　　　　　　B. 字体　　　　　　　　C. 字符间距　　　　　　D. 着重号

3. 在 Word 2003 中,(　　)无法通过段落对话框进行设置。

A. 对齐方式　　　　　　B. 行间距　　　　　　　C. 字符间距　　　　　　D. 首行缩进

4. 在 Word 2003 中,利用(　　)可以直观地改变段落的缩进量、调整页边距和改变表格的宽度。

A. 菜单栏　　　　　　　B. 工具栏　　　　　　　C. 格式栏　　　　　　　D. 标尺

5. 在 Excel 2003 中,所谓选择性粘贴可以选择的项目有(　　)。

A. 公式　　　　　　　　B. 序列　　　　　　　　C. 数值　　　　　　　　D. 格式

6. 在 Excel 2003 中,不对(　　)计算进行分类汇总。

A. 字数　　　　　　　B. 计数　　　　　　　C. 求和　　　　　　D. 平均值

7. 在 Excel 2003 中,最多可以根据(　　)个关键字进行排序?

A. 2 个　　　　　　　B. 3 个　　　　　　　C. 4 个　　　　　　D. 5 个

8. 在 Excel 2003 中,选择性粘贴的过程可以附加运算是(　　)。

A. 逻辑　　　　　　　B. 算术　　　　　　　C. 二进制　　　　　D. 文本合并

9. 在 PowerPoint 2003 中,按下键盘上的(　　)键可以停止正在放映的幻灯片。

A. Ctrl＋X　　　　　B. Ctrl＋Q　　　　　C. Esc　　　　　　D. Alt

10. 在 PowerPoint 2003 中,如果要从第三张幻灯片跳转到第五张幻灯片,可以通过(　　)方式来实现。

A. 超链接　　　　　　B. 预设动画　　　　　C. 幻灯片切换　　　D. 自定义动画

三、简答题

1. 在 Word 2003 文档中,如何利用图文混排技术实现稿纸的水印制作?

2. 在 Word 2003 文档中,如何使用通配符进行文本查找?

3. 在 Word 2003 文档中,使用样式来格式化文档有什么优点?

4. 在 Word 2003 文档中,格式化分成几个层次?分别可以进行那些主要格式的设置?

5. 什么是单元格地址?单元格地址是怎样构成的?连续的区域怎样表示?

6. 在 Excel 2003 中,记录的筛选有什么作用?如何进行自动筛选?

7. 什么是单元格引用?什么是相对引用?什么是绝对引用?试列举它们各自的表示方式和应用场合。

8. 什么是 Excel 工作簿?什么是 Excel 工作表?它们之间的关系是什么?

9. 在 PowerPoint 2003 中,如何为对象添加动画效果和声音效果?

10. 在 PowerPoint 2003 中,幻灯片中的超链接可以链接到那些目标?请列举至少 4 种。

四、操作题

1. 用 Word 新建一个个人简历:

(1)其中包含一级标题一个、二、三级标题若干,正文若干段;

(2)要求使用样式进行格式化:一级标题黑体、3 号、居中对齐;二级标题楷体、4 号、段后间距 0.5 行;正文宋体、5 号、首行缩进 2 个字符;其他格式采用默认值;

(3)插入图片若干,要求采用"嵌入式"图文混排版式;

(4)插入个人履历表,要求使用单元格合并与拆分技术制作多种形状的单元格;

(5)为整篇文档自动生成目录。

2. 用 Excel 制作一个工资表:

(1)要求有工号、姓名、职称、部门、应发工资、代扣税、实发工资等列标题;

(2)插入一个跨列居中的表格标题:"××公司××月工资表"并给表格加上边框;

(3)建立至少 6 条记录,除"实发工资"以外,在所有字段中填入模拟的数据;

(4)使用公式计算出"实发工资"字段的值,同时使用函数计算出实发工资总数;

(5)将工资表中前 2 行和前 2 列冻结,以便浏览;

(6)利用筛选和选择性粘贴技术,为所有初、中级职称者分别增加工资 20％和 10％;

(7)将不同部门的工资总数进行分类汇总,以便分发。

3.用 PowerPoint 制作一个个人影集:

(1)其中包含扉页幻灯片、影集索引幻灯片和照片浏览幻灯片;

(2)影集索引幻灯片要求使用照片的缩略图加上文本说明作为索引项,单击索引项可以浏览相应的照片幻灯片,索引项的位置可以使用表格来帮助排放;

(3)利用母版创建 2 个通用按钮:【首页】和【目录】,用于返回相应的幻灯片页面;

(4)对于每一张照片幻灯片,要求照片以不同的动画方式进入页面;

(5)幻灯片的切换方式采用随机切换效果。

4*.利用 Excel 的 Date 函数加上其他技巧制作一个北京奥运会倒计时牌,每次打开工作簿时,可以显示当天的动态倒计时天数。

第 4 章

多媒体技术基础

多媒体技术的广泛应用使计算机变得图文并茂、有声有色、多姿多彩。图像、语音的实时获取、传输及存储,使人们通过计算机拉近了相互间的距离,虽然相距千里,也能既闻其声又见其人,给人们的生活、工作带来了巨大的变化。今后,多媒体技术和多媒体产品必将会更广泛、更深入地影响到人们生活、工作的方方面面,成为人们生活中必不可少的组成部分。

本章首先介绍了多媒体、多媒体技术的基本概念,接着对音频、视频、图像、动画的定义、特点进行了叙说,并重点结合人们的日常生活讲解了图形、图像的编辑方法、Flash 基本动画的设计与制作。

4.1 多媒体与多媒体技术

多媒体技术的发展是社会需求的结果,它的广泛应用是信息时代的基本特征之一。多媒体技术与其他学科集成和融合所组合成的新学科,已成为推动信息化社会发展的重要动力之一。

4.1.1 多媒体的基本概念

1. 媒体(Medium)

媒体是信息存在和传输的载体,常用的媒体有:感觉媒体:主要是图形、图像、动画、音乐等。表示媒体:如 ASCII 码、图像编码、声音编码等。显示媒体:如键盘、屏幕、打印机等。存储媒体:如硬盘、光盘等。传输媒体:如网络等。随着现代科技的发展,不仅给媒体赋予新的内涵,更重要的是它已成为人们传播和表示各种信息的手段,并将通过这些信息去学习知识、了解社会、提高生活质量。

2. 多媒体(Multimedia)

多媒体是两种或两种以上媒体的有机集成体。一般认为,能同时获取、处理、编辑、存储和展示两种或两种以上不同类型的信息媒体,如文字、声音、图形、图像、动画和视频等,是多种媒体信息的综合。目前"多媒体"并不仅仅是指多媒体本身,主要是指处理和应用它的方法与技术,为此,"多媒体"常被看做是"多媒体技术"的同义语。

3. 多媒体技术（Multimedia Computer Technology）

概括起来说，是一种能同时获取、处理、编辑、存储和显示两种以上不同媒体的技术。是利用计算机对文字、声音、图形、图像、动画和视频等多种媒体信息进行有机地组合，并进行数字化采集、获取、压缩/解压缩、编辑、存储等加工处理和控制，使多种媒体信息间建立关联和人机交换作用的产物。

4.1.2 多媒体技术的应用

多媒体图文并存、声情并茂、信息量大、界面友好，充分体现了 21 世纪科技时代的特征。它的应用范围非常广泛，几乎涉及社会的各个方面，尤其在教育与培训、多媒体电子出版物、大众媒体传播、信息服务等方面起到了重要的作用。

1. 教育与培训

多媒体技术的主要应用方向之一是与教育技术的结合。在传统的教学模式中，主要是单向性的课堂教学，一般先选好教材然后由教师讲解，再辅以幻灯机等，一些教学辅助设备功能单一、独立、分散，都只能完成某一方面的任务。而多媒体技术利用文字、声音、图形等多种途径充分刺激学生的眼、耳等各个器官，大大改善了人脑获取信息的感官功能，促进了学生的记忆、思考、探讨等活动的开展，从而使教学内容的呈现与获得，从单调的文字形式转变为多种直观生动的形式。利用多媒体技术还可以模拟物理、化学实验，也能制作出虚拟的天文、自然景象，模拟社会环境等等。总之多媒体、虚拟现实和网络技术的综合应用，已把教学模拟技术发展到一个新的阶段。

尤为重要的是学生可以通过网络，自己读取教学信息，进行思考和分析后，将自己的想法、观点在课程讨论区发布，同学们可以发表不同的意见与想法，教师则转为主要给出问题与提示。这样的交互式学习方式和个人自学为主的个别化学习方式，是传统教学无法比拟的。

2. 多媒体电子出版物

随着数字技术的发展，特别是多媒体技术和网络技术的发展，不仅使语音与数据可以融合，而且使不同形式的媒体之间的互换性和互联性得到加强。这样采用多媒体技术编辑的电子出版物，可以将图像、音乐、文字、视频通过同一种终端机和网络传送及显示，从而使语音广播、电视、照片、报纸、杂志等信息内容融合为一种应用、服务方式，使读者能方便、迅速、直观地获取图、文、声并茂的立体信息。

3. 大众媒体传播

现在的电视广告片、网站宣传、数字影片点播都将声音、图形、影像、动画等结合在一起，使观众、用户如临其境，感觉生动有趣，更容易收到良好的宣传效果。

4. 信息服务

随着互联网在我国地普及和提高，可视电话已经成为事实。用手机拍照同时通过网络传送到好友的电子邮箱里,也已成为青年人的一种时尚。人们在互联网上可以订飞机票、火车票,也可以在互联网上购物等等。

4.1.3 多媒体网络技术的应用

由于计算机的不断发展和普及,计算机网络正日益受到广大用户的重视。随着网络规模的增大,网络功能越来越强,用户越来越多,随之产生的问题有:人们对于信息类型、数据量、数据的实时性等方面的需求在不断提高,要求产生一种适应与现代通信需求的网络体系,于是多媒体网络随之产生。当前,多媒体网络技术的应用领域非常广,主要包括视频服务、远程教育、远程医疗、办公室自动化等。在我国,其中已进入实用状态的有:

(1)家庭购物。人们可以在家中坐在舒适的沙发上,通过计算机购买全国各地甚至国外的商品,在选择商品的同时还可与货主商讨价格。

(2)电视电话。电视电话使人们在通话的同时可以看到对方,随着信息高速公路的兴建,高速、宽带的多媒体信息网络将使电视电话逐步普及。

(3)网络远程教学。老师通过计算机网络授课,学生在家中通过计算机学习并完成作业,还可与老师讨论问题,它能提供实时的交互功能,还能提供电子白板之类的多媒体教学工具,更利于老师和学生的双向交流。

(4)网络远程医疗。医生通过计算机网络为千里之外的病人治病,系统能对病历进行多媒体的文档管理,还能通过多媒体网络共享医学专家和先进的医疗设备。

(5)网络家庭办公。公司职员可在家中上班,既节省上班路上的时间,又可避免城市交通拥挤。

(6)网络电视会议。网络电视会议使人们相距千里也可模拟在同一地点开会、讨论问题,既节省了大量差旅费,又节约了时间。

总之,随着多媒体网络技术的进一步发展和新的应用需求的出现,多媒体网络上的业务应用将日趋丰富多彩。

4.1.4 多媒体关键技术

多媒体作品是由文字、声音、图形、图像、视频和动画组成,要实现这些数据在多媒体系统上的存储、显示和传送,就要有效地传输和保存这些数据。

1. 数据压缩和编码简介

(1)需要数据压缩的原因

在信息时代的今天,大量文字、图像和声音需要通过不同媒体来进行获取、记录、存储和传播。例如,以激光唱盘的标准为例:采样频率为 44.1 KHz、量化位数为 16 位、立体声双声道,录制以上参数 1 分钟的音乐,所需要的存储容量为:

$$44.1 \times 16 \times 2 \times 60 \div 8 = 10584(KB)$$

我们可以计算出录制一首歌需要很大的存储量,这样就很难在网络上传送、播放。由于声音、图像和视频中存在大量冗余信息。冗余:既相同或者相似信息的重复。例如:在同一幅图像中规则物体和规则背景的表面物理特性具有光成像结构的相关性,在数据化图像中表现为空间冗余。要使声音、图像和视频易传送、播放,关键是去掉它们的各种信号数据的冗余性,减小文件体积,即需要进行数据压缩。

(2)多媒体数据的压缩标准

对多媒体数据文件进行数据压缩编码是多媒体技术得以广泛应用的基础,针对不同的媒体类型,一般使用不同的数据压缩标准。

①声音压缩。一般采用去掉重复代码和去掉声音数据中的无声信号两种方法。

②图像压缩。图像压缩一般分无损压缩和有损压缩两类,有损压缩就是压缩后图像的某些信息会丢失,它的优点是可极大地压缩文件大小,提高图像在网上的传输速度,但同时会影响图像的质量。无损压缩的优点是能够比较好地保证图像质量,但压缩率比较低,仅能节省有限的存储空间。

(3)常见的压缩编码有三种

①行程长度编码(RLE)。某些图像往往许多颜色相同的图块。有在这些图块中,许多连续的扫描行都具有同一种颜色,或者同一扫描行上许多连续的像素都具有相同的颜色值。在这些情况下就不需要存储每一个像素的颜色值,而仅仅存储一个像素值以及具有相同颜色的像素数目,这种编码称为行程编码。

②增量调制编码(DME)。自然图像往往在比较大的范围内,有图像的颜色虽不完全一致,但变化不大的特点。因此,在这些区域中,相邻像素的像素值相差很小,具有很大的相关性。在一幅图像中,除了轮廓特别明显的地方以外,大部分区域都具有这种特点。增量调制编码就是利用图像相邻像素值的相关性来压缩每个像素值的位数,以达到减少存储容量的目的。

③霍夫曼(Huffman)编码。大多数图像常常包含单色的大面积图块,而且某些颜色比其他颜色出现的更频繁,因此可以采用霍夫曼编码方式。霍夫曼编码的基本方法是先对图像数据扫描一遍,计算出 n 种像素出现的概率,按概率的大小指定不同长度的惟一码字,由此得到一张该图像的霍夫曼码表。编码后的图像数据记录的是每个像素的码字,而码字与实际像素值的对应关系记录在码表中,码表是附在图像文件中的。在实际应用中,霍夫曼编码常与其他编码方法结合使用,以获得更大的压缩比。

2. 大容量光盘存储技术

数字化的媒体信息虽然经过压缩处理,但仍然还包含大量的数据。CD-ROM、DVD 光盘的出现适应了多媒体信息大容量存储的需要。一般常见的音乐 CD 单片容量为 74min 数字音乐,该数字音乐的采样频率为 44.1KHz、16bit 立体声。若用于存储数据,它最多可存储的数据量为:

$$74×60s×44100(采样频率)×2(双声道)×16/8 = 783216000B$$

按 1MB = 1024KB,1KB = 1024B 计算,CD 能存储的数据约为 746.9MB。

目前单面单密度 DVD 光盘可以存放 4.7G 数据,双面双密度的 DVD 光盘容量达到了可存放 17G 数据。这样,存储一张 A4 幅面(21cm×29.7cm)印刷质量的照片(300 dpi)需要 24.9MB 的数据量,用单密度 DVD 光盘存储,可以存放 4812÷24.9=193 张高密度照片,这给携带与传送带来很大的便利。

4.2 音频与视频

音频文件是对声音信息的记录,把采集到的声音信息以数字的形式记录和存储起来,就形成了音频文件。视频信号可分成模拟视频信号和数字视频信号,在计算机上通过视频采集设备捕捉下来的录像机、电视等视频源的数字化信息,是数字视频信号。

4.2.1 音频

音频可以分为波形声音、语音和音乐。实际上波形声音可以把任何声音都进行采样量化,它常见的文件格式是 WAV 格式,WAV 是英文单词 wave(波形)的缩写。人们都知道声音是一种波,当我们在谈话、唱歌时就会发出声波。而波形声音的采集可以通过麦克风输入或录音机输入,也可以通过 CD 光盘输入。在输入过程中声卡以一定的采样频率对输入的声音进行采样,在处理时先将声音的模拟信号转换为数字信号(A/D),然后以扩展名为 WAV 的形式保存在硬盘上。当被记录下来的声音重放时,WAV 文件中的数字信号又被还原成模拟信号(D/A),模拟信号经过混合由扬声器输出,这就是我们听到的声音。将声音媒体集成到多媒体中,可提供其他媒体不能替代的效果,不仅渲染气氛,增加感染力,同时也可以增强对其他媒体所表达的信息的理解。

一般来说,数字音频的音质取决以下 3 个主要因素:

(1)采样频率。采样频率也就是波形被等分的份数,份数越多(即频率越高)质量越好。

(2)采样精度。即每次采样的信息量,若用 8 位 A/D 转换,则可以把采样信号分成 256 份;若用 16 位 A/D 转换,则可以把采样信号分成 65536 份,显然 16 位的音质比 8 位的好。

(3)通道数。声音的通道个数表明声音产生的波形数,单声道产生一个波形,立体声道产生两个波形。采用立体声道声音饱满,但占的存储空间大。通常采样样本的尺寸越大,采样频率越高,音质越好,但波形文件越大。例如:8 位、立体声、11KHz 采样 1 分钟需要 1.32MB 的字节;16 位、立体声、44KHz 采样 1 分钟需要 10MB 的字节。

MIDI 音频(Musical Instrument Digital Interface)与波形音频不同,MIDI 音频所表现的不是真实的自然声音,而是用电子技术制作、合成的声音,MIDI 电子音乐文件的扩展名是 MID。MIDI 文件不记录声音的波形,只记录音乐信息,因此占用的存储空间很小,常用作多媒体软件的背景音乐、伴音或特殊的音乐效果。制作 MIDI 音乐的过程是接受音乐信号,然后由电子合成器制作数字音乐的过程。MIDI 信息驱动声卡中的 FM 合成器,模拟发出自然界中的碰碎声、击打声等出电子音乐效果。FM 电子合成器只能用四种正弦波合成所需要的音乐,但真实的声音是由无数种频率的波形合成的,所以人们听 FM 的音色会觉得不够真实。

4.2.2 视频

视频就是由一些静态图像以一定的速度连续播放出来的图像效果,每秒播放图像的张数称为速率。视频文件的大小和质量除了与帧速率有关以外,还与图像的分辨率及图像的颜色深度有关。要生成一段视频,从原理上说,就是要生成视频的每一帧图像,这些图像可由手工编辑生成,也可由计算机软件自动生成。当前的视频可以分为:模拟视频、数字视频。

模拟视频如现在的大多数电视、录像片等都是采用模拟信号对图像还原,属于模拟视频图像(Analog Video)。模拟视频图像记录的风景画面真实感强、成本低、还原度好,缺点是经过长时间存放,视频的质量将大大降低,若经过多次复制图像就会有明显的失真,同时模拟视频编辑的设备要求较高。

数字视频图像(Digital Video)是在数字音响的基础上发展起来的,它通过对数字图像的视频编码,在数字压缩的基础上实现了数字应用的全数字化环境,具有模拟视频无可比拟的优点,因而迅速取得了广泛的应用。近年来模拟视频到数字视频的演变,是立足硬磁盘和计算机技术,借助于日益成熟的海量存储技术、多媒体技术与网络技术,将音频、视频、图文及数据集成到单一的数字环境中,实现视频的拍摄、编辑、播放及传送各环节全部计算机化,最终形成无磁带的计算机视频系统。

当前常见的数字视频文件格式有:

1. Real Video 的 RM 视频影像格式

RM 格式分别是 Real Networks 公司所开发的一种流媒体视频 Real Video 和流媒体音频 Real Audio 文件格式。主要用来在低速率的网络上实时传输活动视频影像,可以根据网络数据传输速率的不同而采用不同的压缩比率,在数据传输过程中边下载边播放视频影像,从而实现影像数据的实时传送和播放,用户通过 Real Player 播放器进行播放。

2. Quick Time 的 QT 格式

Quick Time Movie 的 QT 格式是 Apple 公司开发的一种音频、视频文件格式,用于保存音频和视频信息,具有先进的音频和视频功能,由包括 Apple Mac OS,Microsoft Windows XP/NT 在内的所有主流计算机操作系统支持。Quick Time 文件格式支持 24 位彩色,支持 RLC、JPEG 等先进的集成压缩技术,提供 150 多种视频效果。

3. Intel 公司的 AVI 视频格式

AVI(Audio Video Interlaced)指音频、视频交互格式,是一种不需要专门硬件参与就可以实现较高视频压缩的视频文件格式,可以在 Microsoft 公司的 Video for Windows 支持下播放,AVI 文件在 320×240 窗口播放时,可以达到较好的视觉效果。

4. Flash 的 SWF 格式

SWF 是基于 Macromedia 公司 Shockwave 技术的流媒体动画格式,是用 Flash 软件制作的一种格式,源文件为 FLA 格式,由于其体积小、功能强、交互能力好、支持多个层和时间线程等特点,故越来越多地应用到网络动画中。SWF 文件是 Flash 的其中一种发布格式,已广泛用于因特网上。

5. Microsoft Media Technology 的 ASF 格式

Microsoft Media Technology 的 ASF 也是流行网上的一种流媒体格式,在网络教育中很受欢迎。这种流媒体文件的使用与 Windows 操作系统是分不开的,使用的播放器是 Microsoft Media Player,目前微软推出了 WMV 等新的流媒体格式。

4.3　图形与图像

图像和图形的处理一直是计算机应用的一个重要领域,也是多媒体技术所涉及的一种重要的媒体形式。

4.3.1　图形图像基本概念

图是我们在日常生活中最常见的媒体之一,表示图的方法有两种,一是图像,另一种是图形。一般来说,图形是指由计算机软件绘制的矢量图。如:直线、圆、矩形、曲线、图表等,由于矢量是使用数学方法来描述的,所以可以任意改变大小而不会影响图形的清晰度,如图 4.3-1 所示。

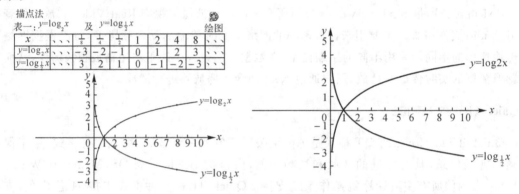

图 4.3-1　矢量图像

而图像是利用照相机、摄像机将实物景色摄制下来的图,或是由扫描仪等输入设备捕捉照片画面产生的数字图像,是由像素点阵构成的位图。在一般浏览状况下图像看上去很清晰,没有由“点”组成的感觉,但实际上只是由于像素的尺寸很小肉眼分辨不出,只要把图像放大,我们就可以清楚地看到图像是由像素点组成,如图 4.3-2 所示。

图 4.3-2　位图图像

4.3.2 图像文件格式简介

在我们日常工作生活中,经常会遇到不同文件格式的图像文件。每一种文件格式都有其特定的编码方式,并且在特定的场合有其的用途,以下介绍几种常用的图像格式。

(1)GIF 格式图像常用于在线信息网络,它提供了一种节省存储器的方法。GIF 图像色彩比较丰富,真实感强,可逼真再现照片的效果,最多可以有 256 种颜色。另一个显著的特点是,可在一个 GIF 文件中保存多幅图像,这就是我们常见的 GIF 动画。GIF 图像允许反文字叠加到图像上,支持交错图像生成(先生成图像轮廓,然后逐遍扫描将之细化,可使用户很快知道图像的大概轮廓,以便决定是否需要当前显示的图像,这是因特网上普遍用 GIF 的原因之一)。

(2)JPEG 格式是联合图像图形专家组制定的关于静态数字图像存储的一个标准,这种格式最多可支持 32 位的彩色图像,支持多种彩色空间和大范围空间分辨率的各种图像,适合照片类图像。压缩比一般为 10∶1,若采用有损压缩(即可能丢掉部分图像信息),最高可达 100∶1,当压缩比为 40∶1 时,图像质量与非压缩的 Targa 和 TIFF 格式图像质量几乎没有什么区别,正因为 JPG 的高压缩比、较高的图像质量及兼容多种操作系统的特性,使它与 GIF 一起在因特网上被广泛应用。

(3)BMP 格式是 Windows 上应用的一种简单图像文件格式,Windows 的屏幕背景、图标及点阵图全部采用 BMP 格式,在 Windows 上运行的图形图像软件均支持 BMP。BMP 图像生成时,从图像的左下角开始逐行扫描图像,即从左到右、从下到上,把图像的像素值一一记录下来,这些记录像素值的字节组成了位图阵列。BMP 能表示从单色到真彩色(24 位)的图像,一般都以非压缩形式存储,故 BMP 文件在同等条件下比其他格式文件要大。

(4)PNG 格式 是一种的网络图像格式。它的特点有:①结合 GIF 及 JPG 两家之长,它汲取了 GIF 和 JPG 二者的优点,存贮形式丰富,兼有 GIF 和 JPG 的色彩模式。②能把图像文件压缩到很小以利于网络传输,但又能保留所有与图像品质有关的信息,因为 PNG 是采用无损压缩方式来减少文件的大小,这一点与牺牲图像品质以换取高压缩率的 JPG 有所不同。③PNG 格式图像显示速度很快,只需下载 1/64 的图像信息就可以显示出低分辨率的预览图像。④PNG 支持透明图像的制作,透明图像在制作网页图像的时候很有用。我们可以把图像背景设为透明,用网页本身的颜色信息来代替设为透明的色彩,这样可让图像和网页背景很和谐地融合在一起。

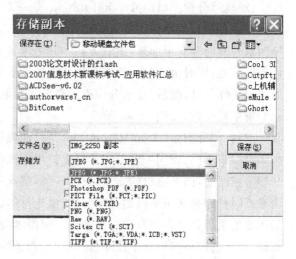

图 4.3-3 各种图像格式的转换

以上各种图像格式,可以在 Photoshop 软件中通过"另存为"的方式,来实现各种图像格式之间的转换,如图 4.3-3 所示。

4.3.3　图像的分辨率

图像是由像素构成,因此用像素为单位是描述图像大小的最直观的方法。根据应用场合的不同,图像分辨率有三种类型:屏幕分辨率、显示分辨率、打印分辨率。

(1)屏幕分辨率(Screen Resolution)是由显示器硬件决定的分辨率。一台显示器的屏幕分辨率是固定的,PC 个人计算机显示器的屏幕分辨率是 96dpi,如图 4.3-4 所示。如果图像原来的分辨率为 300dpi,在显示器上显示时,通常只能显示图像的局部,只有缩小显示比例才能观其全局。

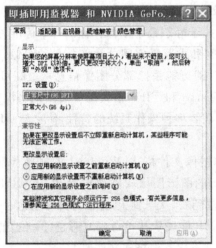

图4.3-4　屏幕分辨率　　　　　　　图4.3-5　显示分辨率

(2)显示分辨率(Display Resolution)是一系列标准模式的总称,其单位不使用 dpi,而采用像素。显示分辨率由水平方向的像素总数和垂直方向的像素总数构成。例如,某显示分辨率为水平方向 800 个像素,垂直方向 600 个像素,记为 800×600 。显示分辨率与显示器的硬件条件有关,同时也与显示适配器的缓冲存储器容量有关。显示器首先应具有显示高分辨率图像的硬件条件,随后,显示分辨率的高低主要取决于显示适配器的缓冲容量,其容量越大,显示分辨率就越高,如图 4.3-5 所示。

(3)打印分辨率(Print Resolution)是打印机输出图像时采用的分辨率,不同打印机的最高打印分辨率不同,而同一台打印机可以使用不同的打印分辨率。当打印分辨率与图像本身的分辨率相同时,图像输出的质量最佳。通常情况下,打印机分辨率越高,打印质量越好。但是由于不同打印机采用不同的打印方式(激光打印、喷墨打印等),因而在同样打印分辨率下输出的图像质量也各异。当打印分辨率高于图像本身的分辨率时,对提供图像打印质量没有任何帮助;而当打印分辨率低于图像分辨率时,图像的输出质量会下降。

4.3.4　有关色彩的基本知识

只要是彩色都可用亮度、色调和饱和度来描述,人眼中看到的任一彩色光都是这三个特征的综合效果。亮度、色调和饱和度含义分别是:

（1）亮度。亮度是描述光作用于人眼时引起的明暗程度感觉，是指彩色明暗深浅程度。一般说来，对于发光物体，彩色光辐射的功率越大，亮度越高；反之，亮度越低。对于不发光的物体，其亮度取决于吸收或者反射光功率的大小。

（2）色调。色调是指颜色的类别，如红色、绿色、蓝色等不同颜色就是指色调。由光谱分析可显示同波长的光呈现不同的颜色，人眼看到一种或多种波长的光时所产生的彩色感觉，反映出颜色的类别。某一物体的色调取决于它本身辐射的光谱成分或在光的照射下所反射的光谱成分对人眼刺激的视觉反应。

（3）饱和度。饱和度是指某一颜色的深浅程度（或浓度）。对于同一种色调的颜色，其饱和度越高，则颜色越深，如深红、深绿、深蓝等；其饱和度越低，则颜色越淡，如淡红、淡绿、淡黄等。高饱和度的深色光可掺入白色光被冲淡，降为低饱和度的淡色光，因此，饱和度可认为是某色调的纯色掺入白色光的比例。

自然界常见的各种颜色光，都可由红（R）、绿（G）、蓝（B）三种颜色光按不同比例相配而成。同样绝大多数颜色光也可以分解成红、绿、蓝三种色光，这就形成了色度学中最基本的原理——三原色原理（RGB）。

4.3.5 Photoshop 工作窗口简介

和 Windows 工作窗口相似，Photoshop 软件的工作窗口的上部是菜单栏，在其中可以选择图形图像编辑的主要功能，如图 4.3-6 所示。菜单栏下面是选项栏，选项栏显示当前工具的选项，包括工具的各种形式、参数设置等。在 Photoshop 工作窗口的左边是工具栏，在工具栏上可以选择各种需要使用的工具。在窗口中部是工作区域，主要用来放置包含图像的图像窗口，在 Photoshop 中，图像窗口可以有多个，并且可以根据用户的需要在工作区域内任意移动。在工作区域的右边的 3 个小窗口是"调板"，是用于辅助编辑图像、设置参数、选择某些选项。在 3 个小窗口中，数"图层"、"通道"、"历史记录"调板用到的频率最高，应该熟练掌握它的用途。

图 4.3-6 Photoshop 的工作窗口

4.3.6 图形图像的编辑

1.图形图像尺寸的设定与改变

在日常工作、学习中,一般来说对图像进行编辑前,首先需要设定或改变图像的尺寸。在 Photoshop 中设定尺寸的方法:单击"图像"→"图像大小"菜单项,弹出"图像大小"对话框。在对"图像大小"对话框的操作过程中,首先要确定图像的单位,并将该单位与应用程序中的窗口尺寸单位统一起来,一般来说图像的单位统一设定为"像素"。接着可以设定"宽度"和"高度",当"约束比例"项被选定时,输入"宽度"则"高度"自动发生改变;反之,输入"高度"则"宽度"发生变化。若取消"约束比例"项,则"宽度"与"高度"可以分别设定。输入完毕单击"确定"按钮,就可以完成图像尺寸的设定。

例如:本例中用数码相机拍摄得到的图像尺寸是 1600×1200 像素,如图 4.3-7 所示。但在实际应用中只希望需要 785×250 像素的图像,用来作为网站的 LOGO,可以通过重新设定"图像的大小"的方法来实现。

将宽度改为 785 像素,由于选择了"约束比例",则高度自动改为 589 像素。修改完毕,单击"文件"→"另存为"菜单项,弹出"文件另存为"对话框,如图 4.3-8 所示。作为网页标题背景图的图像,常保存为 GIF 或 JPEG 格式。

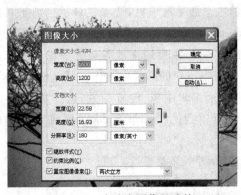

图4.3-7　未改变图像尺寸前

图4.3-8　图像文件另存为对话框

完成以上工作后,此时图像的尺寸是 785×589 像素的图像,还没有达到 785×250 像素的要求。下面的工作是:特定尺寸图像的截取。

方法一:单击工具栏中的"裁剪"工具 ，在选项栏上显示有关截取工具的各个参数设置,输入"宽度"和"高度"的数值,注意单位是厘米,如图 4.3-9 所示。

图 4.3-9　裁剪工具栏

然后在图像上拖动鼠标,此时出现一个具有固定长宽比的裁切选框,按下[Enter]键 Photoshop 便完成图像的裁切,接着自动对裁切得到的图像进行缩放,使其尺寸正好达到预先设置的大小。

方法二:单击工具栏中的"矩形选框"工具 ，在选项栏上选择样式为"固定大小",输入

"宽度"为 785 像素和"高度"为 250 像素,注意单位是像素,如图 4.3-10 所示。

图 4.3-10　固定大小选项

　　然后在图像上单击鼠标,此时在图像窗口上出现一个具有固定长宽比的选区,可以按上下左右键来移动选区的位置,使其移动到合适的位置处,如图 4.3-11 所示。接着,单击"编辑"→"拷贝"菜单项,再单击"文件"→"新建"、"编辑"→"粘贴"菜单项,这样用来作为网站的 LOGO 图像制作完成。

图 4.3-11　移动选区到合适的位置处

2. 整幅图像的合成

　　在电视节目中及路边的广告宣传上,我们常常可以看到具有特殊效果的复合图像,给人们以想象。那复合图像是怎样实现的? 以下举例来说明,图 4.3-12 是两幅原始图像,图 4.3-13 是合并后的图像,两幅图像合并的方法如下。

图 4.3-12　两幅原图像

　　(1)分别打开用数码相机拍摄的两幅照片,将它们分别调整为 800×600 像素,图像的尺寸基本统一,有利于合并。

　　(2)单击"郭庄桃花"图使它成为当前图像,然后单击"选择"→"全选"菜单项,将"郭庄桃

图 4.3-13　合并后的图像

花"图选定。再单击"编辑"→"拷贝"菜单项,把"郭庄桃花"图存入剪贴板。单击"赏心悦目亭"图使它成为当前图像,再单击"编辑"→"粘贴"菜单项,把"郭庄桃花"粘贴到"赏心悦目亭"图上。

　　(3)单击"窗口"→"图层"菜单项,打开"赏心悦目亭"图的图层窗口,在最后一行上单击"添加蒙板"按钮,如图 4.3-14 所示。

　　(4)将前景色设置为白色,背景色设置为黑色。在工具栏上选择"渐变工具",同时选用"线形渐变"模式。

　　(5)用鼠标从"赏心悦目亭"图的左上角开始,往右下角拉一条直线,直到图像的右下角停止,得到的效果图如图 4.3-13 所示。

图4.3-14　添加蒙板

图4.3-15　套索工具

3. 图像的提取

　　(1)用磁性套索工具选定图像

　　使用磁性套索工具选取局部图像是最常用也是最基本的方法之一,在 Photoshop 中有:套索工具、多边形套索工具、磁性套索工具,如图 4.3-15 所示。它们的使用方法相似,只是建立选区时的特性不一样。

　　在本例题中先使用"磁性套索"工具,用鼠标在工具栏上单击"磁性套索" ,此时在上方弹出它的工具选项栏,如图 4.3-16 所示。其中"羽化"可以消除选择区域的正常硬边界,对其柔化,也就是使区域边界产生一个过渡段,其取值范围在 0 到 255 像素之间。"宽度"设置,是在距离鼠标指针多大的范围内检测边界,其取值范围在 0 到 40 之间。"边对比度"设置,是检测图像边界的灵敏度,其取值范围在 1% 到 100% 之间。"频率"设置,是套索工具紧固点出现的频率。

图 4.3-16　磁性套索工具选项栏

使用磁性套索工具可以快速得到图像的选区,如图 4.3-17 所示。当图像有比较明显的边界时,可以设置较大的套索宽度和边界对比度;对图像边界较模糊的,可以设置较小的套索宽度和边界对比度。若得不到精确的选区,此时可以结合其他选择工具对选区进行调整。

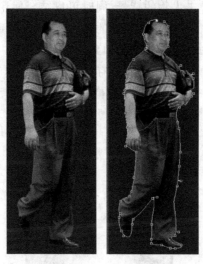

图 4.3-17　得到选区

(2)使用多边形套索工具进行图像区域的选取

选择工具栏中的"多边形套索"工具 ,操作时可将图像放大到 300%,这样比较容易精确的选定区域。在需要选取的图形边上单击鼠标,确定多边选区的起点,移动鼠标到新的位置,再次单击鼠标,确定多边形下一个锚点,依次继续(注意每条直线的边都不要太长)。按住空格键,多边形套索工具临时变成抓手工具,此时可以拖动图像以显示被隐藏的部分,松开空格键,又变回多边形套索工具。(若希望多边形的某一条边是曲线,则在拖动鼠标的同时按下[Alt]键,完成后松开[Alt]键,再释放鼠标即可。)在图形上双击鼠标完成选区的建立,效果如图 4.3-17 所示。

(3)使用魔棒工具进行图像的区域选取

使用"魔棒工具"可选择具有相似颜色的区域。单击工具栏中的"魔棒工具" ,在 Photo-shop 窗口上弹出"魔棒工具"的工具选项栏,如图 4.3-18 所示。

图 4.3-18　魔棒工具选项栏

"魔棒工具"的主要特点有

①容差参数取值为:0～255。其值越小,相似颜色范围就越窄,产生的选取区域越小;其值越大,相似颜色范围就越宽,产生的选取区域越大。

②如果"连续"选项已选中,则在图像中点击要选择的颜色,容差范围内的所有相邻像素都被选中。

③选择"消除锯齿"选项可定义平滑边缘。

本例使用"魔棒"工具的步骤

①选区的选择方式:添加到选区。

②容差参数设定为 20～40。

③将图像放大 2 倍。

④使用"魔棒"工具多次单击人物的背景,同时可以结合使用矩形选框、椭圆形选框工具。得到整个背景的选区后,单击"选择"菜单项上的"反选"功能,得到人物的选区。

注意:此时选区的选择方式应始终在"添加到选区"上。

单击"编辑"→"拷贝"菜单项,把"人物"图存入剪贴板,再单击"文件"→"新建"、"编辑"→"粘贴"菜单项,将人物从原图中提取,并使用"橡皮擦工具",画笔的大小设定为 10～12,在图像放大 2 倍的情况下,细心地擦去不需要的边缘,如图 4.3-19 所示。

图 4.3-19　用橡皮擦工具除去多余的边缘

为了把人物与"赏心悦目亭"图更好地结合,需要对已提取的人物图像进一步处理。既对人物的边缘进行"缩边"一个像素,并除去一个像素的边缘,同时对 2 个像素的边缘进行"羽化"用于模糊人物的边缘,有利于图像重组后,与重组的图像更好地结合。具体方法如下。

(1)按住[Ctrl]键同时用鼠标单击人物图层,得到人物的选区。

(2)单击"选择"→"修改"→"收缩"菜单项,收缩选区对话框上添入数值 1,确定后,单击"编辑"→"复制"、"文件"→"新建"、"编辑"→"粘贴"菜单项,得到除去一个像素边缘的新图像。

(3)在新图像上得到人物的选区,单击"选择"→"修改"→"收缩"菜单项,在收缩选区对话框上添入数值 1,然后单击"确定"按钮。接着单击"选择"→"修改"→"羽化"菜单项,在羽化半径对话框上添入数值 2,单击"确定"按钮。再单击"编辑"→"复制"菜单项,将图像存入剪贴板。

4. 图像的组合

打开"赏心悦目亭"图像,单击"编辑"→"粘贴"菜单项,将剪贴板中的人物图像,粘贴到"赏心悦目亭"图像上,再单击"编辑"→"变换"→"缩放"菜单项,对人物大小进行调整,并进行适当的位置移动,便完成了图像的重组。重组后的图像,如图 4.3-20 所示。

图4.3-20　组合后的图像

处理到此,人物与背景的结合已比较完美。但细看人物的双脚是"悬"在空中,还是有缺陷。如何来修改? Photoshop 提供了一个很有意思的工具,它就是"仿制图章工具",如图 4.3-21 所示。

图 4.3-21　仿制图章工具

对以上缺陷具体修改如下,选择工具栏中的"仿制图章工具",选当前层为"赏心悦目亭"图层,按住[Alt]键不放,用鼠标单击"树丛"图案;放开[Alt]键,把当前层改为"人物"层,用鼠标逐步点击"人物"的双脚,直至把双脚完全"陷入"树丛,效果 4.3-22 所示。

图4.3-22　修改后的图像

本节内容的学习能较好地解决在多媒体作品编制中,所遇到的改变图像大小、提取、图像重组问题,难点在图像的提取,尤其当背景与需要提取的图像边缘不明显的情况下,应通过多种得到选区的工具交叉应用,得到选区。

5. 使用图层

图层是 Photoshop 中一个非常重要的概念。一个用 Photoshop 软件创作的图像可以想象成,由若干张包含有图像各个不同部分的不同透明度的纸叠加而成,每张"纸"我们称之为一个"图层"。图层一个一个叠加在一起,下面图层中的图像可以透过上面图层中的透明部分显示出来。

在新建图像时,Photoshop 软件自动产生一个背景图层,背景层是一种特殊的图层,一般它是不透明的,如图 4.3-23 所示。在图像的编辑过程中,用户可以添加几百个图层到图像中,每个图层都具有相同的分辨率和颜色模式。

由于每个层以及层中内容都是独立的,用户在不同的层中进行设计或修改等操作不影响其他层。因此所有的颜色调整、绘图、变换、滤镜等操作都是对当前层有效,而对其他图层无效。利用层控制面板可以方便地控制层的增加、删除、显示和顺序关系。当图像设计者对绘画满意时,可将所有的图层"粘"(合并)成一层。

图4.3-23　新建图像中的背景图层　　　　图4.3-24　新建"奥运五环"图像

以下通过制作"奥运五环"图像来理解图层的用途。

(1)单击"文件"→"新建"菜单项,在弹出的"新建"窗口设置参数,如图 4.3-24 所示。

(2)在图层调板窗口下方,单击"创建新图层"按钮,创建一个新图层,并把该图层命名为"黑色",如图 4.3-25 所示。

图4.3-25　新建图层　　　　　　　图4.3-26　选用"油漆桶工具"

(3)选用"椭圆选框工具",在新图层窗口上,按下鼠标的同时按住[Shift]键,在工作区拖拉出一个标准圆选区。将前景色设置为黑色,选用"油漆桶工具",如图 4.3-26 所示,在选区内倒上黑色。

(4)在图层调板窗口下方,单击"创建新图层"按钮,再创建一个新图层,并把该图层命名为"红色",将前景色设置为红色,选用"油漆桶工具",在选区内倒上红色。

(5)重复(4)中的操作,分别创建"蓝色"、"黄色"、"绿色"图层,分别得到"蓝"、"黄"、"绿"标准圆。采用同一选区下,获得不同颜色的标准圆的好处是:每一个标准圆的大小一致,最重要的是标准圆的边缘不会出现锯齿,这一点读者可以反复尝试。通过以上操作,我们把不同颜色的标准圆形,分别创建在不同的图层中,为下一步的编辑工作,做好了准备。

(6)选用"椭圆选框工具",在"绿色"图层窗口上,按下鼠标的同时按住[Shift]键,在工作区拖拉出一个小一些的标准圆选区,如图 4.3-27 所示。

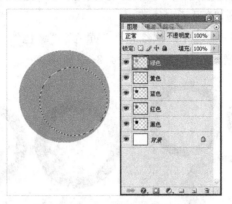

图4.3-27　小一些的标准圆选区

(7)接下来要把大圆与小圆的中心对齐。方法是:单击"图层"→"与选区对齐"→"垂直居中"菜单项,使大圆与小圆垂直对齐;再单击"图层"→"与选区对齐"→"水平居中"菜单项,使大圆与小圆垂直水平。按一下[Delete]键,将"绿色"大圆的中心抠去,形成绿环。

(8)把当前层设定为"黄色"层,按一下[Delete]键,将"黄色"大圆的中心抠去,形成黄环。同理分别把"蓝色"、"红色"、"黑色"图层中标准圆的中心抠去,形成圆环。

6.给图像添加效果

通过以上操作后,我们得到了"蓝"、"黑"、"红"、"黄"、"绿"五种颜色的圆环,大小、颜色都合适,但缺乏立体感,如图 4.3-28 所示。

在 Photoshop 中一个非常有用的工具就是"图层样式",在"图层样式"窗口中,可以选择10 种样式,每一种样式中又有几十个参数可选项,这样能形成几百种效果。为五环添加图像效果的方法如下。

图4.3-28　五种颜色的平面圆环

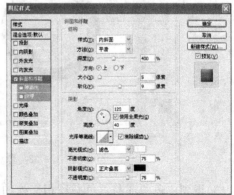

图4.3-29　"图层样式"窗口

(1)选择"蓝色"层为当前层,用鼠标双击该层,弹出"图层样式"窗口,如图 4.3-29 所示。在"图层样式"对话框左侧窗口中单击"斜面与浮雕"选项,将其勾选。修改右侧参数,样式设为"内斜面",方法为"平滑",深度为 400%,大小为 5 像素,软化为 9 像素。阴影选区角度设为 120 度,高度为 40 度,方向为上,其他参数不变,这时"蓝"色平面圆环产生了漂亮的立体效果。

(2)在"图层样式"对话框左侧窗口中单击"斜面与浮雕"选项下的"等高线"项,将其勾选,修改右侧参数,范围为 80%,增强了立体感。

(3)把当前层分别设定为"黑色"、"红色"、"黄色"、"绿色"层,按以上操作分别给"黑"、"红"、"黄"、"绿"色的圆环增加立体效果,如图 4.3-30 所示。

图4.3-30　带立体效果的五环　　　　　图4.3-31　把五环移动到合适的位置

本例题接下来的问题是,如何将五环环环相扣。

(1)把"蓝色"、"黑色"、"红色"、"黄色"、"绿色"图层中的圆环的位置移动到合适的地方,如图 4.3-31 所示。

(2)选"黄色"图层为当前层,用"魔棒工具"获得黄色圆环的选区。选"蓝色"图层为当前层,单击"椭圆选框工具",此时选区的选择方式应为"与选区交叉"。在蓝色圆环与黄色圆环相交处拉出一个小选区,如图 4.3-32 所示。

图 4.3-32　环相交处拉出一个小选区

(3)得到蓝色圆环与黄色圆环相交处的选区后,按一下[Delete]键,将"蓝色"大圆的相交区抠去,形成环扣。同理分别把"黑色"、"红色"图层中与"黄色"、"绿色"图层圆环相交的区域抠去,形成环环相扣,如图 4.3-33 所示。

(4)寻找一幅合适的背景图,作为本例题的背景画面,完成例题的制作,如图 4.3-33 示。

图 4.3-33　环环相扣后加入背景

4.4　动画的设计与制作

动画自问世之日起就深受人们欢迎,它可以充分发挥人的想象力和创造力,显示出一些不存在的或人力达不到的理想场景,极大地拓展了人们的思维空间。传统的动画制作过程相当复杂,随着计算机技术的发展,人们开始用计算机进行动画的创作,并称其为计算机动画。计算机动画一般分为矢量动画和帧动画。

(1)矢量动画经过运算,在单一画面中,可以改变运动主体的几何形状、运动轨迹、显示颜色等,形成变化的视觉效果。

(2)帧动画则类似传统动画的模式,采用多幅画面构成。每幅画面中主体的形状、大小、颜色和位置都有所不同,当连续观看画面时,由于人类眼睛的滞留效应,因而产生动感。

4.4.1　动画的原理、概念和特点

动画(包括 Flash 动画)的基本原理是:快速连续播放静止的图片,由于图片快速地播放,给人眼产生的错觉就是画面会连续动起来。这是人眼的"视觉暂留"现象(物体被移动后其形象在人眼视网膜上还可有约 1 秒的停留),它揭示了连续分解的动作在快速闪现时产生活动影像的原理。这些静止的图片称为帧,图片播放速度越快,动画越流畅。一般电影胶片的播放速度就是 24 帧/秒。

1. 动画的特点

(1)具有时间上的连续性,适于表现事件的过程,表现力更强、更生动、更自然。

(2)具有时间上的延续性,数据量大,必须采用压缩算法保存和处理。

(3)具有帧之间的关联性,该特性是连续动作的基础,也是压缩处理的条件。

(4)具有强烈的实时性,对硬件响应速度和软件运行效率提出很高的要求,以满足在规定时间内完成规定画面的更替。

2. 多媒体计算机处理动画的主要功能

(1)提供动画的绘制工具。

(2)增加画面的质感。

(3)将两个或以上的动画片断进行结合。

(4)自动生成规定模式的动画,例如物体的移动、旋转、改变大小等效果。

(5)自动记录操作过程,并生成过程动画。

(6)连接和剪辑多段动画,并在连接点形成多种形式的过渡动画。

(7)设置动画的演播参数,例如速度、重复次数、区段范围等。

(8)演播动画。

(9)进行动画文件的格式转换。

(10)保存和管理动画文件。

3. 二维平面动画

二维动画由一系列关键帧(画面)和中间帧(画面)组成,每一帧(画面)都可以是一幅平面图形图像,制作二维动画要建立相当数量的帧画面(关键帧和中间帧,自动生成中间帧的例外),并对每一帧画面的动画角色进行设置,确定每个角色的位置、角色之间的相互关系,建立它们的运动轨迹和角色图形图像变化规律,建立动画背景和背景变化规律,配上声音解说和音乐,最后生成动画并输出成可以播放的文件形式。

目前常用的二维动画的制作工具有:Autodesk 公司的 Animator Studio,Corel 公司的 Corel Move、Corel Motion,Macromedia 公司的 Flash、Fireworks,Adobe 公司的 Live Motion 和 Ulead 公司的 GIF Animator 等。

4. Flash 二维动画制作软件

Macromedia 公司的 Flash 二维动画制作软件是集"向量绘图"、"动画制作"和"交互设计"三大功能的动画创作软件。该软件使用向量格式的图形,大小变化自由,无失真,文件尺寸小。插入在动画中的声音用 MP3 的音乐压缩格式压缩,不但音质好而且缩小了文件的尺寸,便于在网络上传播。此外,Flash 采用了 Stream 信息流的传送方式,无须等待信息全部下载完毕,可以边下载边播放,满足了用户的需求。不论是微软公司的 IE 还是网景公司的 Netscape 浏览器,只要安装了 Macromedia 公司的 Flash Player 播放程序(插件),就能播放由 Flash 二维动画制作软件输出、生成的嵌入在网页中的 Flash 电影文件。

5. 三维动画

三维计算机动画系统的研究始于 20 世纪 70 年代。它的发展和二维计算机动画类似,也是由最初的动画语言描述进化而来。随着计算机图形图像技术的发展,特别是三维造型技术的发展,使得计算机动画具有非常逼真的视觉效果。另外高速图形处理器及超级图形工作站的出现使三维计算机动画得到了不断地发展,3DS MAX 这一动画制作软件正是在这个时代背景下应运而生,它将原来只能在高档图形工作站进行处理的高级 3D 技术移植到了普通的 PC 机上,从而实现了三维动画技术的普及与推广。

　　三维动画主要应用于虚拟现实场景的制作、角色动画制作和电视电影片头以及广告等方面。三维动画丰富的表现手法,如自由的灯光设置、任意的夸张渐变、丰富的材质贴图以及特效的制作,增强了电视电影片头以及影视广告的艺术表现力,超越了一般影视艺术的表现局限,可以充分发挥设计者的想象力和创作思维的表现力。

　　目前三维动画在各个领域都发挥着巨大的作用,三维动画行业已经从一个新兴行业转变成了一个热门行业了。三维动画的作用也越来越被人们认识,特别是在影视片头、广告中更是发挥着不可替代的作用。

6. 3D STUDIO MAX 三维动画制作软件

　　3D STUDIO MAX 是 Autodesk 公司出品的一款功能强大三维动画软件,用户可以方便地使用该软件创作出各种逼真的三维模型和三维动画,并可以渲染成为照片级质量的完美作品。它与 MAYA 等同类的三维动画设计软件相比有许多独特的特点:便利的动画制作、简洁的材质制作、丰富的造型功能和制作特技动画的功能。它始终以强大实力占据着市场的主导地位,这与它独特而方便的操作界面和强大的功能设置分不开的。可以在 3D STUDIO MAX 中按照要表现的对象的形状尺寸建立模型以及场景,再根据要求设定模型的运动轨迹、虚拟摄影机的运动和其他动画参数,最后按要求为模型贴上特定的材质,并打上灯光,当这一切完成后就可以让计算机自动运算生成最后的三维动画画面。

4.4.2　常见动画格式

　　目前常见的二维动画格式有:

　　(1)GIF 动画是因特网上常见的动画格式,它可以同时存储若干幅静态图形并形成连续的动画。以任意大小支持图画,通过压缩可节省存储空间,最多支持 256 色,最大图像像素是 64000×64000,不支持音频,不大适合制作真实世界图像动画。

　　(2)SWF 动画格式,是用 Macromedia 公司的 Flash 软件制作生成。由于它存储量很小、功能强大,可以包含几十秒钟的动画和声音,使整个页面充满生机,成为多媒体作品设计中动画制作的首选工具。

　　常见的三维动画的格式有:

　　FLC 是三维动画的格式,它可以由 3D MAX 和 Animator Pro 软件生成。三维动画可以模拟真实的三维空间事物,表现更为真实,生动。它对硬件的要求及制作的难度都相对较高,存储空间较大,速度较慢。

4.4.3　Flash MX 工作窗口简介

　　Flash MX 工作窗口简介:

　　(1)和 Windows 工作窗口相似,Flash MX 软件工作窗口的上部是菜单栏,在其中可以选择编辑动画的主要功能,它们分别是:文件、编辑、视图、插入、修改、文本、命令、控制、窗口、帮助菜单。

　　(2)在 Flash MX 工作窗口的左边是工具栏,工具栏由多个图标组成,在工具栏上可以选择各种需要使用的工具,工具的各种形式、参数设置在属性窗口显示。工具栏可以水平放置在菜单栏下,也可以垂直放置在左右边框上,还可以把它拖动到 Flash MX 工作窗口的任意地方,也可以使它悬浮在窗口中,以上特性给动画编辑带来了便利。

(3)在窗口中部是工作区域(舞台),主要用来放置包含图像的动画窗口,在 Flash MX 中,舞台窗口可以放大、缩小,并且可以根据用户的需要在工作区域内任意移动。在舞台区域的右边是各类面板,用于辅助编辑动画、设置参数等。在各类面板中,数"项目"、"混色器"、"组件"调板用到的频率较高。

(4)图层。图层用于放置动画中的对象,使用图层的一般原则是:在一个图层中只放置一个对象。这样做是为了单独设置动画中的每一个对象的动作,一个图层就是一张透明的纸,我们把不同的对象存放在不同的层上,各层之间可以相互重叠而又互相不影响。可以对各层中的对象添加不同的运动方式,最后将它们叠放在一起,就组成了一个动画。

(5)时间轴。时间轴是 Flash MX 进行动画创作和编辑的主要工具,它决定了各个场景的切换、动画对象的出场、动画展示的顺序等。Flash MX 工作窗口布局,如图 4.4-1 示。

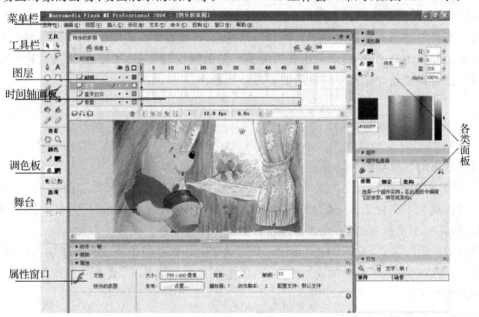

图 4.4-1　Flash MX 工作窗口

4.4.4　Flash 动画基础

从以上章节可以看出,产生动画最基本的元素就是静止的图片,即帧。所以生成帧就是制作动画的核心,而用 Flash MX 做动画也是同样——时间轴上每个小格就是一个帧。一般来说,每一帧都需要制作的,但 Flash MX 能根据前一个关键帧和后一个关键帧自动生成中间帧而不用人为地制作,这就是 Flash MX 制作动画的基本原理。

在时间轴上的帧分为三类:普通帧、关键帧、空关键帧。普通帧用于延长动画的长度,不能编辑动画对象。关键帧、空关键帧中可以放置、添加、编辑对象,只要设置了动画的起始关键帧和终止关键帧,Flash MX 就能在这两个关键帧之间,自动产生模拟的变化过程。关键帧、空关键帧的区别在于：关键帧能复制前一个关键帧中的对象，而空关键帧只是创建一个空的关键帧。帧的类型，如图 4.4-2 示。

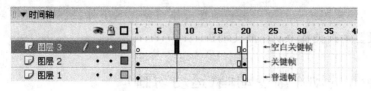

图 4.4-2　帧的类型

一个 Flash 动画往往由一个或多个场景组成，每个场景又有众多的背景、道具和角色。这些背景、道具和角色又来自于图形组件、按钮组件、影片剪辑组件、"smart"剪辑组件、图库组件实例、位图、声音和群组组件等。Flash 动画的场景组成内容对象，如图 4.4-3 示。

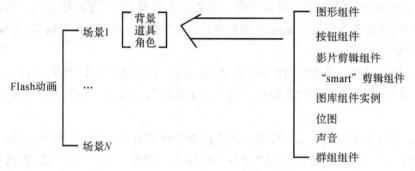

图 4.4-3　Flash 动画的场景组成内容对象

组件一般都存放在库之中，把它们的特点介绍如下：图形组件是用绘图工具绘制的静态图形；按钮组件是能响应鼠标动作事件的动画按钮；影片剪辑组件是已编辑加工的小动画；"smart"剪辑组件是赋予剪辑参数的影片剪辑，并可加入剪辑动作和脚本作为界面部件用于交互；图库组件实例是拖放到动画中的图库组件，不论该组件用了多少，但在动画文件中只存储一个组件，可以减少动画文件所占用的空间；位图，一般的 Windows 点阵图都是位图，输入到影片窗体的舞台上就可以使用；声音是导入到动画中的声音文件，能自动地成为用户图库组件的一员；群组组件，根据需要将场景中的一些组件组合在一起，就是群组组件。

Flash 动画一般分为两大类

(1)帧(逐帧)动画。类似传统动画的模式，采用多幅画面构成。每幅画面中，主体的形状、大小、颜色和位置都有所不同，当连续观看画面时，由于人类眼睛的滞留效应，因而产生动感。逐帧动画需要绘制大量的分解动作画面，不仅工作量大，绘制并编辑完成的动画文件尺寸也大，因此作为网页动画并不合适。

(2)渐变动画。该类动画又分为图形渐变动画和动作渐变动画两种形式。图形渐变动画描述的是一段时间内将一个对象变成另一个对象的过程，在渐变中用户可以改变对象的形状、颜色、大小、透明度以及位置等，复杂的图形形变动画还可以加入提示点，这些提示点将在整个图形形变动画过程中保持不变。图形渐变动画是 Flash 动画中比较特殊一种过程动画，和动作渐变动画不同的是，其动画对象只能是矢量图形对象。群组对象、图符引例对象、符号和位图图像均不能够作为图形渐变动画的对象(除非把它们打散成矢量图形)。图形渐变动画可以在两个关键帧之间制作出渐变的效果，让一种形状随时间变化成另外一种形状，可以对形状的位置、大小和颜色进行渐变。

　　动作渐变动画与图形渐变动画类似的部分就是要确定起始状态和末尾状态,不同的是在由起始状态运动到末尾状态的过程中必须把操作对象作为整体,也就是要将对象转换成组件或元件,然后设置动画类型为动作渐变动画。

4.4.5　Flash 的动作渐变动画(运动动画)

　　动画就是创建运动效果,动画可以是对象从一个位置运动到另一个位置。动作渐变动画就是在时间轴面板中定义起始和结束关键帧,然后让 Flash 运算实现中间过度帧,来实现动画。

　　关键帧的作用是定义动画的对象变化。在创建逐帧动画时,每一帧都是关键帧。而在动作渐变动画中,只需要在重要的地方定义关键帧。以下通过例题"快乐的家园"来说明创建"动作渐变动画"的方法。

　　(1)窗口尺寸设置。单击"文件"→"新建"菜单项,再单击"属性"展开按钮。在"属性"窗口,单击"文件"属性按钮,弹出"文档属性"窗口,将窗口尺寸设置为:800×600 像素,帧频项参数:12。

　　(2)动画素材的准备。选择一幅合乎题意的图像作为背景图,并在 Photoshop 软件中把图像的尺寸设定为 800×600 像素,单击"文件"→"导入"→"导入到库"菜单项,把背景图导入到库之中。用同样的方法将:蝴蝶、蓝天白云图像也导入库中,同时把"蝴蝶"图像转换成元件,如图 4.4-4 所示。

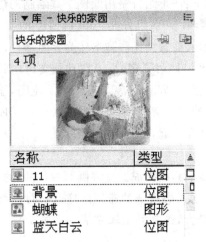

图4.4-4　动画素材准备　　　　　　　　图4.4-5　创建新图层

　　(3)单击"场景 1"按钮,将工作窗口切换到"场景 1"。把图层 1 命名为"背景",从库中把"背景图"图像拖动到舞台中,作为本例题的背景图像,用鼠标右键单击第 50 帧,在弹出的窗口上选择"插入帧"。

　　(4)用鼠标单击插入图层按钮，创建一新图层并将它命名为"蓝天白云"。用同样的方法创建"文字"、"蝴蝶"图层,如图 4.4-5 示。

　　(5)用鼠标单击"文字"图层的第 1 帧,选择工具栏上的文字工具 A ,在字体属性窗口设置以下参数:动态文本、字体:黑体、大小:56、颜色:黄色(♯FFFF00)。在舞台上的合适位置处输入文字:快乐的家园,如图 4.4-6 所示。

(6)用鼠标单击"蝴蝶"图层的第 1 帧,从库中把"蝴蝶"元件拖动到舞台中,作为本例的运动图像,用鼠标右键单击第 50 帧,在弹出的窗口上选择"插入关键帧",同时把第 50 帧的"蝴蝶"元件拖动到背景图像的窗口位置,如图 4.4-7 所示。

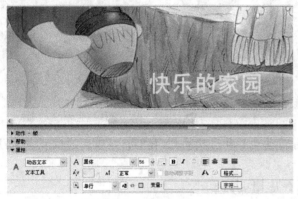

图4.4-6　输入文字　　　　　　　　　　　图4.4-7　加入运动对象

(7)用鼠标右键单击"蝴蝶"层的"时间轴"第 1 帧处,在弹出的菜单上选择"创建补间动画",此时可以看到从第 1 帧到第 50 帧处,产生了一条带箭头的蓝色线条,运动的中间帧就自动生成了。

(8)用鼠标右键单击"蓝天白云"图层的第 50 帧,在弹出的菜单上选择"插入空白关键帧",从库中把"蓝天白云"图像拖动到舞台中,用于改变背景图像的窗口景色。

(9)用鼠标单击"控制"→"循环播放"菜单项,然后单击[Enter]键,观看"快乐的家园"的动画变化。

(10)在"蓝天白云"图层的第 50 帧的"动作"帧处,加入语句:stop();用于停止动画的循环播放。

以上例题中的运动动画是平动动画,在 Flash MX 的运动动画中还有颜色动画,如何实现,请看以下操作方法。

(1)在上例中用鼠标单击"文字"图层的第 2 帧,按住[Shift]键的同时单击"文字"图层的第 50 帧,把 2~50 帧全部选定。然后用鼠标右键单击"文字"层的"时间轴"第 50 帧处,在弹出的菜单上选择"删除帧",此时可以看到从第 2 帧到第 50 帧处,被删除。

(2)用鼠标右键单击"文字"层的"时间轴"第 50 帧处,在弹出的菜单上选择"插入关键帧"。单击"文字"图层的第 50 帧,选择工具栏上的文字工具 A,在舞台上选定已输入的文字"快乐的家园"。在字体属性窗口设置以下参数:动态文本、字体:黑体、大小:56、颜色:墨绿色(♯006600)。

(3)用鼠标单击"文字"图层的第 50 帧,按[Ctrl]+[B]组合键 2 次,把墨绿色"快乐的家园"字体打碎。再单击"文字"图层的第 1 帧,按[Ctrl]+[B]组合键 2 次,把黄色"快乐的家园"字体打碎,如图 4.4-8 所示。

(4)把当前帧指向"文字"图层第 1 帧,在"属性"窗口选择动画形式为"形状",此时可以看到从第 1 帧到第 50 帧处,产生了一条带箭头的蓝色线条,字体颜色渐变动画的中间帧就自动生成了,如图 4.4-9 所示。

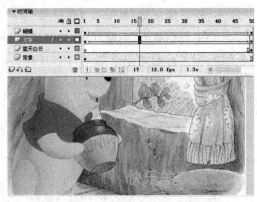

图4.4-8　打碎文字　　　　　　　　　图4.4-9　生成字体颜色渐变动画

　　在 Flash MX 动画中的运动动画还有转动动画和形状动画,我们将在以后的章节中学习。

4.4.6　Flash 的图形渐变动画(矢量动画)

　　利用 Flash MX 的渐变功能,可以让一种形状随时间变化成另外一种形状,同时还可以对形状的位置、大小和颜色进行变化。图形渐变动画可以在一个图层中放置多个渐变对象,但通常在一个图层上放一个渐变对象会产生出较好的效果。可以使用 Flash MX 提供的渐变提示功能,帮助用户控制更为复杂和不规则形状的变化。

　　图形渐变动画的制作限制是:制作渐变的起止对象一定都是图形元件而不是位图。若要用图符库里的位图制作渐变动画,就要将其先打散成图形元件才能继续进行操作。在渐变进行比较剧烈的时候,需要大量的计算,会影响动画的速度,因此在设计、制作渐变动画中,尽可能地避免使渐变对象产生过于剧烈的渐变。

　　如何来制作 Flash MX 图像渐变动画,以下通过"动感反弹球体"例题,来介绍基本制作方法。

1.窗口尺寸设置

　　单击"文件"→"新建"菜单项,再单击"属性"展开按钮。在"属性"窗口,单击"文件"属性按钮,弹出"文档属性"窗口,将窗口尺寸设置为:400×300 像素,帧频项参数:25。

2.球体与球体阴影的制作

　　(1)在工具栏上单击"椭圆工具" ○,再单击"笔触颜色"按钮 ✏,在弹出的"颜色板"上选择"透明" ☑,作用是:绘制"圆"时没有边框。单击"填充色"按钮 🎨,在弹出的"颜色板"上选择"黄色渐变",作用是绘制的球体是黄色,并有立体感。

　　(2)按住[Shift]键的同时,在工作窗口按下鼠标并拖动,绘制出一个圆,大小为 12×12 网格矩形的内切圆。然后先放开鼠标再放开[Shift]键,作用是:绘制出一个标准圆。

　　(3)在工具栏上单击"箭头"工具,然后在工作窗口按住"球体",拖动到工作窗口的顶部并居中。把"球体"所在图层命名为"球体"。

(4)单击插入按钮 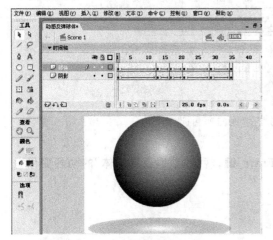，创建一新图层并将它命名为"阴影"，同时把该层移动到"球体层"的下方。在工具栏上单击"椭圆工具"⊙，再单击"笔触颜色"按钮 ✎ ▪，在弹出的"颜色板"上选择"透明"☑，作用是：绘制"椭圆"时没有边框。单击"填充色"按钮 ◬ ▪，在弹出的"颜色板"上选择"灰色渐变"，作用是绘制的阴影是灰色的。再单击"修改"→"组合"菜单项，将椭圆组合。

(5)在工作窗口按下鼠标并拖动，绘制出一个椭圆，大小为 20×3 网格矩形的内切圆，如图4.4-10 所示。

　　　　图4.4-10　球体与球体阴影的制作

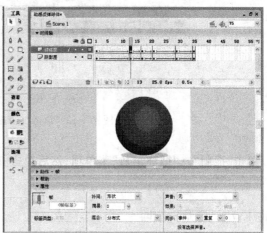
　　　　图4.4-11　球体颜色渐变

3. 球体图形的渐变

(1)用鼠标右键单击"球体层"的"时间轴"第 13 帧处，在弹出的菜单上选择"插入关键帧"，并将"球体"往下移动至和阴影接触，同时把球体的颜色改为红色，如图 4.4-11 所示。把当前帧指向第 1 帧，在"属性"窗口选择动画形式为"形状"，此时可以看到从第 1 帧到第 13 帧处，产生了一条带箭头的蓝色线条，运动的中间帧自动生成。

(2)用鼠标右键单击"球体层"的"时间轴"第 17 帧处，在弹出的菜单上选择"插入关键帧"，然后单击"修改"→"渐变"→"缩放"菜单项，将球体压缩到适当的大小(也就是球落地后的挤压状态)。用鼠标单击"球体层"的"时间轴"第 13 帧处，在属性窗口选择动画形式为"形状"，于是第 13 帧到第 17 帧处运动的中间帧生成。

(3)用鼠标右键单击"球体层"的"时间轴"第 21 帧处，在弹出的菜单上选择"插入关键帧"，然后单击"修改"→"渐变"→"缩放"菜单项，将球体放大到球体原形。用鼠标单击"球体层"的"时间轴"第 17 帧处，在属性窗口选择动画形式为"形状"。

(4)用鼠标右键单击"球体层"的"时间轴"第 29 帧处，在弹出的菜单上选择"插入关键帧"，并将"球体"往上移动至工作窗口的上端。用鼠标单击"球体层"的"时间轴"第 21 帧处，在属性窗口选择动画形式为"形状"。

(5)用鼠标右键单击"球体层"的"时间轴"第 35 帧处，在弹出的菜单上选择"插入关键帧"，并将"球体"保持原位置、原形状不动(即给人们以视觉的停留时间)。用鼠标单击"球体层"的"时间轴"第 29 帧处，在属性窗口选择动画形式为"形状"。

注意：此时由于动画中球体的颜色在渐变，因此球体应该始终处于"打碎"状态。

4. 球体阴影图形的渐变

　　球体阴影的渐变方法和球体的渐变方法类似,读者可以模仿"球体的渐变"去制作,这里不再重复。注意:球体阴影的渐变需要和球体的渐变同步,也就是球体阴影渐变和球体渐变的关键帧点要一致。球体与阴影渐变"时间轴"的设置状况如图 4.4-12 所示。

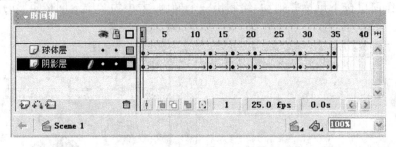

图 4.4-12　球体与阴影渐变"时间轴"的设置

5. 单击"控制"→"循环播放"菜单项,然后单击[Enter]键,观看"动感反弹球体"的动画变化

4.4.7　逐帧动画

　　逐帧动画主要用于创建不规则运动动画,它的每一帧都是关键帧,整个动画是通过关键帧的不断变化而产生。在这种动画中,每一帧都发生变化,不像别的动画只是一些简单的移动或形变,因此逐帧动画同别的类型动画比较文件尺寸要大得多。以下以"小鸟"在青山绿水间自由飞翔为例,介绍创建逐帧动画的一般方法。

　　(1)使用 Photoshop 软件,制作出五幅"小鸟"张开、闭合翅膀的图像,并分别将五幅图像以文件名为 niao1.png、niao2.png、niao3.png 等保存。

　　(2)窗口尺寸设置　单击"文件"→"新建"菜单项,再单击"属性"展开按钮。在"属性"窗口,单击"文件"属性按钮,弹出"文档属性"窗口,将窗口尺寸设置为:800×600 像素,帧频项参数:12。

　　(3)单击"插入"→"新建元件"菜单项,在弹出的"创建新元件"窗口,输入名称:小鸟,行为选项:影片剪辑,如图 4.4-13 所示。

图 4.4-13　创建影片剪辑

　　提示:一般来说在一段动画中加入另一段动画,则另一段动画应创建为"影片剪辑"。

　　(4)在"小鸟"影片剪辑窗口,单击"文件"→"导入"菜单项,在"导入"窗口选择 niao1.png 作为第 1 帧图像。单击"确定"按钮后,Flash MX 会提示"此文件看起来是图像序列的组成部

分。是否导入序列中的所有图像?"单击"是"按钮后的效果,如图 4.4-14 所示。从图 4.4-14
可见在图层 1 中的五帧图像都是关键帧,每 1 帧画面都是通过 Photoshop 软件制作的,并不是
Flash MX 自动生成的。

（5）单击"场景 1"按钮,将工作窗口切换到"场景 1"。把图层 1 命名为"背景",从库中把
"青山绿水"图像拖动到舞台中,作为本例题的背景图像,用鼠标右键单击第 50 帧,在弹出的窗
口上选择"插入帧"。

（6）添加一新图层 2,并把图层 2 命名为"飞鸟",单击"窗口"→"库"菜单项,打开图符库。
将图符库中的"小鸟"电影剪辑拖入到舞台中合适的位置处,用鼠标右键单击第 50 帧,在弹出
的窗口上选择"插入帧",如图 4.4-15 所示。

（7）按[Ctrl]+[Enter]组合键测试影片,可以看到"小鸟"在不断地张开、闭合翅膀。

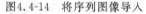

图4.4-14　将序列图像导入

图4.4-15　逐帧动画与背景复合

在逐帧动画的设计与制作过程中,每幅图像的设计与制作是关键,提高每幅图像的质量,
是逐帧动画的重点所在。

4.4.8　沿轨迹运动动画

在 Flash 动画中,除了我们以上学习的直线运动的动画外,还可以建立各种曲线运动的动
画,也就是人们常说的沿轨迹运动动画。在 Flash 中"引导层"是一种特殊的图层,在"引导层"
中可以绘制复杂的、随心所欲的运动轨迹,建立"引导层"后可以使"被引导层"中的图形对象沿
着"引导层"中运动轨迹移动,在动画播放时"引导层"中的运动轨迹不会在动画中出现。并且
动画制作者可以根据剧情的需要创建多个"引导层",每个"引导层"都可以和任意多个普通图
层建立关联。

下面我们通过具体的例题来学习,如何设计、制作沿轨迹运动动画。

例题　沿圆弧运动的小球

（1）创建"小球"层。单击插入按钮 ,创建一新图层并将它命名为"小球"。

（2）绘制小球。在工具栏上单击"椭圆工具" ,再单击"笔触颜色"按钮 ,在弹出的
"颜色板"上选择"透明" ,作用是:绘制"椭圆"时没有边框。单击"填充色"按钮 ,在弹
出的"颜色板"上选择"绿色渐变",作用是绘制的小球是绿色的,并有立体感。用鼠标单击"小

球"层的第 1 帧,按住[Shift]键的同时,在工作窗口按下鼠标并拖动,绘制一个绿色立体球体,然后先放开鼠标再放开[Shift]键,如图 4.4-16 所示。用鼠标右键单击"小球",在弹出的窗口上选择"转换为元件",把"小球"转换成元件。

图4.4-16　创建图层、绘制小球

图4.4-17　添加引导层

(3)用鼠标右键单击"小球"层,在弹出的窗口上选择"添加引导层",如图 4.4-17 所示,并把添加的引导层命名为"圆弧"。

(4)在工具栏上单击"椭圆工具" ○,再单击"笔触颜色"按钮 ,在弹出的"颜色板"上选择"黑色",作用是:绘制"椭圆"时有边框。单击"填充色"按钮 ,在弹出的"颜色板"上选择 ,作用是:绘制的椭圆没有填充色。在工具栏上单击"橡皮擦工具",把舞台上的"椭圆"擦去部分圆弧线,使"椭圆"变成"圆弧",如图 4.4-18 所示。

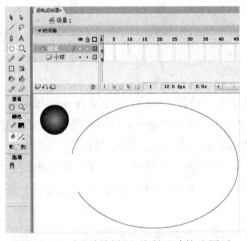

图4.4-18　在"引导层"上绘制运动轨迹圆弧

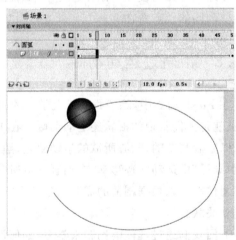

图4.4-19　小球沿轨迹运动

(5)用鼠标右键单击"圆弧"(引导层)层的第 50 帧,在弹出的菜单上选择"插入帧";右键单击"小球"层第 50 帧,在弹出的菜单上选择"插入关键帧",同时将"小球"元件拖动到圆弧的下端;单击"小球"层第 1 帧,同时将"小球"元件拖动到圆弧的上端,右键单击"小球"层第 1 帧,在弹出的菜单上选择"创建补间动画",按下[Enter]键观看"小球"元件是否沿着轨迹在运动,如图 4.4-19 所示。

注意：在把小球拖动到圆弧两端时，应注意到让"小球"元件的中心圆圈吸附到轨迹的端点，若加上"运动渐变"动作后，"小球"元件不能按轨迹运动，一般情况下是没有将"小球"元件的中心圆圈吸附到轨迹的端点。

本例题中，沿轨迹运动的对象是小球，运动路径是规则圆弧。在下一例题中，沿轨迹运动的对象是影片剪辑，路径是不规则曲线，例题是在 4.4.7 节"逐帧动画"的基础上进一步改进的。在 4.4.7 节"逐帧动画"中，介绍到了"逐帧动画"与背景图像的复合。运行该动画，小鸟在原地飞没有飞开去，留下一点遗憾。以下我们可以应用本节所学的知识，让小鸟自由飞翔。

（1）用鼠标右键单击"飞鸟"层，在弹出的窗口上选择"添加引导层"，把添加的引导层命名为"轨迹"。

（2）用鼠标右键单击"背景"层上"可视"、"锁定"按钮，将背景层设置为不可见，同时把该图层锁定，这样操作的目的是便于绘制运动轨迹，同时又不会把"背景"层无意删除，如图 4.4-20 所示。

（3）把当前层设定为"轨迹"层，在工具栏上单击"铅笔工具" ，再单击"笔触颜色"按钮 ，在弹出的"颜色板"上选择"黑色"。在工具栏上单击"选项"工具，并选择"平滑"项，接着便可以在舞台上绘出小鸟飞行的轨迹。

图4.4-20　添加引导层,锁定"背景"层

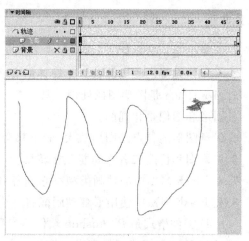

图4.4-21　添加运动轨迹

（4）用鼠标右键单击"轨迹"（引导层）层的第 50 帧，在弹出的菜单上选择"插入帧"；右键单击"飞鸟"层第 50 帧，在弹出的菜单上选择"插入关键帧"，同时将"飞鸟"影片剪辑拖动到运动轨迹的左端；单击"飞鸟"层第 1 帧，同时将"飞鸟"影片剪辑拖动到运动轨迹的右端，右键单击"飞鸟"层第 1 帧，在弹出的菜单上选择"创建补间动画"，按下［Enter］键观看"飞鸟"元件是否沿着轨迹在运动，如图 4.4-21 所示。

（5）从动画的现象看小鸟能够沿指定的路径运动，但从小鸟飞行的状况看，小鸟是直上直下，身体没有随着运动方向的改变而改变。

（6）单击"飞鸟"层第 1 帧，并展开"属性"窗口，把"调整到路径"选项选定，如图 4.4-22 所示。再测试一下效果，如图 4.4-23 所示。小鸟飞行的状况是小鸟身体随着运动方向的改变而改变，达到理想效果。

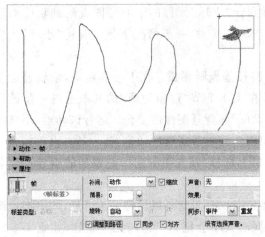

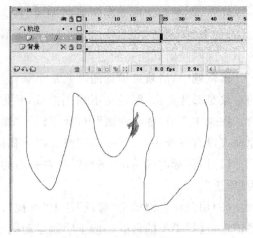

图4.4-22　调整到路径　　　　　　　　　　　图4.4-23　理想效果

习　题

一、是非题

1. 视频也是一种媒体。
2. 多媒体是有两种或两种以上媒体的有机集成体。
3. FrontPage 是图形图像处理工具。
4. 图形和图像是相同的。
5. 矢量图形的特点是图形放大、缩小都会变形。
6. 矢量图和位图二者之间能互相转换。
7. 在 Flash MX 中的动画类型有它们各自的特点。
8. 在 Flash MX 中使用形变动画能将一个圆形转变为一个正方形。
9. PSD 文件格式是 Photoshop 软件的专用文件格式。
10. WAV 文件格式不是声音文件的基本格式。

二、选择题

1. 下列(　　)不是感觉媒体的基本对象?

A. 视觉　　　　　　B. 听觉　　　　　　C. 图形　　　　　　D. 触觉

2. 下列(　　)不是存储媒体的基本对象?

A. 磁盘　　　　　　B. 电缆　　　　　　C. 光盘　　　　　　D. 视频

3. 下列(　　)是图像的基本格式。

A. BMP　　　　　　B. PCX　　　　　　C. AVI　　　　　　D. WAV

4. 导入 Flash MX 中背景透明的图像文件格式包括(　　)。

A. BMP　　　　　　B. PNG　　　　　　C. GIF　　　　　　D. PCX

5. Flash MX 中动画的基本模式不包括(　　)。

A. 矢量动画　　　　B. 视频动画　　　　C. 逐帧动画　　　　D. GIF 动画

6.关于 Photoshop 中图层的说法(　　)是错误的?

A.图层是透明的纸　　　　　　　　　B.图层可以把图像的各部分独立出来

C.图层是不同的文件　　　　　　　　D.对每个图层都可以单独编辑

7.Photoshop 中不能进行区域选择的工具是(　　)。

A.选框工具　　　　B.魔棒工具　　　　C.铅笔工具　　　　D.套索工具

8.屏幕上图像的显示尺寸是由(　　)确定的。

A.屏幕分辨率　　　B.显示分辨率　　　C.打印分辨率　　　D.位分辨率

9.(　　)不是 Photoshop 的图层合并方式。

A.合并图层　　　　B.向下合并图层　　C.合并可见图层　　D.添加图层蒙板

10.(　　)在 Flash MX 中不能被用户设定。

A.关键帧　　　　　B.普通帧　　　　　C.过渡帧　　　　　D.空关键帧

三、简答题

1.什么叫媒体?什么叫多媒体?什么叫多媒体技术?

2.媒体有哪几种类型?

3.多媒体技术主要应用于哪些方面?

4.设计文字媒体的常用软件有哪些?它们各自的特点是什么?

5.常见的图像格式有哪些?

6.分辨率可以分为几种类型?分别代表什么意义?

7."魔棒"工具的特点有哪些?

8.图形和图像有什么不同?

9.Photoshop 中图层的作用是什么?

10.动画与视频的相同点是什么?它们之间的区别在哪里?

四、操作题

1.现有用数码相机拍摄得到的照片尺寸是 1600×1200 像素,但在实际应用中只需要 785×350 像素的图像,用来作为网站的 LOGO,如何来裁剪?要求在图像缩放、裁剪中图像不能太多失真。

2.没有去过巴黎,也没有在"埃菲尔铁塔"处留过影,试在自己的照片中提取一份全身图像,并把它组合到"埃菲尔铁塔"旁,看谁的照片组合后最"真实"。

3.仔细阅读"图形图像编辑"章节中"层的应用"部分,并模仿图习-1,设计、制作"奥运五环"图像,以迎接 2008 年北京奥运会的到来。可以把"天安门"、"北京体育馆"等作为"奥运五环"的背景图,同时可加入"福娃"、"中国印"等图像元素。

4.把操作题 3 完成的图像作品导入到 Flash MX 的库中,再把它从库里拖到图层 1 中,作为本例的背景图像。同时分别把"富娃贝贝"、"富娃晶晶"等 5 个富娃的图像制作成背景透明的 png 图像,并导入到 Flash MX 的库中。在"场景 1"中创建 5 个新图层,分别把 5 个福娃从库中拖到相应的层中,根据自己的喜好设置 5 个福娃的动作渐变动画。

5.在操作题 4 的基础上,设置 5 个引导层,让 5 个福娃的运动路线各不相同,使观众看上去,有喜庆气氛。

图习-1　迎接 2008 年北京奥运会

第 5 章

计算机网络与 Internet

计算机网络的发展有近五十年的历史,从早期以远程联机系统为代表的终端—计算机网络,到利用分组交换技术实现的计算机—计算机网络,再从具有统一网络体系结构并遵循国际标准的开放式、标准化的第三代计算机网络,到目前采用光纤、异步传输模式(ATM)等高速网络技术,以综合化、高速化为特点的因特网;计算机网络已成为信息化社会最重要的基础设施。网络技术广泛应用于电子政务、电子商务、远程教育、远程医疗、信息服务等社会生活各个领域;网络改变了人们的工作和生活方式,掌握网络的基础知识和基本技能成为 21 世纪对人才的基本要求。

计算机网络的基础知识主要包括网络的定义、分类、结构和功能,网络的硬件和软件组成等内容。本章在讲解计算机网络的相关知识基础上,重点介绍 Windows 的网络操作功能和因特网的应用知识。

5.1 计算机网络概述

计算机网络是计算机技术和通信技术结合的产物,是一个庞大的计算机通信系统。计算机在通信中的应用使数据通信和数字通信技术迅速发展,从模拟到数字,最终向综合服务方向发展,通信技术为计算机之间信息的快速传递、资源共享提供了保证。

本节涉及网络定义、网络的分类和结构、网络的功能和网络系统的组成等内容。

5.1.1 计算机网络的定义和功能

1.计算机网络的定义

网络发展到现阶段,对计算机网络的定义比较一致的是:所谓计算机网络,就是以共享资源为主要目的,由地理位置不同的若干台计算机通过传输媒体(或通信网络)互连起来,并在功能完善的网络软件(通信协议、通信软件、网络操作系统等)控制下进行通信的计算机通信系统。

要注意的是计算机网络定义中包含有三个基本要素,即计算机、互连和通信协议。

计算机也称主机,是具有独立功能的计算机。

互连,指若干台计算机之间相互连接,可以通过传输媒体直接互连,也可以通过通信网络实现互连。

通信协议简称协议,指计算机相互通信时使用的标准语言规范,计算机通信时必须使用相同的通信协议。

计算机网络的定义也会随着网络技术的进步、功能的扩展而发生变化。

2.计算机网络的基本功能

计算机网络的功能是随着网络的应用而不断地扩展,其功能非常丰富,但最主要的三个基本功能是:资源共享、数据通信和分布式处理。

资源共享是指网络中的所有数据和各种硬件、软件资源能被联网用户使用,而与用户在网络中位置和资源在网络中的位置无关。文件共享和打印服务是网络中最为常用和最为重要的资源共享方式。

数据通信是计算机网络最基本的功能。它用于快速传递计算机与计算机之间的包括语言文字、图片图像、影像视频等各种信息。

分布式处理是网络协同工作、并行处理的主要方式。大型复杂的问题通过层层分解成相对容易简单的问题交由网络中不同的计算机分别处理,充分利用网络资源,扩大计算机的处理范围;多台计算机的联合使用构成高性能的计算机系统,降低大型计算机的使用成本,分布式处理能合理分配工作负荷,提高了处理过程的可靠性。

5.1.2　计算机网络的分类

计算机网络是一个复杂系统。按不同观点、方法可以对网络进行不同的分类,其中最常用的是按网络覆盖范围或规模分类和按网络的连接方式即拓扑结构分类。

1.按覆盖范围分类

计算机网络按其覆盖的范围或者规模分为局域网、城域网和广域网。

局域网一般指覆盖范围在几千米以内,限于单位内部或建筑物内部的计算机网络。局域网通常由一个单位组建,规模小、专用、传输延时小、可靠性高、投资小。如政府或企事业单位内部的办公网、学校的校园网等都是局域网的例子。以太网(Ethernet)是目前应用最为广泛的局域网。

广域网也称远程网,覆盖范围通常在几十千米以上,可覆盖整个省份、国家,甚至整个世界。广域网通常由政府或行业组建,规模大、结构复杂、传输延时大、投资大。连接全世界的因特网(Internet)是最大的广域网。

城域网也称都市网或市域网,覆盖范围介于局域网和广域网之间。

2.按拓扑结构分类

网络的拓扑结构是指网络中各设备之间的连接方式;一般将网络中的设备定义为结点,设备之间的连接定义为链路。计算机网络按拓扑结构分类可分为星形网络、总线形网络、环形网络和网状形网络。局域网由于覆盖范围较小,拓扑结构相对简单,通常是前三种结构之一,见图5.1-1,而广域网由于分布范围广,结构复杂,一般为网状形网络。

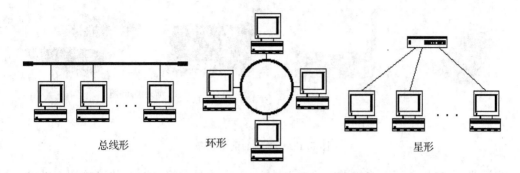

图 5.1-1　计算机局域网的三种拓扑结构

总线形网络以一根共用物理总线和所有附接在总线上的入网计算机互连构成,入网计算机通过竞争方式获取总线控制权,将数据发往总线,由指定的计算机接收数据。

星形网络以一台中心处理机和其他入网计算机互连构成,每一台入网计算机与中心处理机之间有直接互连的物理链路,中心处理机采用分时或轮询的方式为入网计算机服务,所有数据必须经过中心处理机向外分发。

环形网络由物理链路与转发器构成的环路和通过转发器入网的计算机构成,入网计算机通过转发器在环路上发送或接收数据,数据传输具有单向性,一个转发器发出的数据只能被下一个转发器接收并转发。

网状形网络由专门负责数据通信的结点机网络(也称通信网络)和与结点机相连的入网计算机构成,结点机负责将来自于入网计算机的数据存储并转发,入网计算机通过结点机构成的网络进行数据通信。

一个实际的计算机网络拓扑结构,可能是由上述几种拓扑类型的混合构成。

5.1.3　计算机网络的组成

计算机网络系统的具体实现是复杂多样的,一般由网络硬件系统和网络软件系统两大部分组成,网络硬件系统包括各类网络设备、传输媒体等,网络软件系统则指通信协议、通信软件、网络操作系统等。

1. 网络硬件系统

计算机网络硬件设备有计算机、网卡、调制解调器、编码解码器、集线器、交换机、路由器、网关、中继器、多路复用器、通道接口单元等;用于连接网络设备的传输媒体包括有线传输介质和无线传输介质。

网卡,全称网络接口卡,用于连接计算机和传输媒体,卡上包含了电路和机械连接,以便将计算机信号转换成传输媒体上的电子或电磁信号。目前有有线网卡和无线网卡之分,有线网卡上有 RJ45 接口,通过 RJ45 头连接非屏蔽双绞线,传输速率有 10Mbps、100Mbps、1000Mbps 等,无线网卡采用无线电波作为传输媒体。

调制解调器,英语缩写 MODEM,是一种数字信号和模拟信号的转换设备,用于将计算机的数字信号和电话线路上的模拟信号进行转换。MODEM 通过 RJ11 接口接入电话网。利用电话线路,计算机以拨号方式连入因特网,或以远程终端方式访问服务器。

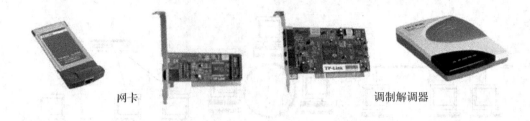

网卡　　　　　　　　　　　　　　　　　调制解调器

图 5.1-2　常用的网络设备

集线器/交换机是用于连接媒体的中央结点,具有信号整形、放大、故障检测等功能,是目前组建星形结构以太网重要的网络连接设备,利用集线器可大大提高以太网的可靠性。一般集线器都提供多个 RJ45 接口。交换机是更高级的集线器,可合理分配网络负载,在两个结点之间建立虚拟链路。随着交换机价格的不断降低,已逐步取代集线器。

路由器是一种在网络层实现互连的网络连接设备,用来实现多个逻辑上分开的网络互连,常用于连接局域网和广域网,具有很强的路径处理能力。

网关,也称网间连接器、协议转换器,是复杂的网络互连设备,仅用于高层协议不同的网络互连。网关通常采用软件的方法加以实现,并与特定的应用服务一一对应。

传输介质,计算机网络中的传输介质包括有线传输介质和无线传输介质两大类。常用的有线介质有电视电缆、双绞线、光纤等,无线介质有微波、无线电、红外线等。

2.网络软件系统

计算机网络软件系统由管理和控制计算机网络的各类软件组成,主要包括网络操作系统、协议软件、设备驱动程序、网络管理软件和网络应用软件等。

网络操作系统是用于管理网络硬、软件资源,提供网络管理的系统软件。常见的网络操作系统有 UNIX、Windows 2000/XP/2003、Linux 等。

通信协议就是在计算机网络定义中通信协议。目前常用的通信协议有 TCP/IP、Net-BEUI。TCP/IP 是计算机网络中使用最广泛的协议,因特网中就采用 TCP/IP 协议;而 Net-BEUI 是一种简单的适用于小型网络的通信协议。

设备驱动程序是控制特定硬件设备的专用程序,包含确保特定硬件设备相应功能所需的逻辑和数据,如网卡的设备驱动程序。

网络管理软件是为网络管理人员管理网络而设计的软件,网络管理软件很多,功能各异。

网络应用软件是在网络环境下,直接面向用户的应用软件。

5.1.4　计算机局域网

计算机局域网是应用最广泛的计算机网络,具有传输距离短,结构简单,数据传输高速率、高可靠性的特点。目前最常见的计算机局域网是一种物理上以集线器/交换机为中心的星形拓扑结构,逻辑上为总线结构的以太网。

1.局域网的组成

计算机局域网一般由工作站、服务器、外围设备和一组通信协议组成。

服务器是为网络中各用户提供服务并管理整个网络的,是整个网络的核心。根据其所负担的网络功能的不同,可将服务器分为文件服务器、打印服务器、通信服务器、备份服务器等多种类型。在局域网中最常用到的是文件服务器。

工作站,又称客户机,是指连接到网络中的各个计算机,其接入和离线均不会对网络产生影响。

外围设备是指用于连接服务器与工作站的一些连线或连接设备,如网卡、集线器、交换机、双绞线、光缆等。局域网中连线多采用非屏蔽双绞线(UTP),工作站到集线器/交换机的最大长度为 100 米。

通信协议,在局域网中,常用的通信协议有 NetBEUI 和 TCP/IP。

2. 局域网的组网方式

网方式有对等型网络和客户机/服务器型(Client/Server,C/S)网络两种。

对等型网络是指在网络中不需要专门的服务器,网络中的各工作站之间是平等的关系,每台接入网络的计算机既是服务器,也是工作站。在工作过程中,既共享其他计算机上的资源,又要为其他计算机提供共享资源。在其他计算机访问其共享资源时,可将其视为服务器,在其访问其他计算机时又可将其视为工作站。在对等型网络中又有总线型对等网络和星形对等型网络之分。

对等型网络一般适用于家庭或小型办公室中的几台或十几台计算机的互联,不需要太多的公共资源,只需简单的实现几台计算机之间的资源共享即可。

客户机/服务器网络是指在网络中有专门为其他计算机提供服务的计算机,这种专门为其他计算机提供服务的计算机被称为服务器,而其他享受服务器服务的计算机则被称为客户机或工作站。服务器一般选择功能较为强大的计算机担任。服务器可提供文件、打印和各种应用等服务,并能对网络用户和共享资源进行统一管理,具有较好的安全性。客户机除了拥有独立计算机的功能外,还能使用服务器所提供的服务。在客户机/服务器型网络中,客户机之间无法直接进行互访,而需要通过服务器才能进行。服务器负责检查登录用户的合法性,并及时响应用户的合法请求。

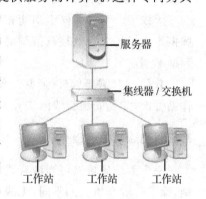

图 5.1-3 星形局域网

如图 5.1-3 所示的是一个由服务器、集线器或交换机和工作站组成的星形局域网,去掉服务器,则成为典型的对等网。

5.1.5 无线局域网

无线局域网作为传统有线局域网的一种替代方案或延伸,无线局域网就是在不采用传统线缆介质的同时,利用射频无线电在空中传输数据、语音和视频信号,提供传统有线局域网的所有功能。

1. 无线局域网的特点

与有线网络相比,无线局域网具有以下特点:

可移动性,提供的通讯范围不再受环境条件的限制,用户可以随时进行网络通讯。

灵活性,使安装容易、方便使用,组网方式多样,不受线缆限制;网络管理人员通过增减、移动和改动设备就可以迅速将其加入到现有网络中,并在某种特别环境下运行。

低成本,由于无须大量布线,大大节约了材料成本和建网时间。对于变化频繁的工作场合特别合适。

2. 无线局域网的组成

同有线网络一样,无线局域网络的大小和复杂性根据它的大小和需要解决的问题不同而发生变化。然而,不论网络大小如何,都由无线接入点(Access Point,AP)、无线网卡、计算机和有关设备及软件组成。

无线接入点,又称为网络桥接器,类似于有线网中的集线器,是进行数据发送和接收的设备。一个 AP 能够在几十至上百米的范围内连接多个无线用户。在同时具有有线和无线网络的情况下,AP 可以通过标准的以太网电缆与传统的有线网络相联,作为无线网络和有线网络的连接点。无线局域网的终端用户可通过无线网卡访问网络。

目前市场上常见的是将 AP 和路由功能集成在一起,被称为无线宽带路由器的设备。该设备除提供 AP 功能外,还配备一个广域网(WAN)接口,连接有线网络或因特网和数个局域网(LAN)接口,从而获得共享上网和交换机的功能。

无线网卡与有线网卡功能相同,不同的是它通过无线电波而不是物理电缆收发数据。无线网卡为了扩大有效接收范围需要加上内置或外部天线。目前无线网卡传输速率有 11M 和 54M 两种。

软件,AP 需要软件(通常是硬件驱动、通信软件和应用软件)支持才能正常的工作。在工作站方面,需要安装无线网卡和它的驱动程序。

3. 无线局域网的连接

一个无线局域网可当做有线局域网的扩展来使用,也可以独立作为有线局域网的替代设施,除了传输介质上的不同,无线局域网的连接与有线局域网相似,但更为简单灵活。

独立的无线局域网是指整个网络都使用无线通信的情形。在这种方式下可以不使用AP,各个用户之间通过无线网卡直接互联成对等网。而使用 AP 时,AP 起类似于集线器的作用,AP 上的 WAN 口连接服务器,形成客户机/服务器型局域网。

非独立的无线局域网是将无线局域网作为有线局域网的一种补充和扩展,是目前应用最广泛的情况。在这种网络配置下,多个 AP 通过线缆连接在有线网络上,使无线用户与有线局域网用户一样能够访问网络的各个部分,享有网络提供的各种服务。

5.2　Windows XP 的网络功能

　　Windows XP 的网络功能非常丰富,用户只需通过简单的操作,特别是借助于 Windows 强大的向导帮助功能,即可方便地组建自己的局域网或连接到其他网络,实现网络的基本功能。

5.2.1　局域网设置

　　用 Windows XP 组建局域网,可以分别通过设置工作组(Workgroup)或域(Domain),添加网络组件,将本机加入到对等网或客户机/服务器型局域网中。

1.工作组和域

　　工作组和域是两种不同的网络组织方式,局域网中的计算机要么属于某个工作组,要么属于某个域。

　　工作组是 Windows 组合成对等网的一种形式,同一个工作组的各台计算机既是服务器又是客户机。作为服务器,可以为其他计算机提供文件、打印等最常见的网络服务,作为客户机,可以访问其他计算机上的资源。

　　域就是指由域服务器管理的网络。在局域网中用来管理网络中的每台计算机、每个用户信息和各种共享资源的计算机称为域服务器。用户在登录网络时,必须指明所要登陆的域,以便域服务器对用户提供的用户名和密码进行验证。

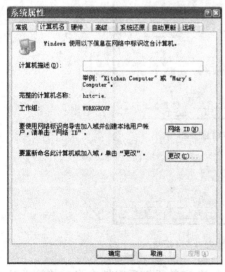
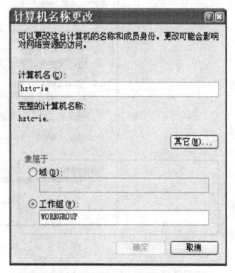

图5.2-1　"系统属性"对话框　　　　　　图5.2-2　"计算机名称更改"对话框

　　设置工作组或域的方法:在桌面上右击"我的电脑"图标,在快捷菜单中单击"属性"菜单项,打开"系统属性"对话框,选择"计算机名"选项卡,见图 5.2-1。在"计算机名"选项卡上显示的是本机的计算机名及所加入的工作组或域。

　　单击"计算机名"选项卡上的"更改"按钮,打开"计算机名称更改"对话框,见图5.2-2,在该对话框中可以更改"计算机名"(本例中为 hztc-ie),并由"工作组"和"域"单选按钮来选择加入工作组或域,Windows 默认的工作组是 Workgroup。加入域,必须以 Administrators 组成员身份登录才能完成。

　　【计算机名】又称网络标识,是局域网中的每台计算机与其他计算机相区别的、惟一的身份标识。局域网上其他计算机可利用该计算机名通过网络来访问其提供的共享资源。

　　小技巧　在"控制面板"窗口中双击"系统"图标,也能打开"系统属性"对话框。

2. 网络组件

　　要使用 Windows 的网络功能,在安装相应的网络设备如网卡和调制解调器后,必须配置相关的网络组件,才能实现其相应的网络功能。Windows 网络中提供了客户端、服务和协议三类网络组件;这里,客户端指的是网络客户软件,使计算机可以访问网络中其他计算机提供的共享资源;服务指的是计算机可以提供给其他计算机的网络服务,如打印机和文件共享等;协议就是计算机的通信协议,只有具备相同通信协议的计算机才具有通信的条件。

　　由于目前网卡已属于计算机的标准配置设备,所以在安装 Windows XP 时,系统会自动安装客户端组件中的"Microsoft 网络客户端"、服务组件中的"Microsoft 网络的文件和打印机共享"和协议组件中的"Internet 协议(TCP/IP)"。

　　网络组件的配置方法:先在桌面右击"网上邻居"图标,在快捷菜单中单击"属性"菜单项,打开"网络连接"窗口;然后,在该窗口中右击"本地连接"图标,在快捷菜单中单击"属性"菜单项,打开"本地连接属性"对话框,见图5.2-3,最后,在"常规"选项卡中进行与配置相关的操作即可。

图 5.2-3　"本地连接属性"对话框

　　【本地连接】是指利用网卡通过网线与局域网的连接。开机后系统会自动检测并建立本地连接。

3. 组建 Windows 局域网

Windows XP 拥有强大的网络功能,多数的网络设置都可以通过相应的网络安装向导实现。

组建对等网:建立 Windows 对等网时需要的硬件有网卡、双绞线、集线器/交换机(两台以上计算机),需要的软件只要是 Windows 操作系统即可。在完成硬件连接后,按前面设置工作组的方法,将要加入网络的计算机设置在同一个工作组中,同一个工作组中的计算机就组成了对等网。

组建客户机/服务器网络:须先设置服务器,网络中的服务器是台性能优异、功能强大的计算机,其安装的 Windows 操作系统应该是服务器的专用版本,如 Windows 2000 Server,Windows 2003 等,用户可根据局域网规模来选择不同的 Windows 服务器版本。

客户机或工作站要登录服务器,需要输入网络管理员为客户机提供的用户名和密码,操作过程如下:

在桌面上双击"网上邻居"图标,打开"网上邻居"窗口,在该窗口左侧"网络任务"任务窗格中单击"查看工作组计算机"超链接,打开工作组(Workgroup)窗口,见图 5.2-4 。该窗口中显示连接在网络中的服务器和其他计算机的图标,双击服务器图标,将弹出"连接到"对话框,见图 5.2-5 。在该对话框中输入用户名和密码后,单击"确定"按钮可完成登录。

图5.2-4 工作组窗口

图5.2-5 登录"连接"对话框

组建家庭网络:可按组建对等网的方法进行,也可通过 Windows XP 的网络安装向导建立,方法是:

在前述打开"网上邻居"窗口后,在该窗口左侧"网络任务"任务窗格中选择"设置家庭或小型办公网络"超链接,即可打开"网络安装向导"对话框,见图 5.2-6,按该向导指示,经过若干步骤,可以很容易建立家庭网络。

设置无线局域网:与组建家庭网络类似,在"网上邻居"窗口左侧"网络任务"任务窗格中选择"为家庭或小型办公网络设置无线网络"超链接,打开"无线网络安装向导"对话框,见图 5.2-7,按该向导指示,经过若干步骤,可以很容易建立无线网络。

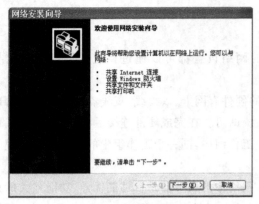 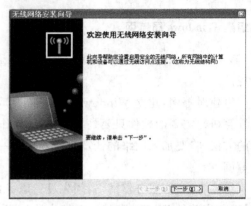

图5.2-6　网络安装向导　　　　　　　　图5.2-7　无线网络安装向导

5.2.2　管理共享资源

计算机网络产生的目的之一就是要实现资源的共享。可共享的计算机资源包括软件和硬件资源,如文件、软件的共享,CPU、内存、打印机的共享等。在 Windows 网络中,对于一般用户而言,需要管理的共享资源主要是指文件和打印机资源。

1. 设置共享文件夹和打印机

为了让网络中的其他用户也能共享自己计算机中的文件和打印机资源,必须先设置文件和打印机共享服务。在"本地连接属性"对话框(图 5.2-3)中,可以看到"Microsoft 网络的文件和打印机共享"组件,确定该组件已被选中。

设置共享文件夹:按使用权限不同,设置方法也不同,系统默认的是简单文件共享,其设置方法是:

在"我的电脑"或"资源管理器"中选择要共享的文件夹,在"文件"菜单中单击"共享与安全"菜单项(也可右击该文件夹,在快捷菜单中选择),弹出该文件夹"属性"对话框,见图 5.2-8,在该对话框中选中"在网络上共享这个文件夹"复选框,在"共享名"文本框中输入该共享文件夹在网络上显示的共享名称,用户也可以使用其原来的文件夹名称。

若出于安全考虑,想对共享文件夹设置访问权限,即允许哪些用户进行何种级别的访问,其设置方法是:

首先,在"我的电脑"或"资源管理器"窗口的"工具"菜单中单击"文件夹选项"菜单项,打开"文件夹选项"对话框,在"查看"选项卡中的"高级设置"列表中,确定"使用简单文件共享(推荐)"复选框未被选中,见图 5.2-9 所示,单击"确定"按钮生效;

然后,选择要共享的文件夹,打开文件夹"属性"对话框,见图 5.2-10,该对话框与图 5.2-8 不同,我们可以通过单击"权限"按钮,进入"权限"编辑对话框,见图 5.2-11。在该对话框中,通过单击"添加"或"删除"按钮可以在"组或用户名称"文本框中选择允许访问共享文件夹的用户,默认用户名是"Everyone",即允许访问共享文件夹的所有用户;在权限列表中的"完全控制"、"更改"和"读取"项目选中"允许"或"拒绝"复选框,可以在指定的用户访问共享文件夹时,限制其对文件夹中文件所进行的操作。

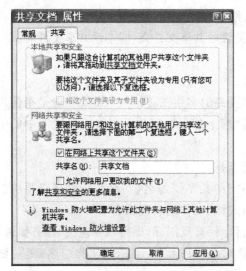

图5.2-8　"文件夹属性"对话框（一）

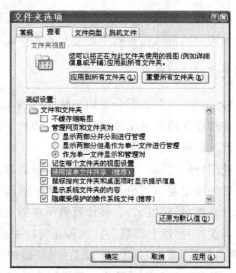

图5.2-9　"文件夹选项"对话框

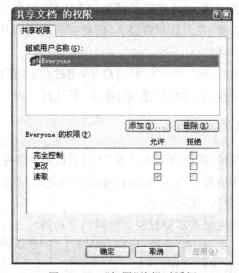

图5.2-10　"文件夹属性"对话框（二）　　　　图5.2-11　"权限"编辑对话框

设置共享打印机：当网络中只有一台打印机，而每个用户都要使用这台打印机时，就可以将该打印机设置为共享打印机，每台联网的计算机都可以像使用本地的打印机一样使用这台共享打印机。

设置共享打印机与设置共享文件夹非常相似。与设置共享文件夹相同，首先需确定要共享的打印机。然后，打开"控制面板"中的"打印机"对话框，选中要设置为共享的打印机，右键单击该打印机，在快捷菜单中单击"共享"菜单项，在随后出现的共享对话框中设定共享名即可。

对于网络中要使用共享打印机的其他用户，还必须在自己的计算机上安装网络打印机。网络打印机的安装方法与本地打印机基本相同，只是在"添加打印机向导"中，选择"网络打印机"，然后浏览网络中的共享打印机，选中后即可。

【共享文件夹】是指允许网络中的其他计算机访问的本地文件夹。将要共享的文件放入共享文件夹，就能提供文件共享。

小技巧　Windows XP 有两类不同的共享文件夹,其一就是前述的网络共享文件夹,其二是指为实现同台机器不同用户之间的文件互访,设置的共享文件夹,即本地共享文件夹。

2. 网上邻居的使用

"网上邻居"是查看和使用局域网范围内共享资源的实用工具。共享资源一般是指使用前述方法所建立的共享文件夹和共享打印机。通过"网上邻居",用户可以查看局域网中的工作组、域、计算机及各种共享资源。

使用"网上邻居"来访问网络中共享资源的要点是:

首先确定共享资源。即用户必须了解所要访问的共享资源名(共享名),共享资源所在的目标计算机(计算机名)和该计算机所在的工作组或域(工作组名或域名);

其次打开"网上邻居"窗口,若在窗口中没有目标计算机图标,则可以在左边"任务窗格"中的"网络任务"项中,单击"查看工作组"超链接,此时,窗口标题栏显示为工作组名,见前面图5.2-4,再在窗口中找到目标计算机所在的域或工作组;

再次,在打开的域或工作组中,找到并双击共享资源所在的目标计算机;若提示输入用户名和密码,则输入正确的登录信息之后,用户可以在"网上邻居"中看见该计算机所提供的所有共享资源;双击共享资源名,即打开了相应的共享资源,此时用户可以像使用本机资源一样使用该计算机。

此外,在"网上邻居"窗口中,通过左边"任务窗格"中的"网络任务"项,还能进行与网络相关的操作,见前面组建 Windows 局域网的内容。

3. 映射网络驱动器

使用"映射网络驱动器"功能可以将网络中用户经常需要访问某一个或几个特定的网络共享资源映射为网络驱动器,每次访问时,只需双击该网络驱动器图标即可,而无须每次都通过"网上邻居"依次打开。

将网络共享资源映射为网络驱动器的方法是:

首先,打开"我的电脑",单击"工具"菜单中的"映射网络驱动器"菜单项,打开"映射网络驱动器"对话框,见图 5.2-12。

图5.2-12　"映射网络驱动器"对话框　　　图5.2-13　"浏览文件夹"对话框

其次,在"驱动器"下拉列表中选择一个驱动器符号;在"文件夹"文本框中输入要映射为网络驱动器的位置及名称,或单击"浏览"按钮,打开"浏览文件夹"对话框,如图 5.2-13 所示,找到要设置为网络驱动器的文件夹,单击"确定"按钮,返回"映射网络驱动器"对话框。

最后,在"映射网络驱动器"对话框中,单击"完成"按钮,完成网络驱动器映射。

以后,在"我的电脑"窗口,可以看见网络驱动器的盘符,双击之,就能直接打开映射的网络驱动器。

要取消网络驱动器,只要在"我的电脑"窗口,单击"工具"菜单中的"断开网络驱动器"菜单项即可。

5.2.3　网络连接

Windows XP 中网络连接主要指的是将本机连接到网络或因特网,一般通过连接向导来完成。

1.连接因特网

在连接因特网之前,需要向专门为用户上网提供服务的机构,即 ISP 提出服务申请,取得上网用户名和密码;然后再在 Windows XP 中进行因特网连接设置。具体操作方法是:

首先,在"控制面板"中,单击"网络和 Internet 连接"超链接,打开"网络和 Internet 连接"对话框,见图 5.2-14;

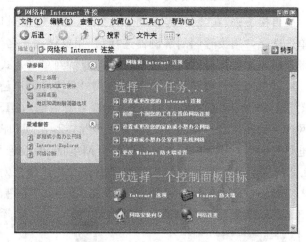

图 5.2-14　"网络和 Internet 连接"对话框

其次,在该对话框中单击"设置或更改您的 Internet 连接"超链接后,出现"Internet 属性"对话框,见图 5.2-15,在"连接"选项卡中单击"建立连接"按钮,弹出"新建连接向导"之欢迎对话框,单击"下一步"按钮,弹出如图 5.2-16 所示的"新建连接向导"网络连接类型对话框;

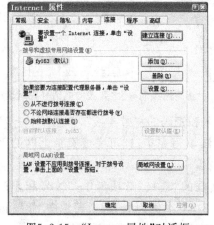

图5.2-15　"Internet属性"对话框

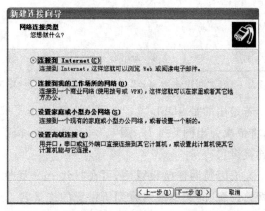

图5.2-16　"新建连接向导"之网络连接类型对话框

再次,在该对话框中,选中"连接到 Internet",单击"下一步"按钮,

接下来,在"新建连接向导"之准备好对话框中,见图 5.2-17,选中"手动设置我的连接",单击"下一步"按钮,

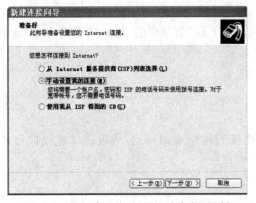

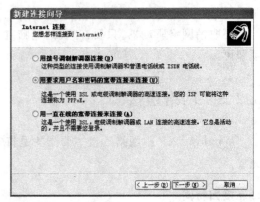

图5.2-17　"新建连接向导"之准备好对话框　　　图5.2-18　"新建连接向导"之Internet连接对话框

再接下来,在"新建连接向导"之 Internet 连接对话框,见图 5.2-18,在该对话框中有三个单选选项,"用拨号调制解调器连接"、"用要求用户名和密码的宽带连接"和"用一直在线的宽带连接来连接",分别对应目前常用的因特网接入方式。

若用调制解调器拨号上网,则选中"用拨号调制解调器连接",单击"下一步"按钮,出现如图 5.2-19 所示"新建连接向导"之连接名对话框,在 ISP 名称文本框中,填入 ISP,这也是因特网连接的连接名。接着,单击"下一步"按钮,出现如图 5.2-20 所示"新建连接向导"之要拨的电话号码对话框,填入 ISP 提供的上网电话,即拨号号码;再单击"下一步"按钮,又弹出如图 5.2-21 所示的"新建连接向导"之 Internet 账户信息对话框,在该对话框中相应栏目中分别填入 ISP 提供的上网用户名和密码,单击"下一步"按钮,完成因特网连接设置。

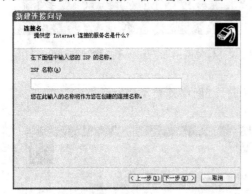

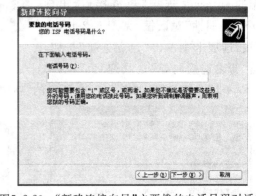

图5.2-19　"新建连接向导"之连接名对话框　　　图5.2-20　"新建连接向导"之要拨的电话号码对话框

若是用的是 xDSL 宽带上网,则选中"用要求用户名和密码的宽带连接",单击"下一步"按钮,将依次弹出图 5.2-19、图 5.2-21 的界面,按前述方法填写完毕,即可完成宽带上网的因特网连接设置。

完成因特网连接设置后,可在"Internet 属性"对话框的"连接"选项卡中,"拨号和虚拟专用网络设置"的文本框内看到所设置的连接名,见图 5.2-15,本例为 fy163。若选中"始终拨默认连接"单选按钮,则启动 IE 时,系统会自动弹出拨号连接对话框,连接因特网。

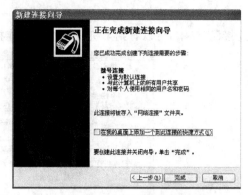

图5.2-21　"新建连接向导"之Internet账户信息对话框　　　图5.2-22　"完成连接向导"对话框

2. 连接专用网络

连接专用网络在这里指的是本机通过调制解调器拨号与专用网络连接或与虚拟专用网（VPN）的连接。下面简单介绍该连接操作设置。

与专用网络连接：与前面连接设置相似，在图 5.2-14"网络和 Internet 连接"对话框中，选择单击"创建一个到您的工作位置的网络连接"超链接，或在图 5.2-16 的"新建连接向导"之网络连接类型对话框选中"连接到我的工作场所的网络"，单击"下一步"按钮都会弹出图 5.2-23"新建连接向导"之网络连接对话框，选中"拨号连接"，单击"下一步"按钮，与图 5.2-19、图 5.2-20类似，填入连接名称和所要拨的电话号码，即可完成网络连接设置。

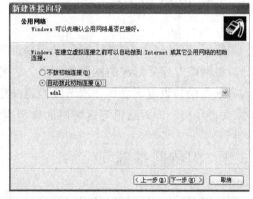

图5.2-23　"新建连接向导"之网络连接对话框　　　图5.2-24　"新建连接向导"之公用网络对话框

与虚拟专用网的连接，即 VPN 连接。其设置方法是：与上述专用网络连接设置类似，在图 5.2-23"新建连接向导"之网络连接对话框中，选择"虚拟专用网连接"，单击"下一步"按钮，填入连接名称，因为 VPN 是建立在因特网上的，连接 VPN 须保证因特网连接在先，所以单击"下一步"按钮后，出现图 5.2-24"新建连接向导"之公用网络对话框，若连接 VPN 前已连接因特网，则选中"不拨初始连接"，否则选中"自动拨此初始连接"，在下拉列表框中选择连接因特网的连接名，表示连接 VPN 时，系统自动先使用该因特网连接接入因特网。不论选中哪一项，单击"下一步"按钮后，都要求填入 VPN 的域名或 IP 地址后，完成网络连接设置。

【VPN】虚拟专用网一般指建立在因特网基础上、能够自我管理的专用网络。

小技巧　网络连接也可在"Internet 属性"对话框的"连接"选项卡中，单击"添加"按钮后，弹出的"新建连接向导"之连接类型对话框进行选择。

完成网络连接设置后,在"开始"菜单→"连接到"→"显示所有连接"或"控制面板"→"网络连接"窗口中,可以看到本机所有的网络连接,见图 5.2-25。

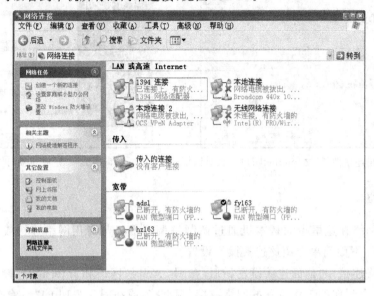

图 5.2-25　查看本机所有的网络连接

5.3　因特网应用

因特网,有时也称为"互联网",是当今世界上最大的计算机网络,是一个由全球范围内各类计算机网络互连后形成的网络的网络。因特网不仅范围广,而且网上资源极其丰富,已成为全人类最大的知识宝库之一。本节我们将介绍一些因特网的基本知识,对诸如信息浏览、电子邮件、文件传输和即时通讯等因特网的典型应用作重点讲解。

5.3.1　因特网基础

因特网基础知识主要包括因特网协议、因特网地址和因特网的接入等内容。

1.因特网协议

如前所述,协议指计算机相互通信时使用的标准语言规范,计算机通信时必须使用相同的通信协议。因特网所使用的协议是 TCP/IP 协议,TCP 被称之为传输控制协议,是信息在网络中正确传输的重要保证,具有解决数据丢失、损坏、重复等异常情况的能力;IP 被称之为网际协议,该协议负责将信息从一个地方传输到另一个地方。TCP/IP 协议具有较好的网络管理功能。

虽然从名字上看 TCP/IP 包括两个协议,但 TCP/IP 协议实际上是因特网所使用的一组协议集的统称,它包括上百个各种功能的协议,如:远程登录、文件传输和电子邮件等,也就是说,因特网上众多的应用服务都遵守着 TCP/IP 协议规范。TCP/IP 协议是其中最基本,也是最重要的两个协议。

2. 因特网地址

按照计算机网络的定义,网络上的计算机或主机都是具有独立功能的计算机,每台计算机在网上都必须有惟一与其他计算机相区别的标识,这就是网络地址。

因特网地址,又称 IP 地址,目前因特网中采用的 IP 地址为第四版,即 IPv4。IPv4 中规定 IP 地址由 32 位二进制数组成,习惯上将 IP 地址写成四个十进制数,相互之间用小数点分隔,每一个十进制数对应 8 位二进制数。如 12.168.0.1 就是一个典型的 IP 地址。

考虑到因特网的复杂程度,IP 地址由特征位、网络标识位和主机标识位三部分组成,并分为 A 类、B 类、C 类、D 类、E 类共五类地址,因特网用了前三类;A 类地址用于表示非常庞大的网络,B 类地址表示中等规模的网络,C 类地址表示规模较小的网络。

小技巧　因特网中也定义了一些特殊的 IP 地址,如:127.0.0.1 表示本机地址;0.0.0.0 表示未知主机(只作源地址用);255.255.255.255 表示任何主机(只作目的地址用)。

域名地址,简称域名,因特网中用数字来标识每台主机的 IP 地址并不适合人们记忆,由此产生域名地址的概念。域名是人们为因特网中的主机命名的有意义而又容易记忆的名字,用字符描述,这样比较符合人们的生活习惯,人们和计算机打交道使用域名,而计算机之间则通过 IP 地址进行信息交互。域名地址和 IP 地址之间存在着对应关系,由因特网中的域名系统(DNS)进行解析。

为了对不同组织、不同国家的计算机进行合理的管理,因特网中的域名按一定的规则取名,通常采用层次结构设置各级域名,由右到左,顶级(第一级)域名分配给主干网,取值为国家名或地区名(如 cn 表示中国,us 表示美国),第二级域名对应次级网络,通常表示组织或国家内的省份(如 com 表示商业组织,edu 表示教育机构,zj 表示浙江省)。

实际的因特网主机域名格式是:

> 主机名.单位名.类型名.国家(地区)名

因特网域名由因特网网络协会负责地址分配的委员会进行登记和管理。

3. 因特网接入

目前因特网的接入技术发展迅速,各种新颖的接入技术不断出现。就接入方式而言,针对家庭、小型企事业单位的小规模用户因特网接入方法主要有:

普通拨号接入,是一种利用普通电话线接入因特网的方法,将一台 PC 机通过 MODEM 接入公共电话网,传输媒体采用普通电话线(双绞电话铜线),目前最常见传输速率是 56Kbps。

ADSL 接入,又称为非对称用户环路,通过特殊的线路编码调制技术,能在传统电话线(双绞铜线)上支持上行速率 640Kbps 到 1Mbps、下行速率 1Mbps 到 8Mbps、有效传输距离在 3～5 公里范围内的数据通信。ADSL 接入也被称为宽带接入。

5.3.2　浏览器的使用

浏览器是万维网的信息服务中,客户机所使用的交互式的应用程序,是一种专门用于定位和访问 WWW 信息的工具,市场上有多款浏览器产品可供选择,其功能相近。Windows XP

操作系统中集成的 Internet Explorer(简称 IE)6.0 浏览器软件是目前使用率最高的浏览器软件,其功能有代表性;使用 IE 浏览器,用户可以将计算机连接到因特网,从 Web 服务器上搜索需要的信息、浏览网页、收发电子邮件,上传下载文件等。

这里,我们先介绍一些与万维网应用相关的名词术语,然后以 IE 浏览器为例,来讲解 WWW 浏览器的基本操作方法。

1. 万维网常用术语

WWW 服务器,又称 Web 服务器,应是一台性能优异的计算机,其最基本的任务就是对用 HTTP 协议发来的客户机请求进行处理并做出响应。万维网的信息服务是采用客户机/服务器模式进行的。

超文本、超媒体、超链接,都是指文档的一种组织方式。超文本是以一种复杂、无序的网状关联方式链接在一起,使多个分立的文本组合起来的一种文档格式。随着图像、声音、视频等多媒体元素的引入,包含多媒体元素的超文本又被称为超媒体文档。超链接是指超文本文档中各组合元素之间的连接,例如字、词组、符号、图像、文档中的不同元素、另一个超文本文档、文件或脚本。用户通过单击链接元素激活链接,链接元素通常带有下划线或具有与其余文档不同的颜色。通过使用采用标记语言的标签在超文本文档中表示超链接。这些标签对于用户通常是不可见的。也称为热链接和超文本链接。

超文本标记语言(HTML,Hypertext Markup Language)是一种简单标记语言,用于创建可从一个平台移植到另一个平台的超文本文档。HTML 文件是带有嵌入代码(由标记标签表示)的简单 ASCII 文本文件,嵌入的代码用来表示格式和超文本链接。它是 WWW 上的文档所使用的格式化语言。

网页,又称 Web 页,在 WWW 上可获得的超媒体文档被称作网页。Web 服务器上存放着大量的网页文件,其中默认的初始网页,称为主页(Homepage)。Web 形象地表现了网页之间的关系,即众多网页组成一个网状的结构,从一个网页出发可以到达多个其他网页,也可以从多个其他的网页到达同一个网页。Web 页和文件可以放在因特网上的任何一个地方,通过"超链接"将它们连在一起,形成巨大的网状的 WWW。

统一资源定位符,即 URL,是一种标准化的、提供信息资源的寻址方法,它准确地描述了资源所在的位置。

URL 由三个部分组成:协议、WWW 服务器域名和网页文件名(含路径名)。其中,协议是因特网上常见协议,如 http、ftp、telnet 等。如下是一些 URL 的例子:

http://www.edu.cn/include/cernet/ipv6/ipv6.htm

ftp://ftp.pku.edu.cn/pub/Linux/README

telnet://bbs.tsinghua.edu.cn

2. IE 浏览器的界面

IE 作为 Windows XP 的组成部分,其程序窗口与 Windows 其他应用程序基本一致。在打开 IE 后,整个浏览器界面由标题栏、菜单栏、按钮工具栏、地址栏、链接栏、浏览区和状态栏等部分组成。下面择要介绍 IE 中有特别功能的菜单和工具按钮。

• "查看"→"文字大小"菜单可以设置在浏览器中显示的字体大小。

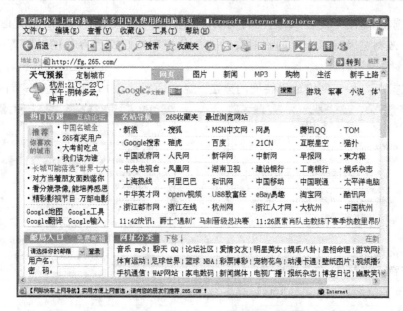

图 5.3-1　IE 浏览器的界面

- "查看"→"编码"设置浏览器使用何种文字编码显示。
- "收藏"菜单提供了收藏网站的功能,帮助用户保存一些常用网站地址。
- "工具"菜单中既可以启动一些因特网的应用功能,如电子邮件、即时通讯等,也可以对 IE 浏览器进行设置。

按钮工具栏,将一些常用的功能以图形化按钮的形式呈现在用户面前,使用户在不需打开复杂菜单的情况下实现常用功能。由于 IE 已经作为核心集成在 Windows 中,所以 IE 既可浏览网页,也可以浏览本地机器的文件系统。对于这两种状态,IE 的工具栏会自动呈现不同的形式。如在浏览网页时,工具栏中包含了后退、前进、停止、刷新、主页、搜索、收藏、历史等按钮;而在浏览文件系统时除了后退、前进、向上 3 个外,其余的含义均与传统的 Windows 任务一致。在浏览网页方式下常用的有:

后退:返回前一网页或前一个访问过的文件夹。相反功能的是 前进按钮。

停止:停止下载当前网页。

主页:进入用户定义的主页,即回到 IE 启动时所载入的初始网页。

收藏夹:IE 提供的收藏夹(是一种特殊的文件夹),来存放用户经常访问的站点地址。

历史:IE 跟踪用户每次访问过的 Internet 站点,并记录在历史文件里。用户可以通过历史菜单显示过去几天甚至几星期所访问过的站点列表。

邮件:用户可以由此启动电子邮件程序,实现收发和阅读邮件。

Messenger:用户可以启动即时通讯程序 Windows Messenger。

3.浏览器的设置

浏览器的设置可以在 IE 的"工具"菜单中,单击"Internet 选项"菜单项,在弹出的"Internet 选项"对话框中进行;该对话框共有常规、安全、隐私、内容、连接、程序和高级七个选项卡。下面择要介绍。

　　"常规"选项卡,用于设置 IE 启动时的初始网页,即主页,系统默认的主页是微软公司主页;还用于修改浏览因特网产生的临时文件存放位置和临时文件存放的时间等(即历史记录栏)。

　　"连接"选项卡,用于网络或因特网的连接。见前面图 5.2-15,用法见上一节内容。

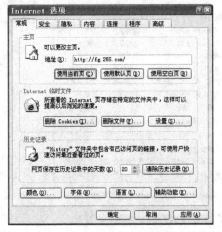
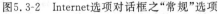

图5.3-2　Internet选项对话框之"常规"选项　　　　图5.3-3　Internet选项对话框之"程序"选项

　　"程序"选项卡,用于设置因特网服务的默认程序,见图 5.3-3。在一系列下拉列表框中,可选择系统已安装的相应的应用程序,如电子邮件项中,一般可找到 Windows 自带的电子邮件程序 Outlook Express。

　　"高级"选项卡,见图 5.3-4 有许多按功能分类的项目,在其下,有若干个复选框。与浏览相关的设置多数可在"多媒体"和"浏览"两个项目中进行。

图5.3-4　Internet选项对话框之"高级"选项

　　小技巧　浏览器的设置也可以通过桌面,右击 Internet Explorer 图标,单击"属性"菜单项或双击控制面板中的"Internet 选项",都可弹出如图 5.2-15 所示的"Internet 属性"对话框,该对话框与"Internet 选项"对话框内容功能完全一致。

4. 浏览器的基本操作

　　浏览器的基本操作有网页浏览、网页保存等。

网页浏览：首先，输入网页地址。即在浏览器的地址栏中输入要访问的 Web 页的地址。比如，要访问著名的搜索引擎谷歌站点，只要在地址栏中输入其 URL：http://www.google.com；然后按回车键即可。其次，通过链接转到其他网页。在每个网页中通常包含了许多链接，这些链接可以呈现与周围文字颜色不同的文字，也可以是图片或图像。链接通常具有明显的文字提示，或有下划线或边框。用户可以将鼠标移动到这些对象处，如果鼠标指针改为手形，表明该项是链接，用户还可以从浏览器的状态栏中了解该链接的 URL。

图 5.3-5　保存网页对话框

网页保存：在浏览网页时会发现许多有用的信息，这时往往希望将这些信息保存下来以便日后参考，或者在不连网的情况下也能查看这些信息（即脱机浏览），这时就需要保存网页；而保存网页的方法很多，可以保存整个网页，也可以保存网页中的部分文本或图像等，将网页作为电子邮件发送也可以被看做为保存网页的方法之一。

保存整个网页面的内容：单击浏览器"文件"菜单中的"另存为…"菜单项可以将当前显示的网页以文件夹和文件的形式保存起来。以图 5.3-5"保存网页"对话框为例，可以在"保存在"下拉框中选择目标文件夹，在"文件名"框中输入当前要保存网页的文件名，在"保存类型"框中选择所要保存的文档类型，然后单击"保存"按钮，IE 将当前网页以文件形式保存起来，而页面中的图像文件会保存在同名的文件夹中。

要特别注意的是，"保存类型"下拉框中有四种类型可选，其保存结果是不同的。其中"网页，全部（＊.htm/＊.html）"格式是网页文档保存的默认格式，它保存着网页的格式与布局等信息，下次打开保存的文件时，与本次显示的内容相同；"网页，仅 html（＊.htm/＊.html）"保存网页信息，但不保存图像、声音或其他文件；"文本文件（＊.txt）"，以纯文本格式保存网页信息。

实际上，在超级链接处也可以使用如图 5.3-6 所示的右键快捷菜单，此时单击"目标另存为…"菜单项可以在不打开目标网页的情况下将该网页保存。

保存页面中的部分内容：当需要保存网页中的部分文字或图片时，可以选择类似 Word 的编辑器作为目标文档，其操作与通常的编辑软件类似。即，只要用鼠标选定要保存的内容，然后使用"编辑"菜单或快捷菜单中的"复制"菜单项，最后在需要该信息的 Word 或记事本等文档的"编辑"菜单中单击"粘贴"菜单项，保存该文档即可。

保存页面中的图像或动画：可以在该图像或动画上单击鼠标右键，在弹出的快捷菜单(图5.3-7)中单击"图片另存为"菜单项，然后选择图像或动画的文件名与格式(＊.jpg/＊.bmp/＊.gif)，将图像或动画保存到目标文件夹中。

图5.3-6　右键快捷菜单之一　　　　图5.3-7　右键快捷菜单之二

将页面作为电子邮件发送：用户可以将网页以邮件形式发送。有两种方式，一种是以页面方式，方法是：

在浏览器页面的"文件"菜单上，单击"发送"菜单项，见图5.3-8；在该菜单上单击"电子邮件页面…"菜单项，IE将打开电子邮件程序，键入收信人的邮件地址，最后单击程序工具栏上的"发送"按钮，即可将该网页发送出去，对方收到的是完整的网页；

图5.3-8　"发送"菜单

有时，页面有比较复杂的框架结构，无法按完整的页面形式发送，此时可采用以链接方式发送，方法与前一种相似，只是单击"发送"菜单项后，单击"电子邮件链接…"菜单项；收信人收到的将是页面的URL地址。

收藏夹的使用：IE的收藏夹是用来记录网页的URL地址的。用户在浏览网页过程中，对感兴趣需要记下的某个网页地址时，就可以使用收藏夹功能。

站点内容的收藏，在IE浏览器中，站点内容的收藏方法是：

在显示要收藏的网页时，展开"收藏"菜单，单击"添加到收藏夹"菜单项，或者在网页上直接右键单击鼠标，在弹出的快捷菜单中单击"添加到收藏夹"菜单项，出现如图5.3-9所示的对话框。在名称文本框中可以输入该收藏页的名称，若选中"允许脱机使用"选项，则在计算机未连接到因特网时可访问所需要的网页上的内容，即可以"脱机浏览"。如果单击"创建到(C)＞＞"按钮，可以将要添加的网页放置在不同的文件夹下。通过以上步骤，将所需要的网页添加到收藏夹，在下次寻找相同的网页时只要选择"收藏"菜单中的该网页即可。

图 5.3-9　"添加到收藏夹"对话框

　　收藏夹的管理：在上面内容中我们介绍了将喜爱的网页收藏到收藏夹，但是随着收藏内容的不断增加，查阅要访问的网页越来越麻烦，为此需要对收藏夹进行管理。

　　同时用户也有必要对长期使用的收藏夹中的文档进行删除、移动、重命名、创建文件夹操作，为此可以单击 IE"收藏"菜单中的"整理收藏夹"菜单项，或者单击工具栏中的"收藏"按钮后再选择"整理"按钮，得到图 5.3-10 所示的"整理收藏夹"对话框。

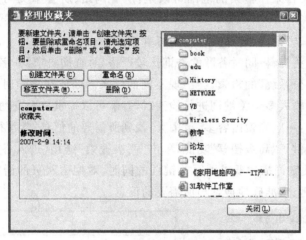

图 5.3-10　"整理收藏夹"对话框

　　用户可以为内容相关的站点建立一个文件夹，按类别存放网页。对于新文件夹的创建只需单击左边"创建文件夹"按钮，然后输入要创建文件夹的名称即可。若选中其中的一个文档或文件夹后，再单击"重命名"或"删除"按钮时，可以实现文档或文件夹的重命名和删除。要想移动文档或文件夹，可以在选中要移动的文档或文件夹后，单击"移至文件夹…"按钮，在"浏览文件夹"对话框中选择目标文件夹，单击"确定"即可。

5. 搜索引擎

　　随着因特网信息的迅速增加，用户要在浩瀚的信息海洋里搜寻信息，必然会像"大海捞针"一样困难，搜索引擎正是为了解决这个困难问题而迅速发展起来的专门技术。搜索引擎以一定的策略在因特网中搜集、发现信息，对信息进行分类、提取、组织等处理，并为用户提供检索服务，从而起到信息导航的目的。搜索引擎提供的导航服务已经成为因特网上非常重要的网络服务，搜索引擎站点也被誉为"网络门户"。

　　下面以目前广泛使用的搜索引擎谷歌（google）为例，就搜索引擎的使用作一简单介绍。

　　谷歌的中文网址为：http://www.google.cn，其主页见图 5.3-11。

　　谷歌的一般检索：从谷歌的主页上可以看到，检索的内容可以来自因特网中所有网页、图

Google
谷歌
网页 图片 资讯 地图新! 更多 »
高级搜索
使用偏好
语言工具
Google 搜索
手气不错
所有网页 中文网页 简体中文网页 中国的网页
广告计划 - Google 大全 - Google.com in English
将 Google 设为首页!
©2007 Google - 京 ICP证050124号

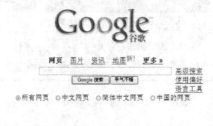

图 5.3-11 谷歌中文主页

片、资讯等分类的网页目录。检索的范围可以是:所有网站、所有中文网页、所有的简体中文网页。

谷歌的查询简洁、方便,仅需输入查询内容并按[Enter]键,或者单击窗口内的“Google 搜索”按钮,即可得到相关资料;同时谷歌的查询比较严格,对查询要求“一字不差”。例如:对“办公设备”的检索和“办公系统”的检索,会出现不同的结果。因此在检索时,用户可以试用不同的关键词。而当需要输入多个关键词进行检索时,谷歌可以提供符合查询条件的网页。

谷歌的高级检索:一般检索内容多、范围大,找到所需要的信息,常常得进行多次搜索并缩小范围,为此,谷歌提供了“高级搜索”功能,单击“高级搜索”链接,进入谷歌的高级搜索界面。用户在按图 5.3-12 关键词描述要求填写关键词的同时,对搜索网页的语言、日期(图 5.3-13)等作出限制,则能更迅速、准确地搜索出所需要的信息。

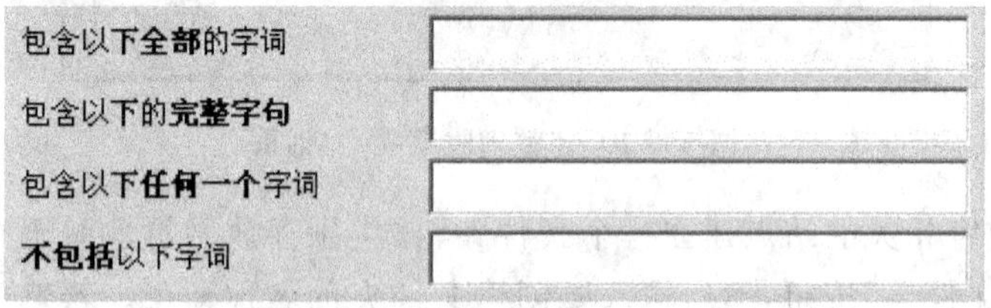
包含以下全部的字词
包含以下的完整字句
包含以下任何一个字词
不包括以下字词

图 5.3-12 谷歌高级搜索关键词的描述

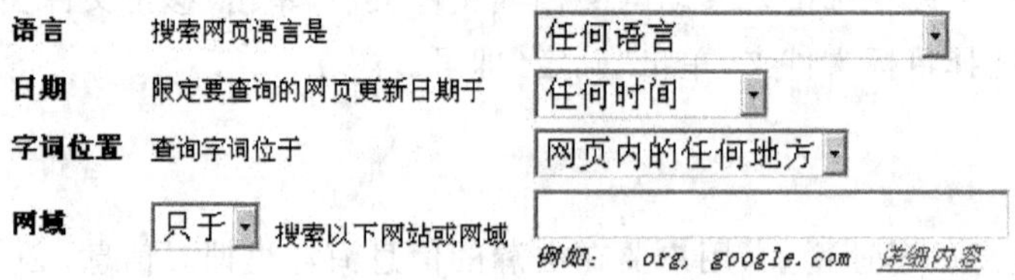
语言 搜索网页语言是 任何语言
日期 限定要查询的网页更新日期于 任何时间
字词位置 查询字词位于 网页内的任何地方
网域 只于 搜索以下网站或网域
例如: .org, google.com 详细内容

图 5.3-13 谷歌高级搜索中对语言、日期等的描述

谷歌工具栏的使用:谷歌工具栏是谷歌推出的一款快速检索的免费工具软件,安装后可显示在浏览器的工具栏里,见图 5.3-14。要进行搜索时,只需将关键词输入谷歌工具栏的搜索框中,按[Enter]键或单击工具栏的“开始”按钮即可;而在网页浏览时,若要对网页内某关键词进行检索时,可选中该关键词,右击,此时谷歌工具栏会在快捷菜单里添加一项搜索该关键词的菜单项,单击该菜单,就会显示快速搜索的结果。

图 5.3-14　谷歌工具栏

5.3.3　电子邮件

电子邮件(E-mail)是因特网上使用得最多的一种服务,与传统的邮件不同的是,它使用电子手段来传递信息,能迅速将邮件传送到世界各个角落,目前电子邮件已逐渐代替传统邮件,成为日常通信的主要方式。

1. 电子邮件概述

电子邮件是采用客户机/服务器模式的服务,邮件服务器起收发邮件的作用;而用户则通过安装在本地计算机上的客户端电子邮件软件从服务器上读取邮件或通过服务器发送邮件。

在因特网上有许多 ISP 和 ICP(因特网内容提供商)提供电子邮件服务,这些 ISP 或 ICP 通常拥有自己的电子邮件服务器。用户需要到其中一家服务商申请一个电子邮件账号,然后使用所申请的账号和该服务商电子邮件服务器收发电子邮件。

2. 电子邮件系统中的名词术语

电子邮件是以电子方式存储和传输的邮件。通常的一封电子邮件由收信人地址、发信人地址、主题、内容和附件等组成。

邮件发送服务器是专门用于发送邮件的服务器。用户发送邮件时,首先使用账号登录到该服务器,然后该服务器根据邮件中的收信人地址将邮件传递给对方的邮件接收服务器。

邮件接收服务器是专门用于接收由其他邮件发送服务器所传递邮件的服务器。邮件首先在邮件接收服务器中保存起来,用户只有使用其账号登录到邮件接收服务器后,才能打开其邮箱接收。

电子邮件地址与通常的邮件类似,每个用户有其自己的邮件地址,用于传递邮件。电子邮件地址通常由两部分组成,形如 zwh@126.com,在@(读作 at)符号后面的部分是该用户的邮件接收服务器地址,@符号前面部分通常就是该用户登录电子邮件服务器时使用的账号。

电子邮件软件是安装在用户计算机中的,通过与邮件发送和接收服务器通信,来编辑、发送、接收和处理电子邮件的客户端软件。目前电子邮件软件产品很多,常见的有 Foxmail 和 Outlook Express 等。

电子邮件类型,即电子邮件在发送和接收过程中所遵守的通信协议,通常在发送邮件时需遵循简单邮件传输协议 SMTP,在接收邮件时常用 POP3 协议。其他接收邮件的协议还有 IMAP 等。用户在 ISP 或 ICP 申请账号时需要了解所使用的电子邮件类型。

3. Outlook Express 的使用

Outlook Express 是 Windows 自带的电子邮件程序,可以实现电子邮件的编辑、阅览、发送和接收,以及新闻阅读,是目前使用广泛的电子邮件处理软件。下面我们从邮件账号的设置到收发信,介绍 Outlook Express 的使用。

　　邮件账户设置:假设用户申请了一个电子邮件账户,邮件地址为 zwh@126.com,密码为123456。ICP 提供的邮件邮件接收服务器地址为:pop3.126.com,发送服务器地址为:smtp.126.com。通过这些信息,就可以在 Outlook Express 进行账户设置了,方法如下:

　　首先,启动 Outlook Express,单击"工具"菜单中的"账户…"菜单项,在"Internet 账户"对话框中,见图 5.3-14,单击"添加"按钮,选择"邮件…",弹出"Internet 连接向导"之您的姓名对话框;

图5.3-14 "Internet账户"对话框

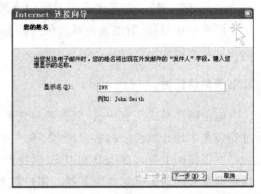
图5.3-15 "Internet连接向导"之您的姓名对话框

　　其次,在该对话框中输入显示名,见图 5.3-15。该显示名是发送邮件时,发信人栏显示的名字。单击"下一步"按钮,弹出"Internet 连接向导"之 Internet 电子邮件地址对话框;

　　再次,在该对话框的"电子邮件地址"框中输入用户的电子邮件地址:zwh mail.hz.zj.cn,见图 5.3-16。单击"下一步"按钮,弹出"Internet 连接向导"之电子邮件服务器名对话框。

　　接着,在该对话框中分别输入接收邮件服务器地址和发送邮件服务器地址,在本例中分别为:pop3.126.com 和 smtp.126.com,如图 5.3-17 所示。单击"下一步"按钮,弹出"Internet 连接向导"之 Internet Mail 登录对话框;

图5.3-16 Internet电子邮件地址对话框

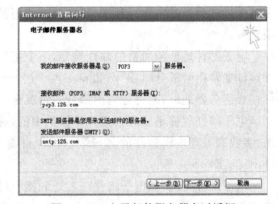
图5.3-17 电子邮件服务器名对话框

　　然后,在该对话框中输入用户在 ICP 处申请的账户名和密码,见图 5.3-18,本例为 zwh 和123456。在接收邮件时,Outlook Express 使用该账号和密码登录邮件接收服务器。

　　最后,单击"下一步"按钮,完成邮件设置,此时,在图 5.3-14 中将出现刚设置好的邮件账户,本例是 pop3.126com。

　　完成邮件设置后,还可以对账户属性进行设置,方法是:如图 5.3-14 所示,双击要设置的账户或单击"属性"按钮,弹出邮件账户属性对话框,该对话框共有"常规"、"服务器"、"连接"、

"安全"和"高级"五个选项卡,值得注意的是"服务器"选项卡,见图 5.3-19,在该对话框中的"发送邮件服务器"栏→"我的服务器要求身份验证"复选框,一般需要选中,即发送邮件时,发送邮件服务器也将对账户名、密码进行验证,不能通过验证的邮件将被服务器拒绝发送。

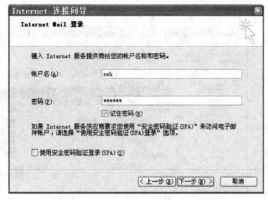

图5.3-18　Internet Mail登录对话框　　　　图5.3-19　邮件账户属性对话框

　　Outlook Express 设置:在 Outlook Express 的"工具"菜单中单击"选项"菜单项,将弹出如图 5.3-20 的"选项"对话框,该对话框已按功能以选项卡方式分组,用户可根据需要选择相应选项进行设置,图 5.3-20、图 5.3-21 分别为"常规"和"维护"选项卡。

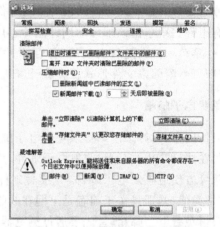

图5.3-20　"选项"之常规对话框　　　　图5.3-21　"选项"之维护对话框

　　编辑邮件:在 Outlook Express 工具栏中单击 按钮,开始编辑新邮件。在"收件人"输入框中输入邮件接收者的电子邮件地址,如果有多个接收者,则在每个电子邮件地址之间用分号";"隔开。在"抄送"输入框中可以输入要以抄送方式发送该邮件的接收人的电子邮件地址。在"主题"输入框中输入与邮件内容相关的主题或关键词。在下方的正文输入框中输入邮件内容。当邮件是以 Html 格式撰写时,用户可以使用正文输入框上方的工具条来改变正文的格式,如字体、字号、斜题和粗体等。还可以使用"插入"菜单中的"图片..."菜单项在正文中插入图片,或使用"超级链接..."菜单项插入超级链接。

　　Outlook Express 还可将文件以附件形式发送,方法是:单击工具栏上的 图标,通过"插入附件"对话框选择文件后,单击"附件"按钮,此时,在邮件主题栏下方,会增加一栏"附件"框,框中显示的是附件的文件名和文件大小信息。

　　除了编辑新邮件外,用户还可以以答复、转发形式编辑邮件,方法是:选中要答复或转发的邮件,单击工具栏中 图标,此时在答复邮件的"收件人"输入框中显示的是原邮件发件人的电子邮件地址,主题输入框内以 Re:开头;而转发邮件的"收件人"输入框需要填写收件人电子邮件地址,主题输入框内以 Fw:开头,正文输入框中会出现所要转发邮件的内容。以答复、转发形式编辑邮件都可对邮件内容进行编辑。

在编辑完成后,单击 图标即可将该邮件发送出去。

发送和接收邮件:单击 Outlook Express 工具栏中的 按钮即开始接收和发送所有的电子邮件。如果发送和接收邮件成功完成,则 Outlook Express 会将发件箱中未发送的邮件发送出去,并将收到的邮件存入收件箱中,在左侧文件夹的收件箱旁边会显示还未阅读过的邮件数,见图 5.3-22。

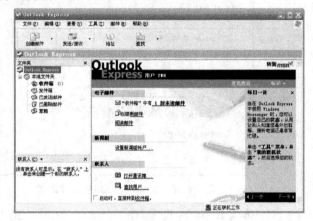

图 5.3-22　Outlook Express 工作界面

阅读邮件:单击左侧文件夹中的"收件箱",在右上方的窗口中会列出"收件箱"中的所有邮件。在邮件列表中单击要阅读的邮件,在右下方的窗口会显示此邮件的内容。若邮件内容窗口右上角中有一个别针图片 ,表示该邮件还有附件。用单击该邮件的别针图片,可以在打开菜单中看见附件的名字,然后单击"保存附件⋯"菜单项。在随后出现的"保存附件"对话框中,选择要保存附件的文件夹,单击"保存"按钮即可将附件以文件形式保存在计算机中,接着便可阅读和编辑这些文件。

4. 使用免费电子邮箱

在因特网上,有许多网站提供免费电子邮箱服务。这些服务的一个重要特点是支持通过浏览器的在线(即 Web 页面)收发电子邮件,用户无需安装电子邮件软件,只要接入因特网登录网站就可方便地收发电子邮件,其撰写邮件,收发邮件的方法,与前面介绍的 Outlook Express 非常类似,差别只在于前者是上网在线收发,后者在本机上收发。

要获得免费电子邮箱,首先要通过浏览器登录提供该服务的网站,进行免费注册,然后进入邮箱页面,可参考邮箱的帮助提示,对邮箱进行设置,设置完毕,就可以使用该电子邮箱的服务了。国内提供免费电子邮箱服务的网站很多,常见的有网易、搜狐、新浪等。

免费电子邮箱多数都具备 POP3 和 SMTP 服务器的有关功能,前面使用的 zwh@126.com 就是一个免费邮件账户,用户按前面介绍的方法,就能通过电子邮件软件在本地计算机上收发电子邮件。

电子邮件的广泛使用,促进电子邮件的功能也不断扩展,以谷歌推出的 Gmail 为代表的新型电子邮件服务系统,在提供了方便电子邮件管理的新功能的同时,将电子邮件、即时消息、网上聊天融合一体,使用户在使用电子邮件服务的同时,也能实现即时通讯的功能。

5.3.4　即时通讯

随着因特网的普及,网上即时交流也成为因特网应用最重要的功能之一,要实现即时通讯,除了操作系统支持外,主要是借助专门的工具软件,这些工具软件被称为即时通讯软件(IM),即时通讯软件都能支持实时语音和视频对话,并可以根据需要随时传送文本或者图片、声音等多媒体资料。目前,常见的即时通讯软件有微软公司的 MSN 和腾讯公司的 QQ。Windows XP 中集成了 MSN,以 Windows Messenger 名称运行,我们通过该软件的介绍,让读者对即时通讯有一概貌了解。

1. Windows Messenger 的界面

在"开始"→"程序"中,单击 Windows Messenger,其运行的初始界面见图 5.3-23,单击登录超链接,则会弹出登录对话框,要使用 MSN,用户必须拥有. NET Passport。. Net Passport 被称为网络护照,拥有. NET Passport,用户就可以在一次登录的前提下,使用相同的个人信息,参与各种站点的活动;同样,只要一个站点接受. NET Passport 的信息使用合同,保证用户的信息私密性,它就可以使用用户的个人信息,为用户提供个性化的服务。如果没有. NET Passport 可以在 MSN 网站免费申请。

图 5.3-23 Windows Messenger 运行的初始界面　　　　图 5.3-24　登录对话框

在图 5.3-24 登录对话框中,输入登录名和密码,正常登录后的 Messenger 主界面如图 5.3-25 所示。标题栏下依次为菜单栏、状态栏、信息栏和操作栏。左侧为服务功能标签,为用户提供因特网服务(有些需要注册)。

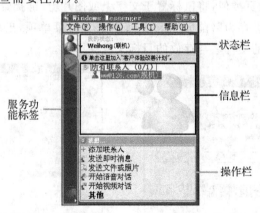

图 5.3-25　Messenger 主界面

2. Windows Messenger 的功能

Windows Messenger 是典型的即时通讯软件,其功能非常丰富,用户除了可以实时发送和接收图文消息以外,还可以与联系人进行语音交谈、拨打电话、发送文件、召开多人联机会议、玩因特网游戏及收发电子邮件,同时还具有视频实时对话等功能。其功能通过主界面上的操作栏或菜单栏中的"文件"、"操作"和"工具"菜单(图 5.3-26)中的命令实现。

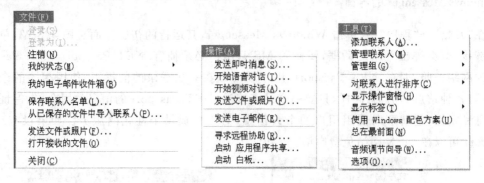

图 5.3-26　　Windows Messenger"文件"、"操作"和"工具"菜单

5.3.5　文件传输

因特网上的一些主机上存放着供用户下载的文件,并运行 FTP 服务程序(这些主机被称为 FTP 服务器),用户在自己的本地计算机上运行 FTP 客户程序,由 FTP 客户程序与服务程序协同工作来完成文件传输。浏览器也具备文件传输功能,其主要操作分为页面文件的下载和登录 FTP 服务器进行文件传输两类。

页面文件的下载:当用户在浏览网页时,可以下载网站提供的各类文件,这些文件与网页上的文字或图片链接着,可供下载,用户可以通过多种方法下载文件,下面介绍常见的两种方法:

方法一:与前面保存网页类似,将鼠标置于文字上或图片上(链接着下载文件),鼠标右击,出现快捷菜单,单击"目标另存为"(前面图 5.3-6、图 5.3-7)菜单项,出现"另存为"对话框,用户只要根据需要选择适当的文件名与存放的目标文件夹即可。

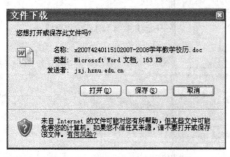

图5.3-27　"文件下载"对话框

图5.3-28　FTP窗口

方法二:同样用户还可以单击这串文字或图片(链接着下载文件),这时出现如图 5.3-27 所示的"文件下载"对话框,如果确实要下载文件,单击中对话框的"保存"按钮,同样会出现"另

存为"对话框,用户只要根据需要选择适当的文件名与存放的目标文件夹即可。

FTP 服务器文件传输:要用浏览器进行文件传输时,可在浏览器的地址栏中输入 FTP 服务器的 URL,其格式如下:

ftp://用户名:密码@FTP 服务器名[:端口]

其中:ftp 表示 FTP 服务。

用户名和密码也可在浏览器进入 FTP 窗口时,见图 5.3-28,在"文件"菜单中单击"登录…"菜单项,在弹出的"登录"对话框中输入。对于允许匿名的 FTP,则不需要账号和口令。例如:在浏览器地址栏输入:ftp://ftp.pku.edu.cn/后,出现如图 5.3-28 所示窗口,至此,可对所要传输的文件或文件夹,如同在本地计算机上一样进行复制/粘贴操作,达到文件传输的目的。要注意的是,对于上传,许多 FTP 服务器是有限制的,需要权限。

5.3.6　因特网的其他应用

除了前面介绍的典型应用外,因特网的应用遍布于整个社会生活领域,下面再简单介绍其中常用的几项。

1. 远程登录(Telnet)

Telnet 是因特网上一种传统的应用服务,允许用户通过因特网登录到远程主机,就好像用户的键盘和显示器直接与远程主机相连一样,因此也称为仿真终端。Windows 操作系统中均带有 Telnet 软件,供远程登录使用。

2. BBS 论坛与博客

BBS 是电子公告牌的英文缩写,是因特网上的一种电子信息服务系统。它有三种类型,分别为拨号式、登录式和 WWW 方式。早期的拨号式 BBS,它提供一块公共电子白板,每个用户都可以在上面书写,可发布信息或提出看法。随着因特网普及,WWW 方式的 BBS,又称BBS 论坛,简称论坛。由于借助于浏览器的强大功能,界面友好,成为 BBS 主流。

而 Blog 是英文"网络日志"的简称,中文名"博客"即指撰写 Blog 的人,也指撰写 Blog 这种行为。一般认为,博客就是以网络作为载体,简易迅速便捷地发布自己的心得,及时有效轻松地与他人进行交流,再集丰富多彩的个性化展示于一体的综合性交流平台。

目前,通过浏览器访问论坛和博客就如同普通的信息浏览一样方便,且具备交互的平台,论坛和博客已成为网络交流的主要形式。

3. IP 电话(IP Phone)

IP 电话是近几年兴起的一种基于因特网的实时语音服务,和传统电话(Public Switch Telephone Network,PSTN)相比具有巨大的优势和广阔的应用前景,IP 电话不仅可以提供 PC-to-PC 的实时语音通信,还能提供 PC-to-Phone、Phone-to-PC 的实时语音通信。IP Phone 采用先进的数字压缩技术,使传统的 64K 话路压缩到 8K,通信效率大大提高;能充分利用因特网资源,成本低廉,因此可提供更为廉价的服务;和数据业务有更大的兼容性,可支持语音、视频、数据合一的实时多媒体通信;甚至可以用 PC 作为电话机,应用灵活、智能化程度高。

4. 电子政务和电子商务

电子政务是指政府机构在其管理和服务职能中运用现代信息技术,实现政府组织结构和工作流程的重组优化,超越时间、空间和部门分隔的制约,建成一个精简、高效、廉洁、公平的政府运作模式。电子政务模型可简单概括为两方面:政府部门内部利用先进的网络信息技术实现办公自动化、管理信息化、决策科学化;政府部门与社会各界利用网络信息平台充分进行信息共享与服务、加强群众监督、提高办事效率及促进政务公开等等。

电子商务是指政府、企业和个人在以因特网为基础的计算机系统支持下进行商品交易和资金结算的商务活动,其主要功能包括网上广告、订货、付款、客户服务和货物递交等销售、售前和售后服务,电子商务的一个重要特征是利用 Web 技术来传输和处理商务信息。通常在应用中将电子商务分为 B2B 和 B2C 两类,前者代表商家对商家,后者表示商家对客户。

5. 在线学习

在线学习又称网络化学习,是不同于传统方式的一种全新的学习方式。学习者以因特网为平台,通过多媒体网络学习资源、网上学习社区及网络技术平台构筑成的一种全新的网络学习环境进行学习;在这种学习环境中,汇集了大量数据、档案资料、程序、教学软件、兴趣讨论组、新闻组等学习资源,形成了一个高度综合集成的资源库。而且这些学习资源对所有学习者都是开放的。一方面,这些资源可以为成千上万的学习者同时使用,没有任何限制;另一方面,所有成员都可以发表自己的看法,将自己的资源加入到网络资源库中,供大家共享。

习 题

一、是非题

1. 在 Windows XP 上必须安装网络访问协议才能访问网络上的资源。
2. 计算机通信协议中的 TCP 称为网间互联协议。
3. 可以将一个共享的文件夹映射为一个本地驱动器,以方便用户使用。
4. IP 地址是一组 32 位二进制数的代码。
5. 为了浏览因特网中的网站,可以在浏览器的地址栏中输入该网站的域名地址,也可以是网站的 IP 地址。
6. 电子邮件可发送的多媒体信息只有文字和图像。
7. 在 Outlook Express 的发件人栏中,多个邮件接受者的 Email 地址之间通过";"分隔。
8. Telnet 的功能是远程登录。
9. 电子商务是指商务活动的全自动化。
10. 文件的上传下载只能用 FTP 工具软件实现。

二、选择题

1. 网络根据( )可分为广域网和局域网。
   A. 连接计算机的多少　　　　　　　　B. 连接范围的大小

C.连接的位置　　　　　　　　　　　D.连接结构

2.(　　)是为网络中各用户提供服务并管理整个网络的,是整个网络的核心。

A.工作站　　　　B.服务器　　　　　　C.外围设备　　　D.通信协议

3.使用 Windows 的"网上邻居"可以(　　)。

A.添加本机的共享资源　　　　　　　B.浏览因特网上的共享资源

C.浏览局域网中的共享资源　　　　　D.收发 Email

4.下列哪种协议是用来传输文件的(　　)。

A.FTP　　　　　　B.Gopher　　　　　C.PPP　　　　　D.HTTP

5.下列哪种服务器是用来信息浏览的(　　)。

A.FTP　　　　　　B.WWW　　　　　　C.BBS　　　　　D.TCP

6.邮件服务器的邮件发送协议是(　　)。

A.SMTP　　　　　B.HTML　　　　　　C.PPP　　　　　D.POP3

7.下列哪一个是电子公告栏的缩写(　　)。

A.FTP　　　　　　B.WWW　　　　　　C.BBS　　　　　D.TCP

8.网上的网站所使用的网络协议是(　　)。

A.NetBEUI 协议　　B.TCP/IP 协议

C.IPX 协议　　　　　　　　　　　　D.SMTP 协议

9.在常用的电子邮件软件中,POP3 服务器是指(　　)。

A.邮件发送服务器　　　　　　　　　B.邮件接收服务器

C.Web 服务器　　　　　　　　　　　D.FTP 服务器

10.根据电子邮件地址:abc@mail.hz.zj.cn,可知(　　)。

A.电子邮件服务器地址为 abc

B.用户 abc 的收信服务器地址为 mail.hz.zj.cn

C.用户 abc 的收信服务器地址为 abc@mail.hz.zj.cn

D.abc@mail.hz.zj.cn 不是电子邮件地址

三、简答题

1.计算机网络的主要功能有哪些?

2.局域网的主要特点有哪些?

3.常用的网络设备有哪些? 其功能是什么?

4.Windows 操作系统的网络功能有哪些? 举出几个实例。

5.因特网中使用的主要协议有哪些?

6.什么是主页,Web 服务器的功能是什么?

7.浏览器是属于哪一类软件,主要功能有哪些?

8.什么叫搜索引擎,其功能有哪些?

9.什么是电子邮件? 如何对电子邮件信箱进行设置?

10.即时通讯软件的主要功能有哪些?

四、操作题

1. IE 浏览器使用

启动 IE 浏览器,利用搜索引擎谷歌,以"浙江大学"为关键词,查找到"浙江大学"主页并浏览;将"浙江大学"主页设为浏览器起始页(主页)。

在"收藏夹"中新建一文件夹"中国高校",并将"浙江大学"首页收藏到该文件夹中。保存图文并茂的"浙江大学"主页内容于"我的文档\My Webs"文件夹中,取名为"浙江大学.htm"。并要求单独保存"浙江大学"主页中页首的图片,存放在"我的文档\My Pictures"文件夹中,取名为"浙江大学.jpg"。

2. 电子邮件的使用

在线申请一免费电子邮箱,如 www.126.com,注册后,在线撰写一封给朋友的信,在发送邮件的同时,也发送一封给自己。

在 Outlook Express 中,按所申请的免费电子邮件提供的接收邮件服务器和发送邮件服务器地址,对 Outlook Express 进行设置,使其能在本地机器上接收免费电子信箱的邮件。

3. 使用 Gmail

在网上搜索有关 Gmail 的信息,了解 Gmail 的主要功能和使用方法;申请一个 Gmail 账户,并实际使用之。

4. FTP 使用

在网上搜索有关匿名 FTP 服务信息,选择登录一个匿名 FTP 服务器,利用浏览器进行文件传输操作。

5. BBS 论坛的访问

在网上搜索国内著名的"天涯"论坛,进行浏览,了解论坛的形式、内容。

第 6 章

网页制作

因特网(Internet)的迅猛发展,使它已经成为获取信息的重要途径之一,而因特网上信息的载体就是网页,因此制作网页成为将信息发布到因特网上的一个重要手段。

制作网页,通常需要网页制作软件、图像处理软件和网页动画软件的配合使用。虽然使用网页编程语言能直接编写网页,但这种方法必须在了解 HTML 等网页编程语言的基础上才能制作完成,使得网页制作变成了一件高不可攀的复杂工程,但如果使用"所见即所得"的网页制作软件后就再也不需要了解任何网页编程语言就能更方便快捷地制作想要的网页。

FrontPage 是 Microsoft 公司出品的 Office 系列办公软件中的一个组件,是个易学易用的网页制作软件,它提供了窗口、菜单、工具栏及操作提示等多个友好的人机交互界面,便于初级用户使用,因而本章将以 FrontPage 为工具来介绍如何制作网页。

6.1 网页与网站概述

该节主要介绍了网页和网站的概念,在学习网页制作之前首先要正确区分网页和网站,在认识了网页和网站之后,了解下网页制作的大致流程,并通过对比的方式来接触下现在比较流行的网页制作工具。

6.1.1 认识网页和网站

在因特网盛行的今天,人们的生活正逐步和网络日益融合,说起上网,最熟悉的操作就是打开浏览器,在浏览器的地址栏中输入网址,然后就能看到我们要访问的信息,而这些信息通常是图片、文字、声音或视频等多媒体信息,那么多媒体信息为什么可以在因特网上传播,可以被电脑所认识呢?

这就要靠多媒体信息所在的媒介——我们通常叫做网页的文件,网页的学名称作 HTML 文件,是一种可以在 WWW(World Wide Web)网上传输,并被浏览器认识和翻译成页面显示出来的文件。HTML(Hypertext Markup Language)中文翻译为"超文本标记语言",其中"超文本"就是指页面内可以包含图片、链接、甚至音乐、程序等非文字信息。网页就是由 HTML 语言编写出来的。

制作网页如果要直接编写 HTML 代码,这对初学者来说是很痛苦的过程,网页制作工具的诞生就是解决了初学者编写 HTML 代码的麻烦,所以即使你不了解 HTML 的语法也能够进行网页的制作。

　　通常在因特网上浏览时输入网址访问网页,该网址对应的网页往往不止一张,首先映入眼帘的那张网页我们称之为首页,通过单击首页上的链接可以访问到别的网页,所以这多张网页有序地组合在一起的结构,我们称之为网站。网站就是将反映一个中心或主题的许多网页通过一定的结构组织在一起。

　　当前因特网上有很多类型的网站,根据网站经营性质的不同,可以分为门户网站、电子商务网站、政府网站和个人网站等,不同的网站在制作的流程中却有些共性,可以大致分为以下步骤:

　　(1)制作准备阶段。进行调研,搜集网站的相关信息以及在网站制作过程需要的素材,其中包括文字、图片、声音和视频等。

　　(2)整体规划阶段。根据调研的结果,对网站进行整体规划,其中包括合理安排网站结构,规划网站首页和各个模块首页等主要网页的布局,并制定网站的色彩基调和整体界面风格。

　　(3)设计制作阶段。规划结束后进行网站的具体设计和制作,其中包括素材处理、网页制作等。

　　(4)调试运行阶段。网站大致完成后,就可以发布到指定的站点空间试运行,通过这个阶段调试网页的浏览速度,测试链接是否正确,网页信息的排布是否需要调整等。

　　通过以上流程,整个网站就可以正式运行了。由此可见,整个网站的制作不仅仅只是网页制作这个环节,而且通常网站运行了以后还要定期进行维护,这样才能保证网站能够发挥正常的作用。

6.1.2　网页制作工具概述

　　制作网页第一件事就是选定一种网页制作软件。从原理上来讲,虽然直接用记事本也能写出网页,但是对网页制作必须具有一定的 HTML 等网页编程语言基础,非初学者能及,且效率也很低。当然用 Word 也能做出网页,但是制作得到的网页效果比较单一刻板,且垃圾代码太多,也是不可取的。

　　当前专门进行网页制作的工具层出不穷,常见的有 FrontPage、Dreamweaver 等,这些制作工具一般都操作简便、功能强大,但也各有所长。

　　FrontPage 是由 Microsoft 公司出品的网页制作工具,属于 Office 产品系列。它可以让你真正体会到网页制作工具"功能强大,简单易用"的含义,FrontPage 带有图形和 GIF 动画编辑器,支持 CGI 和 CSS,从 FrontPage 2000 版本开始支持最新的 DHTML 技术、Java Applet 和插件等网页动态技术,而且向导和模板都能使初学者在编辑网页时感到更加方便。FrontPage 最强大之处是其站点管理功能,FrontPage 是现有网页制作软件中唯一既能在本地计算机上工作,又能通过 Internet 直接对远程服务器上的文件进行工作的软件。

　　Dreamweaver 是由 Macromedia 公司出品的网页制作工具,人称"网页制作三剑客"之一。它应该说是一个很酷的网页设计软件,最具挑战性和生命力的是它的开放式设计,这项设计使任何人都可以轻易扩展它的功能。它包括可视化编辑、HTML 代码编辑的软件包,并支持ActiveX、JavaScript、Java、Flash、Shockwave 等特性,而且它还能通过拖拽从头到尾制作动态的 HTML 动画,支持动态 HTML 的设计,使得页面没有 Plug-in 也能够在 Netscape 和 IE 4.0

浏览器中正确地显示页面的动画。同时它还提供了自动更新页面信息的功能。

网页制作包含的内容很宽泛,除了直接产生 HTML 的网页文件外,在制作过程中还要涉及静态图像处理、动态图像制作等,这就还要有别的专门软件来做这一类的处理,通常来讲,静态图像处理软件有 Photoshop、Fireworks 等,动态图像制作软件常见的就是人们比较熟悉的 Flash,可以使用 Flash 随心所欲地为网站设计各种动态 Logo、动画、导航条以及全屏动画,还可以带有动感音乐,完全具备多媒体的各项功能。

网页制作的整个过程涉及的软件很多,由于篇幅限制,不可能为读者一一介绍各类软件的使用,在本章中采用 FrontPage 2003 来介绍网页制作。

6.2　FrontPage 2003 概述

该节主要介绍 FrontPage 2003 的功能特点和其图形界面的组成。

6.2.1　FrontPage 2003 功能特点

FrontPage 2003 和 FrontPage 2000 版本比较起来,操作大致相同,只是增加了更多的网页制作功能,包括创建动态的高级网站时所需的专业的设计、创作、数据和发布工具。

FrontPage 2003 对 Web 开发的促进作用主要体现在以下方面:

(1)设计更漂亮的站点。FrontPage 2003 包括一些工具以及一些布局功能和图形功能,可帮助你以更快的速度设计专业网站。

(2)更快捷、更简便地生成代码。FrontPage 2003 中的设计工具可用来生成高效而规则的超文本标记语言(HTML),可以更好地控制代码,同时也可以利用专业编码工具来应用自己已掌握的网页编程知识。

(3)采用 Windows SharePoint Services 的数据驱动的网站。通过将 Microsoft Windows SharePoint Services 和 Windows Server 2003 连接到 FrontPage 2003,可以修改和显示从一系列数据源(包括 XML)获得的活动数据,在所见即所得(WYSIWYG)编辑器中创建丰富的交互式的数据驱动网站。

(4)简单易用地发布技术。轻松地在本地位置和远程位置之间移动文件,并且在两个方向上均可进行发布。

由于受到篇幅限制,本章内容不能完全展示 FrontPage 2003 的强大功能,感兴趣的读者可以翻阅相关书籍进一步深入。

6.2.2　FrontPage 2003 图形界面

FrontPage 2003 的启动和运行与 Office 其他软件相同,FrontPage 2003 启动后,主窗口如图 6.2-1 所示,默认情况下主要分为菜单栏、工具栏、网页编辑区和任务窗格等 4 部分。菜单栏、工具栏部分与 Office 中的其他软件相似。

相对于 FrontPage 2000 来说,FrontPage 2003 在界面上多了个浮动的任务窗格,此任务窗格的内容会随着使用者当前的操作变化而变换内容,在窗格中主要显示使用者当前操作涉及的操作选项,给用户的操作带来不少方便。此任务窗格可关闭,关闭后可通过"视图"菜单→"任务窗格"菜单项打开。

需要说明的是在 FrontPage 2003 中有两类视图:网站视图和网页视图。大多数情况下,处理整个网站时,应使用"网站视图";处理单独的网页时,应使用"网页视图"。

1. 网页视图

图 6.2-1 显示的是网页视图下的界面,在网页编辑区的下方,可以看到 4 种网页视图,分别为设计、拆分、代码和预览:

(1)设计视图:初级制作者基本上都在设计视图状态下进行网页编辑制作。

(2)拆分视图:这是 FrontPage 2003 新增的网页视图模式,"拆分"视图将视图拆分为两部分。上半部分显示这个网页的 HTML 代码,下半部分显示网页,就像在设计视图中看起来那样。当你处理其中的一半时,另一半会自动更新。

使用"拆分"视图有几个优点:

设计精确:如果你是有经验的 HTML 设计者,当使用设计视图中的特殊功能时,你可以看到生成了哪种 HTML 代码。

灵活性:如果你喜欢在设计视图中和 HTML 代码中同时工作,可以在它们之间来回切换,而不必切换视图。

辅导:如果你对 HTML 感到陌生,拆分视图可做一步操作显示相应操作产生的 HTML 标记,这样就可边制作边学习 HTML 代码。

(3)代码视图:了解 HTML 语言后可在代码视图状态下进行修改和编辑。

(4)预览视图:可对制作的网页进行预览,查看网页效果。

图 6.2-1　FrontPage 主窗口

2.网站视图

当创建了网站后,可以看到 FrontPage 2003 右边网站视图下方有 6 种视图方式供选择,见图 6.2-2,分别是文件夹视图、远程网站视图、报表视图、导航视图、超链接视图和任务视图,重点介绍前三种视图:

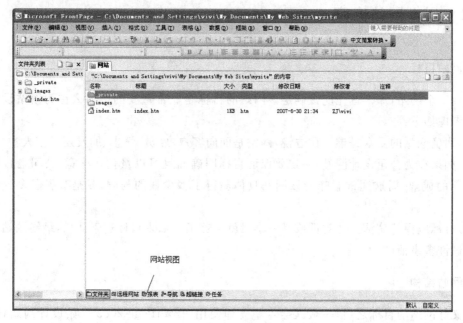

图 6.2-2　网站的视图方式

(1)文件夹视图:通过这个视图,可以看到构成 FrontPage 2003 网站的所有文件和文件夹,它很像 Windows 的资源管理器。可以在此处添加、移动、重命名、打开和删除文件。

(2)远程网站视图:当需要发布网站时,就要使用"远程网站"视图。在指定了要将网站发布到的位置后,网站的本地版本出现在左边,远程网站出现在右边。这个视图非常有用,通过它不仅可以将网站发布到远程 Web 服务器,还可以通过将网站从 Web 服务器下载到本地磁盘来进行备份。还可以通过单击一次按钮来同步远程网站和本地网站,使它们保持一致。

(3)报表视图:该视图包含许多可以针对网站运行的诊断报表。有些报表仅用于对网站进行简单地总结,如网站中文件的数量。但另外一些对排除故障是非常有帮助的。三个最有用的排除故障报表是:

● 未链接文件报表:这个报表查找网站中所有无链接指向的文件。例如,你最近可能向网站添加了新的网页或文件,但是忘记了提供链接以使人们能够进行访问。

● 慢速网页报表:这个报表查找人们需要花很长时间才能下载和浏览的网页。

● 断开的超链接报表:这个报表查找任何没有链接到有效位置的链接。

6.3　规划和创建网站

制作网页前,首先要创建站点,站点可以容纳网站上需要表现的网页、图片、声音的文件,在用 FrontPage 2003 创建站点前首先要明确以下三点内容：

（1）如何规划站点内容？

（2）网站的创建是基于磁盘还是服务器，这两种方式有何不同？

（3）如果是基于服务器创建网站，那么哪里可以找到 Web 服务器？

6.3.1　规划网站内容

1.明确网站目标

设计一个网站，那么首先应该确定该网站的目标是非常重要的。那么在为网站设定目标时可以考虑如下：

（1）明确网站的受众是谁。比方说，网站是面向客户、雇员、学生、朋友还是家人？

（2）如果在为公司设计网站，一定要保证目标明确而且可以量化。毕竟，公司老板更希望看到实际的成效，而这通常意味着该网站具体赢得了多少钱的利润，或是节省了多少小时的劳力。

（3）目标应保持简洁。几句话或是一小段就足够了。如果目标过于冗长，最终网站可能看起来要做许多事情。

2.草拟网站结构

定义好网站的目标之后，一般人会希望立即使用 FrontPage 2003 开始设计网站，这样的做法并不可取，建议先用笔和纸或制图工具根据设计目标草拟出网站结构，在绘制结构的过程中可以用绘制框（代表网页）和箭头（代表链接）。

这项工作实际上是在创建一个直观的大纲。在构建网站之前，在纸上完成这项工作可节省很多时间。

3.草拟网页布局

草拟好网站地图后，就可以开始草拟网页的通用布局了。

动手制作网页前，建议最好还是先草拟下网页布局。草拟布局时需要考虑下列因素：

（1）网站中的每个网页是否带有相同的页眉和页脚？

（2）网站中每个网页的导航方式是否一致？

（3）是否有一些必须满足的市场需求，例如，是否要保持某些字体和配色方案？

（4）网站在法律上是否有一些要求，如版权声明等？

4.进入网站建设的实质阶段

最后，可以使用 FrontPage 2003 将粗略的草图转变为优雅且具专业风格的网页，见图6.3-1。

图 6.3-1　从草拟的设计到实质的网页

6.3.2　创建网站

FrontPage 的网站有两种类型:基于磁盘和基于服务器。

基于磁盘的网站是在硬盘上创建,然后发布到 Web 服务器的 FrontPage 网站,见图 6.3-2。基于服务器的网站是直接在 Web 服务器上创建和处理的网站(不需要额外的发布操作),见图 6.3-3。

图6.3-2　基于磁盘的网站操作流程　　　　图6.3-3　基于服务器的网站操作流程

基于磁盘的网站是最常用的,因为它具有非常明显的优点:在网站投入使用之前,可以在硬盘上对网站进行编辑和测试。这样就不会对使用和访问该网站的人们造成比较大的影响,在本章中介绍如何创建基于磁盘的网站。但需注意的是某些 FrontPage 2003 的功能依赖于服务器,建立基于磁盘的网站时就无法预览效果的,除非在本地设立站点才能查看。例如,插入计数器只有当将网站发布到服务器上时,才可看到计数器发挥作用。

1. 新建基于磁盘的网站

(1)单击"文件"菜单→"新建"菜单项后,在右边的任务窗格中会出现"新建"任务窗格,该窗格提供了两个用于新建 FrontPage 网站的链接,见图 6.3-4。

(2)单击"由一个网页组成的网站"链接,此操作将创建带有空白主页的 FrontPage 网站。

(3)单击"其他网站模板"链接,此操作将创建带有预设的网页、图像和设计主题的 Front-Page 网站。

(4)不论选择哪项都会出现"网站模板"的对话框,见图 6.3-5,在该对话框中可以通过"浏览"按钮来指定网站的地址。例如在 E 盘上新建一个站点 ZjWeb,只要在指定网站的位置对话框中输入"E:\ZjWeb"。

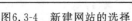

图6.3-4　新建网站的选择　　　　　　　图6.3-5　"网站模板"对话框

新建网站后,可以发现站点文件夹的图标 和普通文件夹的图标 是不同的。

2. 导入网站

如果想从因特网上或者将计算机上的文件夹转换为站点可以在"网站模板"的列表框中选择"导入站点向导"模板从本地计算机、网络、或全球广域网导入并新建成为一个网站,同时也可以添加到已创建的网站中。

3. 转换网站

这是创建网站的另一种方法。如果使用其他程序(如 Macromedia Dreamweaver 或 HomeSite)制作了网站,则可以将其转换为 FrontPage 网站。单击"文件"菜单→"打开网站"菜单项,指定要转换的文件夹后,FrontPage 2003 将询问是否向该文件夹中添加信息。要添加的信息仅仅是两个文件夹:_vti_cnf 文件夹和 _vti_pvt 文件夹,添加完成后就可以使用 Front-Page 2003 来管理和建设该网站了。

6.4　基本网页制作

创建网页不是简单地新建一张网页即可,在创建的过程中涉及很多环节,一般先在新建的网站中根据草拟的网站结构新建各个网页,然后根据草拟的各个网页布局对每张新建的网页进行布局,布局结束后着手开始制作每张网页,包括插入各种网页元素,并对它们做相应的格式设置,再将完成的网页进行超链接的设置,建立好相互的链接关系,就完成了基本网页制作。

6.4.1　新建网页

新建网页只要单击窗口右边"新建"任务窗格中的"空白网页"选项或者单击窗口左边"文件夹列表"栏右上方的"新建网页"按钮即可,见图 6.4-1。

图 6.4-1　新建网页

6.4.2　网页布局

页面布局是网页的骨架。可以通过布局以类似网格的方式安排和放置文本和图形等网页元素。创建布局的常见方式有多种,可以使用表格、框架或图层,其中图层是 FrontPage 2003 中新增的布局方式,应该说比较起来常用的是使用表格,为此 FrontPage 2003 中特别强化了此功能。

1. 使用表格进行网页布局

(1)添加或绘制布局表格。表格布局有两种方式,一种是通过绘制或插入表格和单元格的形式手工从头设计布局,工具见图 6.4-2,此过程会花费较长时间,但相当于自定义形式,可以设计比较特殊的布局形式。另一种比较方便的是从"布局表格和单元格"任务窗格中选择准备好的布局模板,见图 6.4-3 中所示,只要在空白网页上应用该模板就完成布局了。

　　图6.4-2　手工绘制布局表格　　　　　　图6.4-3　应用表格布局模板

　　(2)设置布局表格或单元格属性。若要修改插入的布局表格的属性,可以在"布局表格和单元格"任务窗格中,在"表格属性"之下,选择所需修改的属性,见图6.4-4。

　　确定了布局单元格的位置后,单击"布局表格和单元格"任务窗格中顶部的"单元格格式",弹出"单元格格式"的对话框,见图6.4-5,可设置单元格的以下属性:

- 单元格的宽度、高度、衬距、垂直对齐和背景色
- 单元格边框的宽度、颜色和样式
- 单元格的边距属性
- 单元格表头和表尾的高度、衬距、垂直对齐、背景色、边框宽度以及边框颜色
- 单元格角部的宽度、高度、颜色、边框颜色和样式
- 单元格阴影的宽度、纹理、颜色和方向

　　图6.4-4　设置布局表格属性　　　　　　图6.4-5　设置布局单元格属性

　　(3)调整布局表格或单元格的大小。在更改布局大小之前,请确保选中"布局表格和单元格"任务窗格中的"用表格自动缩放元格",这样在调整表格大小时,该设置将会自动调整表格内单元格的大小。

　　精确调整大小。调整布局表格的大小,可以在"布局表格和单元格"任务窗格中以像素为单位精确设置高度和宽度。调整布局单元格的大小,可以转到"单元格格式"任务窗格的"单元格属性和边框"部分,以像素为单位精确设置高度和宽度。

　　利用行列的"自动伸缩"功能。当单击显示列宽的调整标签或显示行高的调整标签上的箭头,出现快捷菜单,见图6.4-6和6.4-7,在该菜单中单击"列自动伸缩"或"行自动伸缩"时,就使该单元格成为了一个自动伸缩的单元格。该单元格将自动调整大小以适应网站访问者浏览器窗口的可用空间。

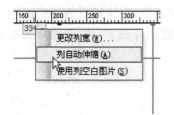
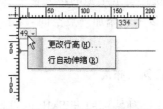

图6.4-6　修改列自动伸缩选项　　　　　图6.4-7　修改行自动伸缩下选项

拖动调整大小。通过单击布局表格或单元格的边框,再按住 Alt 键,对布局表格或单元格的大小进行调整。

(4)移动布局表格或单元格。若要移动布局表格或单元格,只要单击布局表格或单元格,然后鼠标呈现✛时,就可移动目标。

(5)删除布局表格或单元格。若要删除布局单元格,只要单击布局单元格的边框,然后按 Delete 即可。若要删除整个布局表格,确定布局工具已打开,并且整个布局表格都处于激活状态,敲击 Delete 删除。如果布局工具处于关闭状态或布局表格没有激活,请在"布局表格和单元格"任务窗格中,单击"显示布局工具"来激活表格。

(6)使用表格进行布局的注意事项:

• 网页进行布局相当于在做个拼图操作,但这个拼图也有规范可循,通常来说网页的布局可参照图 6.4-8,其中图中①的位置是放置网站的标识,图中②的位置是放置网站的导航信息,图中③的位置是放置网站的主要内容,图中④的位置是放置网站的次要内容,图中⑤的位置是放置网站的基本信息,包括版权、创建日期、联系方式等。

• 加载网页时,表格按它们在 HTML 代码中出现的顺序加载。一个冗长而复杂的表格可能需要较长时间才能显示它的内容。将整页表格分成顶部表格、中间表格和底部表格通常是个较好的做法。这样,在加载内容时,访问者就能看到网站的标志和基本信息,而不只是一个空白页。

• 表格之间可以互相"嵌套",嵌套可以使网页的布局更加灵活丰富,但当过于复杂时可能会影响到网页的浏览速度。

• 通常为了美观考虑,在文本列的周围保留空白区域,而一般我们在布局时是将主布局表格的单元格间距和边距属性设置为 0,这样就没有空隙了,要实现文本列周围有空白区域的目的,可以使用空白列或空白行来起到间隔的效果,见图 6.4-9。

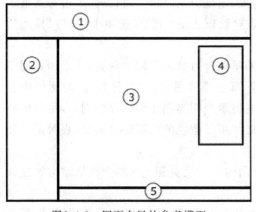

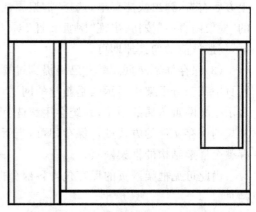

图6.4-8　网页布局的参考模型　　　　　图6.4-9　文本周围的空白区域(以红色表示)

● 一般来说在每个单独的单元格中选择顶端对齐方式,这样可能会造成内容离顶部太近的问题,此时可以手动添加一点空间,敲击[Enter]键就可添加一个新段落来控制内容和顶部的距离。

2. 使用框架进行网页布局

框架网页是一种特别的 HTML 网页,它将浏览器窗口分为几块框架,而每一部分框架可显示不同网页。利用框架网页可以使得当单击某一框架上显示的网页上的超级链接时,超级链接所指向的网页可在同一框架网页上的其他框架中显示。

(1)新建框架网页。单击"文件"菜单→"新建"菜单项,在"新建"任务窗格中,在"新建网页"之下,单击"其他网页模板",弹出的"网页模板"对话框中单击"框架网页"选项卡,见图 6.4-10,选择一个模板,预览其布局,再单击"确定"。

新建后如果预先已经准备好每部分框架中要显示的网页,可以设置要显示在每个框架中的初始网页。如果没有准备可以新建网页后再编辑该部分框架的网页内容。

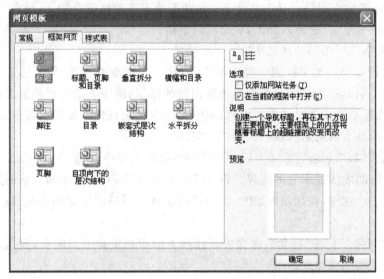

图 6.4-10　新建框架网页的对话框

(2)设置框架网页。为了在浏览时看不见框架,要将框架网页的边框去掉。鼠标移到网页上方后右击,弹出快捷菜单,选择"框架属性…"菜单项,出现"框架属性"对话框,单击对话框上的"框架网页…"按钮,出现"网页属性"对话框,在该对话框上的"框架"选项卡中,将"显示边框"复选框前的勾去掉即可。

(3)保存框架网页。前文已经提到过框架网页的每部分可显示不同的网页,所以如果框架网页中某部分框架中显示的是新建的网页,该部分网页就需要另存。在"另存为"对话框中会显示框架网页布局的预览,系统会用深蓝色的框高亮显示表明当前正要保存的网页,用户按照常规的保存文件的方式进行保存即可,当所有的区域都用深蓝色的框高亮显示时,表明正在保存整个框架结构的框架网页。

由此可见框架网页的保存包含各部分框架中显示的新建网页和包含整个框架结构的框架网页。

由于框架很难被搜索引擎加上书签或索引,而且访问时需要浏览器的支持等原因,框架布局被应用得很少,但是对于某些 Intranet 网站和基于 Web 的工具,框架可以使导航变得更加容易。例如,在重新加载时有部分网页不需要每次更新的情况下就可以使用框架,因为表格布局的话在每次单击访问网页时都需要重新加载网页。

6.4.3　插入和编辑网页元素

一张网页中的内容由很多网页元素组成,在这小节主要介绍包括文本、图形、符号、声音、表格、背景、水平线等在内的部分网页元素,这些网页元素中大多数的插入和编辑操作和其他 Office 软件的操作大同小异,所以在此就不展开详细的叙述了。

1. 插入和编辑文本

在网页的布局单元格中插入文本信息。

对文本设置字体、字号、字体颜色等,方法同 Office 其他软件的操作。

2. 插入和编辑图形

将光标置于网页的布局单元格后,单击"插入"菜单→"图片"→"剪贴画"或者是"来自文件…",然后浏览选择图片,单击确定后插入。

插入后选中图片并且选择"视图"菜单→"工具栏"→"图片"菜单项,弹出图片工具栏可以对图片进行编辑,编辑方法同 Word 中的操作。注意如果要设置图片在文字中的环绕位置,选中图片后右击,弹出快捷菜单,选择"图片属性…"菜单项,出现"图片属性"对话框,在该对话框的"常规"选项卡中单击下方的"样式…"按钮,出现"修改样式"对话框,再单击对话框上的"格式"按钮,出现"定位"对话框,在此对话框上就可以设置图片的环绕样式。见图 6.4-11。

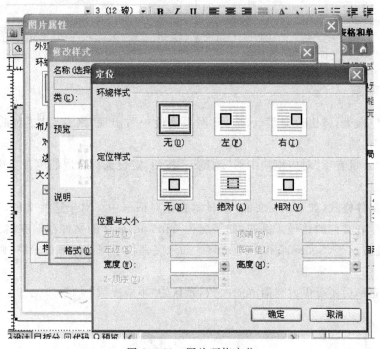

图 6.4-11　图片环绕定位

3. 插入符号

单击"插入"菜单→"符号",出现"符号"属性对话框,选择合适的符号插入。

4. 插入和编辑表格

单击"表格"菜单→"插入"→"表格",出现"插入表格"对话框,见图 6.4-12,插入时可以选择边框的粗细,指定宽度时要选择好单位长度是"像素"还是"百分比"。

插入表格后,鼠标移到表格上方后右击,弹出快捷菜单,选择"表格属性…"进行表格编辑操作,选择"单元格属性…"进行表格单元格编辑操作。

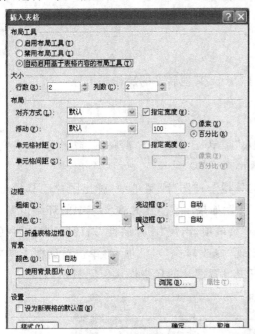

图6.4-12　"插入表格"对话框

图6.4-13　插入声音

5. 插入和设置声音

右击网页空白处,弹出快捷菜单,选择"网页属性…",出现"网页属性"对话框,见图 6.4-13,选择"常规"选项卡。

单击文字"背景音乐"对应模块中的"浏览…"按钮,定位选择合适的声音文件,注意声音文件的大小不宜过大。

某些声音文件格式(如 .mp3 文件)未显示在该对话框中。对于这些文件,必须在该对话框中手动键入声音文件的路径。例如,如果名为 YinYue.mp3 的文件存储在名为 Sound 的文件夹中,则路径应该是:Sound/YinYue.mp3。如果文件位于网站的根目录中,则路径应该是:YinYue.mp3。

音乐选择完毕后还可以设置播放的次数,默认为"不限次数"。

6. 设置背景

右击网页空白处,弹出快捷菜单,选择"网页属性…",出现"网页属性"对话框,选择"格式"

选项卡。

可以设置网页的背景为颜色或者图片。

7. 插入和编辑水平线

将光标放置到网页上的插入位置,单击"插入"菜单→"水平线",这样网页上就会插入水平线。

如果对插入的水平线外观不满意,可以选中新插入的水平线,右击,弹出快捷菜单,选择"水平线属性…",出现"水平线属性"对话框,见图 6.4-15,就可以对水平线的大小、对齐方式、颜色等属性进行修改。

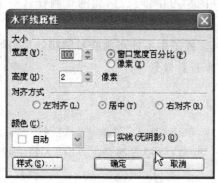

图6.4-14　水平线属性对话框

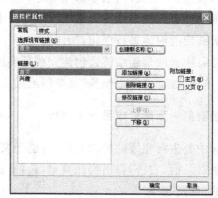

图6.4-15　链接栏属性对话框

8. 插入和设置视频

插入视频的方法:

(1)切换到网页"设计"视图,将插入点放在要插入视频的位置;

(2)单击"插入"菜单上→"图片"→"视频"菜单项;

(3)定位并单击视频文件,然后单击"打开"。

插入视频后要查看视频效果,请切换到网页"预览"视图,需要注意的是某些 Web 浏览器不支持视频。

插入后还可设置视频,选中插入的视频文件后右击,再单击快捷菜单上的"图片属性",可以进行设置。

9. 插入和设置 Flash 文件

插入 Flash 的方法:

(1)切换到网页"设计"视图,将插入点放在要插入 Flash 文件的位置;

(2)单击"插入"菜单上→"图片"→"Flash 影片"菜单项;

(3)定位并单击 Macromedia Flash 文件,注意是" * . swf"格式的,然后单击"插入"。

插入 Flash 的方法有很多,还可通过从 Microsoft FrontPage 或 Microsoft Windows 资源管理器的"文件夹列表"中将文件拖放至网页中来添加 Flash 的文件。

另外也可以通过在网页中添加超级链接来链接到 Flash 文件。

插入后要查看效果时请注意:

(1)如果要查看动画内容,切换到网页"预览"视图。

(2)若要查看基于 Flash 的内容,必须安装 Macromedia Flash Player。

在 FrontPage 2003 中,选中插入的 Flash 文件后右击,选择"Flash 影片属性"菜单项可以对 Flash 文件的属性进行设置。

6.4.4 创建和编辑超级链接

超级链接是从一张网页指向别的目的地的链接,目的地可以是另一张网页、同一张网页上的不同位置、一个文件、电子邮箱等等。

本小节超级链接的内容由于在 Office 其他软件的学习中涉及过,而网页制作这一节中将对超级链接的内容进行深化,所以在此对于超级链接的基本操作就不赘述了。

需要注意的是超级链接创建完成后在网页"预览"视图中不能正常查看链接效果,单击"文件"菜单→"在浏览器中预览"菜单项或敲击 F12 键来查看效果。

1. 链接到另一张网页或另一个网址

选中要进行超级链接的对象,可能是文字或图片,单击"插入"菜单→"超链接…",也可以在选中对象后,右击,弹出快捷菜单,选择"超链接…"菜单项,接着都会出现"插入超链接"属性对话框,见图 6.4-16。

图 6.4-16 创建超链接属性对话框

如果超级链接的对象是同一网站的另一网页,那么在该对话框的左边栏中选择"原有文件或网页"项,在"插入超链接"属性对话框中的"URL"框中输入该网页的文件名,也可以是用鼠标点击,但要注意的是同一网站最好是用相对文件名,不要用绝对文件名。

如果超级链接的对象不是在同一网站上,是另一个网站,那么只要在"URL"框中输入网址即可。如果是另一个网站的某一张网页,那么只要在"URL"框中输入另一个网站的网址加上那张网页的网站访问路径和网页文件名,即为如下形式"http://网址/网页的网站路径/网页文件名"。

输入确定后单击确定按钮即可。如果要对已经创建的超级链接进行再编辑,那么将鼠标移动到创建了超级链接的对象上,右击,弹出快捷菜单,选择"超链接属性…"菜单项,会出现图 6.4-14 的属性对话框可以继续修改。

2. 链接到网页上的不同位置

如果要链接到同一张网页的不同位置可以使用 FrontPage 提供的"书签"功能。书签是网页中被标记的位置或被标记的选中文本,可以使用一个或多个书签在网页上定位,然后超级链接到书签的位置上。比如,在网页上方有每段段落名,那么就在正文的每段段首添加一个书签,在编辑该网页的时候,对网页上方的段落名做超级链接,分别链接到每段段首的书签上,这样就可以实现同一网页上不同位置的跳转。操作的步骤如下:

创建书签。将光标定位到网页上要创建书签的地方,单击"插入"菜单→"书签"菜单项,出现"书签"属性对话框,见图 6.4-17。在"书签名称"框中输入插入书签的名称,单击"确定"即可。

超级链接到书签。选中要做超级链接的对象,在出现的"插入超链接"属性对话框左边栏中选择"本文档中的位置",右方为"请选择文本档中的位置",在右边的框中出现的就是前面创建的书签名,见图 6.4-18,选择要超链的书签对象后单击"确定"。

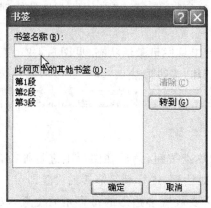
图6.4-17　"书签"属性对话框

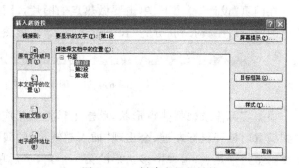
图6.4-18　创建书签超链接

3. 链接到电子邮件地址

如果访问者单击某一超链接后就能发邮件给站点管理员,那么只要在出现的"插入超链接"属性对话框(图 6.4-18)左边栏中单击选择"电子邮件地址",出现创建电子邮件超链接的对话框,见图 6.4-19,输入电子邮件地址,敲击[Enter]键后会在输入的电子邮件地址前加上"mailto:"字样,单击确定创建完成。

图6.4-19　创建电子邮件超链接

图6.4-20　创建新建文档链接

4. 链接到文件

如果要达到访问者通过点击超级链接就能直接下载网站提供的下载文件的效果,只需要设定超链接的对象是要下载的文件即可,注意最好要将下载的文件放置到网站内部的专门存放下载文件的某个文件夹中,这样链接地址可写成相对地址的形式,网站发布后不会有找不到文件的错误。

另外还可以将超级链接链接到新建的文档上,只要在"插入超链接"对话框的左边栏中选择"新建文档",出现如图 6.4-20 所示的对话框,在该对话框中确定新生成的文档路径,可以通过"更改"按钮修改,再输入新建文档的文档名,单击"确定"后系统会提示是否要立即编辑新建文档还是不编辑,可以根据需要选择。

5. 图片上的热点链接

除了上文提到的几种超级链接外,还可以对图片上的某部分做超级链接,这就是对图片做热点链接,通常有一个或多个热点的图形就称为图像映射,图像映射上会有单击超链接到别的网页或文件的位置。在图形上添加热点的步骤如下:

在网页"设计"视图下,单击要做热点的图片,"图片"工具栏呈激活状态,见图 6.4-21,工具栏上的"热点"工具按钮,分为"长方形热点"、"圆形热点"和"多边形热点"。

图 6.4-21　图形工具栏上的热点工具

根据实际需求选择热点形状,单击工具栏上相应的热点按钮,然后在图形上进行拖拉,拖拉到满意后放开鼠标左键,会出现"插入超链接"的属性对话框,进行超级链接的设置即可。如果要画多边形热点,可单击多边形的第一个角,然后单击要放置多边形的每个角的位置,双击表示完成。

当然还可以编辑热点的超级链接,在网页"设计"视图下,单击图形来查看热点。双击热点后可重新编辑热点的超链接地址,鼠标移动到热点区域,单击鼠标左键可拖动热点到新位置。注意当正在移动热点时,要将热点恢复到其原始位置,只要在拖动热点时按下 Esc 键就可以恢复。调整热点大小的方法同 Word 中改变文本框的大小,选中热点后按 Delete 键可删除热点。

6. 设置框架网页的超级链接

另外要特别提醒的是当在框架网页上插入超级链接时,在"插入超链接"对话框上要指定目标框架的位置,这样单击超级链接时才会在框架网页的相应框架上显示,否则会在默认的框架上显示。

目标框架的指定方法为:

单击"插入超链接"对话框右方"目标框架"按钮,出现"目标框架"对话框,在对话框的左上部是框架网页的预览;

单击要超链接到的框架部分,会在下方出现该部分框架的名称,见图 6.4-22,单击"确定"就完成了目标框架的指定。

图 6.4-22　制作超级链接时指定目标框架

6.5　表单的处理

表单网页是用来收集站点访问者信息的网页。站点访问者填表单的方式可以是输入文本、单击单选按钮与复选框,以及从下拉菜单中选择选项等形式。填完表单后,站点访问者通过单击"提交"按钮向网站送出输入信息,该信息就会根据网页所设置的表单处理程序,以各种不同的方式进行处理。

6.5.1　制作表单网页

1. 设计表单

首先根据要进行调查的主题收集信息,然后开始设计表单,其中包括表单调查的内容,表单中各小题的先后顺序和位置放置,以及表单提交后如何处理等。

2. 直接在网页上新建表单

在网页"设计"视图下,将光标放置到要插入表单的位置,单击"插入"菜单→"表单"→"表单"菜单项,此时网页中会插入一个矩形虚线框区域,在该虚线框中默认有"提交"按钮和"重置"按钮。虚线框表示了表单的范围。同一网页上可插入多个表单。

插入表单后,可以在表单区域中任意添加文本和表单域对象,FrontPage 提供的表单域对象有文本框、单选按钮、复选框、下拉菜单以及按钮。插入表单域对象的步骤通常为:在表单范围内将光标定位到要插入表单域对象的位置,单击"插入"菜单→"表单"→(表单域对象名称),例如:"文本框"。在排列表单域对象时,可利用表格进行布局,美化表单网页外观。

3. 使用向导新建表单

使用向导创建表单,是要利用表单网页向导来创建表单。

　　单击"文件"菜单→"新建",出现"新建"任务窗格,单击"其他网页模板"选项,在"常规"选项卡中,单击"表单网页向导"模板,然后单击"确定",接着出现"表单网页向导"对话框,单击"下一步"按钮,就可以根据向导提示添加表单上的问题,见图 6.5-1。

　　单击"添加"按钮,可以编辑表单上要出现的各个问题,见图 6.5-2,先选择收集问题时采用何种表单域对象,这里选择"个人信息",在下方有选择地输入类型的说明,在说明文字的下方可编辑问题的提示语,也可以按照默认,确定后单击"下一步"按钮。

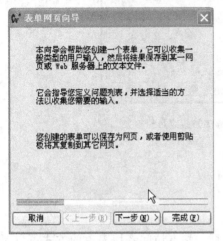
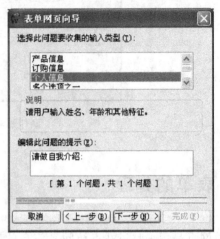

图6.5-1　添加表单问题向导一　　　　　　图6.5-2　添加表单问题向导二

　　在接下来出现的对话框中可以具体地编辑要调查的内容,先前选择了"个人信息"后,向导会根据"个人信息",出现个人信息通常要调查的问题供制作者选择,见图 6.5-3,选择完毕后,向导会根据你的选择分配合适的表单域对象供访问者输入信息,单击"下一步"按钮后向导会回到图 6.5-1 中的对话框,但是在该对话框的列表框里多了一项刚才编辑完的问题的提示,假如要继续添加问题,则再单击"添加"按钮继续添加问题,否则单击"下一步"按钮,见图 6.5-4。

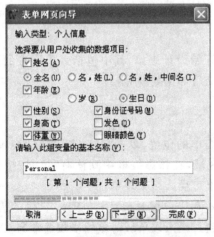
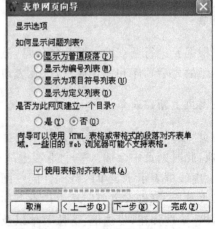

图6.5-3　添加表单问题向导三　　　　　　图6.5-4　表单网页布局

　　在该步中主要是选择表单域对象的显示格式,可以将表单整理成段落或列表,还可在布局时是否要选择使用表格进行布局,而对于是否要在网页开头包含目录,这对于大型表单是很有用的,而这里选择"否",确定后单击"下一步"按钮。

　　接下来向导会提示制作者要如何保存表单结果,即当站点访问者单击表单中的提交按钮后,表单结果就会提交到哪里。向导提供可将结果存成文本文件、网页文件或使用自定义的 CGI 脚本来处理结果。按照向导的指示后完成了表单网页,见图 6.5-5。

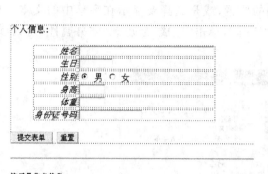

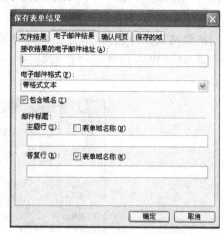

图6.5-5　使用向导生成的表单网页　　　　　图6.5-6　保存表单结果的选项对话框

4.编辑表单

如果对已经新建的表单网页要进行编辑修改,可将鼠标移到表单上,右击,弹出快捷菜单,选择"表单属性…"菜单项,或者单击"插入"菜单→"表单"→"表单属性…",出现"表单属性"对话框,在该对话框上可进行修改表单名称等。

6.5.2　提交表单网页

表单填写完毕单击"提交"按钮后,访问者在表单上输入的信息会被提交到制作者所设置的表单处理程序中,在上节内容"使用向导创建表单"中曾提到表单结果的处理有 3 种方式,分别为"将结果存成文本文件"、"将结果保存到网页文件"或"使用自定义的 CGI 脚本",而在默认情况下,表单结果会被保存为网页文件。

如果要对表单结果的保存位置进行修改,可先调出"表单属性"对话框,在对话框上更改表单结果提交后的保存位置,详细修改保存位置可单击"选项…"按钮,出现"保存表单结果"对话框,见图 6.5-6,在该对话框中进行选项的重新设定。

特别提醒:若要测试表单的功能,必须首先将网站发布后才能看到效果。

6.6　增加网页动态效果

FrontPage 2003 提供了很多动态效果,本节选择了部分常用的动态效果,包括滚动字幕、交互式按钮、计数器、超链接翻转效果、网页或站点过渡效果等,在这里主要介绍这些动态效果的创建和修改。

6.6.1　滚动字幕

切换到网页设计视图,单击要创建字幕的位置,或是选择要显示在字幕中的文本。单击"插入"菜单→"Web 组件"→"动态效果"→"字幕",单击"完成"后出现"字幕属性"对话框,见图 6.6-1。

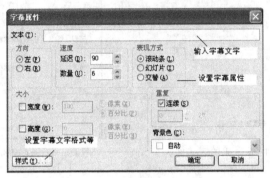

图 6.6-1　字幕属性对话框

在"文本"框内,键入要在字幕中显示的文本行。如果在步骤 1 时,选中了网页上的某段文本,那么在"文本"框内就会显示选中的文本。

切换到"预览"视图,可以预览字幕。

创建字幕时"字幕属性"对话框中有关字幕的属性会有默认值,在实际操作时,可以根据个人爱好或实际需要有选择的重新设置字幕的属性以调整它的方向、速度、表现方式、对齐方式、大小、重复的次数以及背景颜色等,修改到满意为止。而且通过图 6.6-1 中的"样式…"按钮可以设置字幕的字体格式以调整字体的大小、样式、颜色以及字符间距。

如果对新插入的滚动字幕不满意可以选中该字幕后右击,选择"字幕属性…"进行修改。

6.6.2　交互式按钮

在访问某些网站时,可以发现当我们的鼠标移到网页上的某些按钮上时,按钮的颜色会发生变化,从而产生了动态的按钮效果。实现这种动态按钮效果的技术有很多,在 FrontPage 2003 中的交互式按钮组件功能也提供了这种效果,它可以使按钮在鼠标不同状态时显示不同的效果。

交互式按钮创建步骤:

(1)切换到网页"设计"视图,将插入点放置在要创建交互式按钮的位置。

(2)单击"插入"菜单→"Web 组件"→"交互式按钮"菜单项,出现"交互式按钮属性"对话框,见图 6.6-2。

(3)在"文本"框内,键入要显示在悬停按钮上的文本,单击图 6.6-2 中的"字体…"按钮修改在按钮上显示的文本格式。

(4)在"链接"框中键入链接路径或单击图 6.6-2 中的"浏览…"按钮以查找网页或文件的位置。

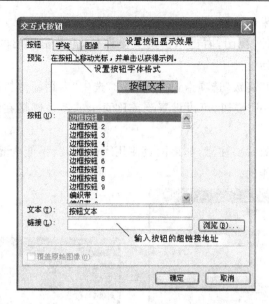

图 6.6-2　交互式按钮属性对话框

(5)通过设置图 6.6-2 中"图像"选项卡可以为交互式按钮设置个人喜爱的显示效果、背景色选项等。

6.6.3　计数器

一般网站上都有计数器来对网站的访问量进行统计,FrontPage 2003 也提供了此种功能。计数器的插入步骤为:

(1)切换到网页的"设计"视图,将插入点放在要放置计数器的位置;

(2)单击"插入"菜单→"Web 组件"→"计数器";

(3)选择现有的计数器样式,双击任意样式后,弹出"计数器属性"对话框,在该对话框中也可以选择使用自定义图片作为计数器样式,输入 GIF 图片文件的位置,要求路径为相对路径。

例如:如果 Jsq.gif 图片文件位于 Images 文件夹中,那么相对路径是"/Images/Jsq.gif";

(4)若要将计数器设置某个特定数字,请选中"计数器重置为"框,输入数字;

(5)若要在计数器中显示固定位数的数字,请选中"设定数字位数"框,再键入数字。例如,若要显示 005 而不是 5,请选择此选项并输入"3"。

(6)设置完成后单击"确定"按钮即可。

特别指出的是想要计数器正常工作或看到计数效果,网站必须位于运行 Microsoft Front-Page 2002 Server Extensions、SharePoint Team Services v1.0 或 Microsoft Windows Share-Point Services 的 Web 服务器上。

6.6.4　超链接翻转效果

上网浏览某些网站的网页时,可以发现当鼠标悬停在某个超链接文字上时,文字的超级链接颜色会发生变化。这种效果可以通过制作超链接的翻转效果来完成。

制作超链接翻转效果的步骤：

(1)切换到网页"设计"视图，右键单击网页空白处，再单击弹出的快捷菜单中的"网页属性"，出现"网页属性"对话框。

(2)单击对话框上的"高级"选项卡，见图6.6-3，选中"启用超链接翻转效果"复选框，单击图6.6-3中的"翻转样式…"按钮，可以设置当前网页上的超级链接在鼠标悬停时字体的显示格式。

但是在使用该项特效时要注意，如果网页使用了主题，就不能为超链接添加本效果，某些浏览器是不支持这项功能的。

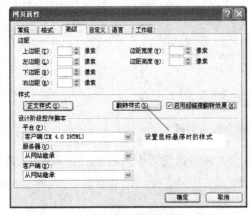

图6.6-3　超链接翻转效果设置对话框　　　　　　图6.6-4　网页过渡对话框

6.6.5　网页或站点过渡效果

当访问某些网站时浏览或退出某张网页时，就会出现的一些如"垂直百叶窗"般的特殊效果。有些类似幻灯片的过渡效果，一般这种效果要持续几秒钟左右，会给人一种良好的过渡的感觉，用FrontPage这个工具就可以制作类似的网页过渡效果。

制作网页过渡效果：

(1)切换到网页"设计"视图，打开要展现过渡效果的网页；

(2)单击"格式"菜单→"网页过渡"，出现"网页过渡"对话框，见图6.6-4。在"事件"下拉列表框中，选择会触发过渡效果的合适事件。例如选择"离开网页"，则在访问者第一次浏览网页时会显示该过渡效果。接着在"过渡效果"列表框内，单击选择个人喜欢的合适的过渡效果，在查看过渡效果的时候，最好就是创建过渡效果后保存网页，然后在浏览器上预览从该网页切换到另一页。在"周期（秒）"框内，输入要过渡效果持续的时间。

6.7　网站的发布

在网站发布到Web服务器上之前，其他人是无法访问的，也就是说只有发布了网站才能真正地使网站发挥作用，发布网站就是将制作完成的网站放到Web服务器上，那么为什么要放到Web服务器上呢？

　　Web 服务器是一台运行专用服务软件的计算机。当客户端(如 Web 浏览器)发出请求时,该软件提供 HTML 网页和相关的文件,当用户使用浏览器访问网站时,通常通过输入 URL(例如:http://www.sina.com.cn)发出请求。我们说 URL 是统一资源定位器,事实上它是网站上的文件的地址。当服务器收到请求时,它将提供或下载所需要的网页及其相关文件(如图片等)。由此可知,网站放到 Web 服务器上才能被用户访问,那么在哪里可以找到 Web 服务器呢? 主要有两种途径:

　　(1)Intranet(局域网)。如果网站只用在局域网上,那么只要在局域网内寻找一台安装有 IIS(Internet Information Server,Internet 信息服务器)的服务器就可以了,并且要做一定的配置才能使它发挥出 Web 服务器的作用,如何将网站发布到局域网上,这将在 6.7.1 节中介绍。

　　(2)Internet(因特网)。如果网站需要在因特网上使用,则需要找到提供服务器空间的公司。通常这种公司称为网站托管公司,但有时也称为 Internet 服务提供商。要找到网站托管公司,可使用搜索引擎在因特网上搜索查找,如何将网站发布到 Internet 上,这将在 6.7.2 节中介绍。

　　事实上发布一个站点就是将站点文件夹复制到一个目的地,这里的目的地是他人可以通过网络浏览到的站点服务器上的一个空间。

　　那么在发布站点之前,首先要确定以下事情是否就绪:

　　(1)检查超级链接是否正常连接

　　(2)确认网页的外观是否已经不需要修改了

　　(3)站点设置好的各项功能是否能正常工作

6.7.1　网站的本机发布

　　如果你还没有在因特网上申请发布空间,而你所使用的服务器位于某个局域网上,且安装了 IIS,那么可以考虑将你使用的计算机看作一台发布用的站点服务器,站点在本机上进行发布。

1. 本机发布步骤

　　(1)双击桌面上的"我的电脑"图标,打开"我的电脑"窗口,双击窗口中的"控制面板"项,进入"控制面板"窗口,双击该窗口中的"管理工具"项,进入到"管理工具"窗口中,双击该窗口中的"Internet 服务管理器"项,打开了"Internet 信息服务"窗口。

　　(2)注意观察"Internet 信息服务"窗口的左边有一标签为"树"的选项卡,展开该选项卡中小计算机图片前的加号,出现下一级内容,其中包括"默认 FTP 站点"、"默认 Web 站点"在内的 5 项内容,右键单击"默认 Web 站点",弹出快捷菜单,选择"新建"菜单项,单击"虚拟目录",见图 6.7-1,出现"虚拟目录创建向导"对话框,见图 6.7-2。

　　(3)单击"虚拟目录创建向导"对话框中的"下一步"按钮,输入虚拟目录的名称,也就是网站访问时的目录名称。

　　(4)输入名称完毕单击"下一步"按钮,出现关于指定 Web 站点内容目录的对话框,单击对话框上的"浏览"按钮输入站点文件夹所在的目录。

 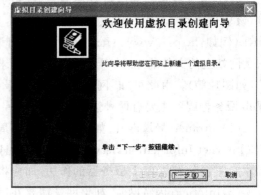

图6.7-1　建立虚拟目录　　　　　图6.7-2　虚拟目录创建向导

(5)站点文件夹的路径指定完毕后单击对话框上的"下一步"按钮,出现关于设置站点访问权限的对话框,设置网站的访问权限,这里按默认设置,单击对话框上的"下一步"按钮,直至虚拟目录创建完成。

2.设置虚拟目录的默认网页

(1)新建虚拟目录后,注意观察在"Internet 信息服务"窗口的左边"树"选项卡中的第 1 级目录"默认 Web 站点"下已经存在一个刚新建的站点,右键单击新创建的站点,弹出快捷菜单,选择"属性"菜单项,出现新建站点的属性对话框。

(2)单击该对话框中"文档"选项卡的标签,切换到文档选项卡,在此可以设置访问站点时的默认网页名,单击选项卡上的"添加…"按钮,出现"添加默认文档"对话框,输入默认的文档名一般为首页名,例如"Index.htm",输入完毕后单击"确定"按钮,即添加成功,见图 6.7-3。

图 6.7-3　添加站点的默认文档名

(3)添加了默认的文档名后,注意观察,在"文档"选项卡上的"启用默认文档"文字下的列表框中多了一项内容,此内容即为第 2 步中添加的默认文档名,这样以后访问网站时输入网址或 IP 地址,打开的第 1 张网页就是默认文档列表框中的一项,事实上在访问时,站点服务器按顺序从列表框中取出默认文档列表框中的文档名,然后判断站点中是否存在该张网页,如果不存在则取出下一个默认文档名继续判断是否存在,如果存在则显示该网页。所以为了提高网站访问速度,可以将第 2 步中添加的默认文档名移动到列表框中的第 1 项。

(4)改变默认文档名的次序,只要单击选中新添加的文档名,单击默认文档名列表框左边向上的箭头按钮,将新添加的文档名移动到默认文档名列表的最前面。

3. 访问站点

(1)查看本地计算机的 IP 地址,只要右键单击桌面上的"网上邻居"项,在出现的快捷菜单中单击"属性",打开"网络与拨号连接"窗口,右键单击窗口中的"本地连接"项,弹出快捷菜单,选择"属性"菜单项,出现"本地连接属性"对话框,在该对话框上的"此连接使用下列选定的组件"对应的组件列表框中单击选中"Internet 协议",再单击对话框上的"属性"按钮,出现"Internet 协议(TCP/IP)属性"对话框,在该对话框上可以查看到本机的 IP 地址。

(2)打开浏览器,在地址栏中输入"http://(IP 地址)/(网站发布目录名称)",例如:在 IE 地址栏中输入"//192.166.10.66/zjweb"后,敲击[Enter]键后即可访问站点。

6.7.2　网站的网上发布

如果要将站点发布到因特网上,需在网上申请发布空间,发布空间有免费的也有收费的,到现在为止免费的发布空间已经很少,而且服务质量也不如收费空间。

无论是收费的,还是免费的,一旦空间申请成功,会得到发布空间的 IP 地址或者域名,以及用户名和密码,这样就可以使用 HTTP(超文本传输协议)来发布你的站点或者使用 FTP(文件传输协议)来发布。不论哪种形式就是将站点文件夹内的要发布的文件传输到申请得到的发布空间中,并且将已申请好的域名指向该空间,完成后就可以在因特网上利用域名访问你制作完成的网站了。

但需要注意的是每个发布空间设置的默认文档名可能不同,要看清楚条约中指定的默认文档名,将你制作的站点首页的文件名改为这个默认的文档名,这样才能正常的访问网站。

6.7.3　网站管理和维护

如果申请的空间大小有限制,那么就很有必要经常管理和维护网站文件,需要定期地删除未用的或旧的文件(尤其是图形文件),可以让网站的大小不致过大。网站一旦被发布之后,FrontPage 就可以在每次再发布站点时,将本地站点上的文件与站点服务器上发布的文件保持同步。

如果已经删除本地计算机上的文件后,当再度发布站点时,FrontPage 将会提示删除在站点服务器上相同的文件,并选择只发布已经更改过的网页。这是 FrontPage 给站点管理和维护带来的方便之处。

习　题

一、是非题

1. 除了使用 FrontPage 这个网页制作工具之外还有很多工具都可以创建网页。

2. 网站为了维护方便,最好能将网页文件归类存放。

3. 网站是多个网页的集合,但也可以包含其他内容,比如文件夹、音乐和视频等。

4. FrontPage 只能够制作静态网页而不能制作动态网页。

5. HTML 和 HTTP 一样是网络上遵循的一种协议。

6. 表单和表格在形式上是不同的,但是实质上是一样的。

7. 具有表单的网页就具有表格的网页。

8. 保存网页时网页的默认文件名扩展名为"html"。

9. 网页中插入的图片是经过图像压缩处理后的文件。

10. 网站的发布只能在因特网上进行。

二、选择题

1. 以下(　　)不属于网页制作工具保存后得到的文件。

A. aa. htm　　　　B. abc. asp　　　　C. a1. xls　　　　D. a2. css

2. 以下(　　)软件不是网页的编辑工具。

A. Photoshop　　　B. Notepad　　　C. FrontPage　　D. Dreamweaver

3. 以下说法不正确的是(　　)。

A. 在 FrontPage 中可以保存静态网页也可以保存动态网页

B. FrontPage 中新建垂直拆分式的框架网页,其中两部分的网页都采取新建的形式,保存时只要保存框架网页就可以了

C. 图片不能在 FrontPage 中进行编辑,只能在专用的图像处理软件中进行编辑

D. 创建表格时,表格的边框粗细是由标记"table"的"borderwidth"属性值决定的

4. 以下关于超级链接的说法正确的是(　　)。

A. 图片上可以利用热点创建超级链接

B. 对于文字. 图片. 邮件地址都可以创建超级链接

C. 框架网页上创建超级链接和一般的网页步骤一样,没有特殊的地方

D. 对于邮件地址"abc@sina. com"进行超级链接时,会在"创建超链接"对话框上的 URL 框中看到"mailto:abc@sina. com"

5. 以下属于 FrontPage 软件默认提供的框架网页的模板为(　　)。

A. 标题　　　　B. 垂直拆分　　　　C. 横幅和目录　　D. 空白

6. 如果要将某一网页的标题栏名称改为"学习网页制作",下面的操作过程正确的是(　　)。

A. 在网页空白处右击,在弹出的快捷菜单中单击"网页属性",修改"网页属性"对话框中的"标题"输入框中的内容为"学习网页制作"

B. 单击"文件"菜单→"属性"菜单项,在弹出的"网页属性"对话框中修改"标题"输入框中的内容为"学习网页制作"

C. 单击"格式"菜单→"属性"菜单项,在弹出的"网页属性"对话框中修改"标题"输入框中的内容为"学习网页制作"

D. 将网页编辑区的选项卡切换到"HTML"状态下,修改标记"<Title></Title>"中间的内容为"学习网页制作"

7. 以下列举的动态效果(　　)是 FrontPage 可以提供的组件功能?

A. 滚动字幕　　　　　　　　　　　　B. 悬停按钮

C. 鼠标图像动态变化　　　　　　　　D. 网页过渡

8. 以下对于表单的操作说法正确的是(　　)。

A. 如果在空白的网页上插入一个单行文本框,单击"插入"菜单后,移到"表单"下一级菜单,单击"单行文本框",接着在网页上就只会出现一个单行文本框

B. 修改按钮的名称,可以通过设置表单域属性实现

C. 如果要设定表单运行时焦点的移动顺序可以通过设置表单元素的 Tab 键顺序

D. 滚动文本框在编辑时和运行时观看到的外观效果不一定是一致的

9. 在一张标准的网页 HTML 代码中以下(　　)标记是肯定有的。

A. <Html></Html>　　　　　　　　B. <Body></Body>

C. <Table></Table>　　　　　　　　D. <Head></Head>

10. 以下(　　)是 FrontPage 工作界面中视图栏的组成部分。

A. 网页　　　　　B. 文件夹　　　　　C. 任务　　　　　D. 超链接

三、简答题

1. 什么是网页和网站?

2. 什么是主页或首页? 它和一般的网页有什么差别?

3. 什么是 HTML?

4. 什么是超级链接?

5. 框架网页和一般的网页有什么区别?

6. 表单的作用是什么?

7. 表单提交后的处理方式有哪些?

8. 简要描述网页发布的过程?

9. 网页制作要注意哪些规则?

10. 网站维护主要是要完成哪些工作?

四、操作题

1. 参考某喜爱的网站首页,草拟出该首页的布局,并实现成网页形式。

2. 自选某个主题,草拟下网站结构,接着草拟设计表现每部分内容的网页的布局。

3. 根据以上设计的草图新建一个本地空站点,并在该站点中新建 Images 文件夹和若干网页,最后实现每张网页。注意建设网站时将图片文件放置到 Images 文件夹中,首页命名成 Index 的主文件名,其他的网页文件名都要体现网页的主题。

4.选定某个调查主题,并根据该主题设计制作该调查网页。

5.确定自己所要发布的机器安装有 IIS(信息服务器)后,将自己完成的网站发布到本机,发布成功后浏览已发布的网站。

第 7 章

应用案例设计

随着办公自动化在企业中的普及，Microsoft 公司推出的 Office 办公套装软件以其强大的功能、体贴入微的设计、方便的使用方法而受到广大用户的欢迎。Microsoft 公司推出的 Office 2003 中文版在继承了 Office 家族的传统优势－易用性、集成性和智能性的基础上，进一步为用户提供了快捷方便的工作方式。

同时计算机多媒体技术在当今社会的各个领域已经得到了广泛的应用，所以在掌握计算机知识时要对多媒体知识有足够的了解，实现对多媒体技术的应用。

本章以 Microsoft Office 2003 办公套装软件（Word、Excel、PowerPoint 和 FrontPage）及多媒体软件（Photoshop 和 Flash）的具体应用为根本，每章节开始描述软件处理案例作品的方法，接着描述本案例的应用领域和功能，以及涉及的一些重点和难点内容，最后部分对案例进行详尽的分析。通过案例分析和解答帮助读者快速掌握相应软件和灵活应用各种功能。本章提供的案例稍作更改，便可用于实际工作当中。

7.1 文字处理综合案例

Word 2003 是 Microsoft 公司出品的 Office 2003 系列办公软件中的一个组件，是用户桌面办公中使用最多的一种软件。适用于各种文档制作，如公文、论文、个人简历、信函、报刊、书刊等。

一般使用 Word 2003 进行文档的处理过程中主要是录入、编辑排版和输出：

- 录入是利用各种方式将文字、图形、图像等素材输入电脑。
- 编辑主要是对图形、图像等素材进行修改。
- 排版处理主要是指对文档增加样式、设置格式、修饰等。
- 输出主要是将排版处理好的文档发送他人或打印印刷等。

本节主要围绕如何使用 Word 2003 制作文字、图像及数据为一体的图文并茂的各种文档，介绍 Word 2003 的功能和典型技巧。

7.1.1 文档设计

Word 主要用于文档处理，制作文字、图像及数据为一体的图文并茂的各种文档。本案例结合当前热点民生问题之购房需求设计了一系列综合性实验任务，其中涉及 Word 中的艺术字、文本框、底纹、项目符号、页眉、页码、纸张设置、上下边距、设置字体字号、行间距等操作。旨在使用户通过本案例的练习，进一步理解和掌握 Word 的各项基本操作，提高其灵活运用 Word 功能解决实际问题的能力。

请你利用互联网资源，完成如下工作：

（1）在 E 盘建立新文件夹，名称为"房产"。

（2）在网络上查找自己比较满意的各家房产情况，并保存到 Word 中。

（3）用 Word 对所找的文字进行排版，其中必须有标题、插图、表格，要求排版美观合理，如采用艺术字、文本框、底纹、项目符号、页眉、页码等。其最终效果如图 7.1-1 所示。

（4）Word 文档保存的文件名称为"房产介绍"。

图 7.1-1　样图

7.1.2　文本的收集和存放

（1）在"开始"菜单上右击，选中"资源管理器"的菜单项，然后在左边的窗格中选择"E 盘"，再在右边的窗格空白处右击，选中"新建"→"文件夹"，重命名为"房产"。

（2）打开 IE 浏览器，在地址栏中输入搜索网站的网址，例如 www. google. com，在关键字的输入框中输入自己需要的楼盘名，例如"耀江文鼎苑"或"亲亲家园"，查找到自己需要的很多楼盘，选择打开其中的一个链接，将网页上自己需要的主要内容选中右击，并选择"复制"，打开 Word，选择"编辑"菜单→"选择性粘贴"→"无格式文本"，如图 7.1-2 所示。

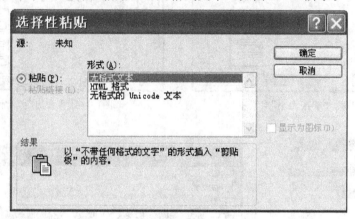

图 7.1-2　"选择性粘贴"对话框

7.1.3　文档的排版

1. 设置纸张大小和页边距

（1）单击"文件"→"页面设置"菜单项，出现"页面设置"对话框。

（2）在"页面设置"对话框中，单击"纸张"选项卡，在"纸张大小"列表框中选择"A4"。如图 7.1-3 所示。

（3）单击"页边距"选项卡，在"页边距"列表框中选择上下边距为 2.8 厘米；左右边距为 2.3 厘米，单击"方向"选项中的"纵向"，如图 7.1-4 所示。

2. 对文章标题和"楼盘概况"段落进行修饰排版，并在文章开始处设计一个艺术边框，如样图 7.1-1 所示

（1）对查找到的文字进行简单的排版，例如去除多余的空格、空行，每段的段落开头空两格等操作，修饰字体格式为"楷体、常规、小四"，行间距 1.2 倍。

（2）光标点到文章开始处，单击"插入"→"图片"→"剪贴画"菜单项，出现"剪贴画选项区域"，在剪贴画选项区域中选择需要的边框线。如图 7.1-5 所示。

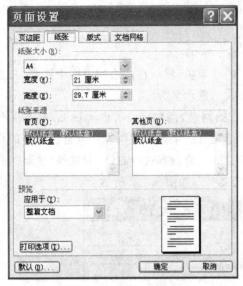

图7.1-3 "纸张大小"对话框

图7.1-4 "页边距"对话框

图7.1-5 "剪贴画区域"对话框

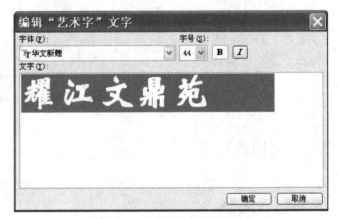

图7.1-6 "编辑艺术字"对话框

　　(3)光标点到文章开始处,单击"插入"→"图片"→"艺术字"菜单项,出现"艺术字库"对话框,选择自己需要的样式,单击"确定"按钮,出现"编辑'艺术字'文字"对话框,如图 7.1-6 所示。

　　(4)在"文字"栏中输入文字"耀江文鼎苑",然后选中文字,在字体下拉列表框中选择"华文新魏",单击"确定"按钮,如图 7.1-6 所示。

　　(5)用同样的方法完成各段落标题。

3. 制作"楼盘概况"段落的底纹

　　(1)单击"插入"→"图片"→"来自文件"菜单项,出现"插入图片"对话框,在"插入图片"对话框中,单击"查找范围"下拉列表框,选择自己的文件夹,选择所需文件,单击"插入"按钮。

　　(2)选中插入的图片,在"图片工具栏"中单击"文字环绕"按钮,在弹出的子菜单中选择"衬于文字下方"选项。

　　(3)选中插入的图片,将鼠标放在图片任一角的控制点上,拖动鼠标调整图片大小,使其铺满段落面,如样图 7.1-1 所示。

4. 制作"地理位置"段落中的文本和图片

（1）单击"插入"→"文本框"→"横排"菜单项,此时光标变成＋形状,在文档中单击并拖动鼠标,绘制出一个横排文本框,在文本框中输入所需文本,如样图 7.1-1 所示,选中输入的文字,单击"格式"→"字体"菜单项,修饰字体格式为"幼圆、常规、小四",行间距 1.2 倍。

（2）选中文本框,右击,弹出快捷菜单,选择"设置文本框格式"菜单,出现"设置文本框格式"对话框,单击"颜色与线条"选项卡,在"填充颜色"下拉列表框中选择"无填充颜色",在"线条颜色"下拉列表框中选择如图 7.1-7 所示样式,调整位置和大小。

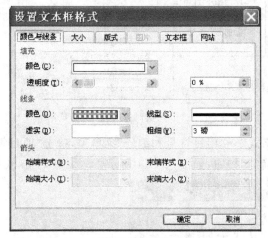

图7.1-7　"设置文本框格式"对话框　　　　图7.1-8　"设置图片格式"对话框

（3）光标移动到"地理位置"段落头,单击"插入"→"图片"→"来自文件"菜单项,出现"插入图片"对话框,在"插入图片"对话框中,单击"查找范围"下拉列表框,选择自己的文件夹,选择所需文件,单击"插入"按钮。

（4）右击插入的图片,弹出快捷菜单,单击"设置图片格式"菜单项,出现"设置图片格式"对话框,单击"版式"选项卡,在"环绕方式"选项中选择"紧密型",在"水平对齐"选择中选择"右对齐",单击"确定"按钮。如图 7.1-8 所示。调整位置和大小。

5. 制作"配套设施"表格及文字修饰

（1）单击"文件"→"页面设置"菜单项,出现"页面设置"对话框。

（2）在"页面设置"对话框中,单击"页边距"选项卡,单击"方向"选项中的"纵向",在"预览"的"应用于"列表框中选择"插入点之后",这样纸张的方向就变成横向的。如图 7.1-9 所示。

（3）单击"常用"工具栏上的"插入表格"按钮,出现制表选择框,在制表选择框中拖动鼠标,选定 2 行 3 列,释放鼠标左键,完成表格创建。

（4）输入相应的内容（从网上查询的结果,用选择性粘贴放入）,表格行数不够,需要增加行,则让输入光标位于表格最后的单元格,按[Tab]键即可以增加一行,重复操作,直到满足为止。调整表格大小。

（5）选中整张表,修饰字体格式为"宋体、常规、五号字",行间距 1.2 倍。

（6）选中表格栏目标题所在的单元格,单击鼠标右键,在弹出的快捷菜单中选择"单元格对齐方式"命令,选择"垂直水平居中"样式,如样图 7.1-1 所示。

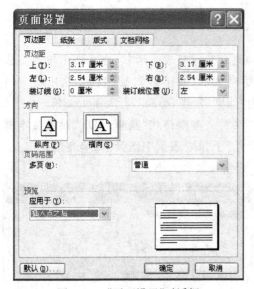

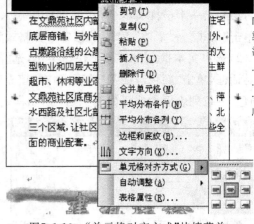

图7.1-9　"页面设置"对话框　　　　图7.1-10　"单元格对齐方式"快捷菜单

(7)选中"商业配套"栏目中的内容,单击"格式"→"项目符号和编号"菜单项,单击"项目符号"选项卡,选择自己需要的项目符号。单击"确定"按钮,如图7.1-11所示。

图7.1-11　"项目符号和编号"对话框

(8)其他三个栏目内容的修饰类同。

6.对"建筑理念"段落进行修饰编排,并在段落中插入图片,如样图7.1-1所示

(1)对查找到的文字进行简单的排版,例如去除多余的空格、空行,每段的段落开头空两格等操作,修饰字体格式为"楷体、常规、小四",行间距1.2倍。

(2)光标点到插入图片处,单击"插入"→"图片"→"来自文件"菜单项,出现"插入图片"对话框,在"插入图片"对话框中,单击"查找范围"下拉列表框中选择自己的文件夹,选择所需文件,单击"插入"按钮。

(3)右击插入的图片,弹出快捷菜单,选择"设置图片格式"菜单项,出现"设置图片格式"对话框,单击"版式"选项卡,单击"高级"按钮,出现"高级版式"对话框,在"环绕方式"选项中选择

"紧密型",在"环绕文字"选项中选择"两边",在"距正文"选项中选择左右距正文 0 厘米,单击 "确定"按钮。如图 7.1-12 所示。调整位置和大小。

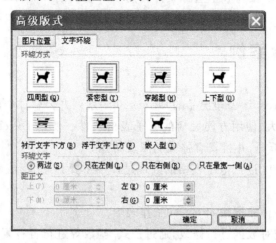

图 7.1-12　"高级版式"对话框

7. 设置页眉和页码

(1)单击"视图"→"页眉和页脚"菜单项,出现"页眉和页脚"工具栏。如图 7.1-13 所示。

图 7.1-13　"页眉和页脚"对话框

(2)将光标置于页眉下的插入点上,输入你所需要的文字。

(3)单击"插入"→"页码"菜单项,出现"页码"对话框,单击"对齐方式"下拉列表框,选择 "居中",如图 7.1-14 所示。

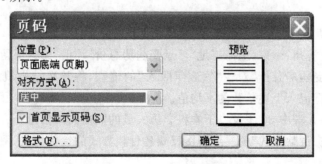

图 7.1-14　"页码"对话框

8. 保存文件

(1)单击"文件"→"另存为"菜单项,或单击"常用"工具栏的"保存"按钮,出现"另存为"对 话框。

　　(2)在"保存位置"下拉列表框中选择自己建的文件夹,在"文件名"文本框输入文件名"房产介绍",在"保存类型"下拉列表中选择文件类型"Word 文档(* .doc)",单击"保存"按钮。

7.2　Excel 综合案例

　　Excel 2003 是 Microsoft 公司出品的 Office 2003 系列办公软件中的另一个重要组件,Excel 2003 是当前功能强大、使用方便灵活的电子表格软件。使用 Excel 2003 可以制作电子表格、进行数据计算和分析等,并且具有强大的图表功能等。

　　一般使用 Excel 2003 进行电子表格的处理过程中主要是录入、编辑运算、图表生成、数据管理和排版输出:

- 录入主要是将各种数据输入 Excel 工作表中。
- 编辑运算主要是对数据进行修改,通过公式、函数等进行各种复杂运算。
- 图表生成主要是指通过系统提供的不同格式的图表对数据进行图表分析,更直观地体现数据分析。
- 数据管理类似数据库的数据管理功能,对数据进行排序、筛选、分类汇总和数据透视表等。
- 排版输出主要是将处理完毕的数据进行排版修饰输出。

　　本节主要围绕如何使用 Excel 2003 进行表格设计、运行计算、图表生成和数据管理,介绍 Excel 2003 的功能和典型技巧。

7.2.1　电子表格设计

　　本案例结合当前热点民生问题之购房需求设计了一系列综合性实验任务,其中涉及 Excel 的工作表操作、文档格式编辑、公式计算、数据清单管理等若干常用操作,旨在使用户通过本案例的练习,进一步理解和掌握 Excel 的各项基本操作,提高其灵活运用 Excel 功能解决实际问题的能力。

　　根据图 7.2-1 所示"购房需求调查表"完成以下任务:

　　(1)分别统计出杭州、南京、上海三地"可承受购房总价"均值,结果保留 1 位小数。

　　(2)求出"可承受购房总价"对于"家庭年收入"的倍数,将整数结果填入"付款方式"前一列,并在该列第 21 行记入上述倍数的平均值。

　　(3)显示被调查人群中 30 岁及以下本科学历人员的购房需求信息。

　　(4)用名为"购房付款方式"的三维饼图反映各付款方式的比例构成,图表上需标注各成分名称及百分比。

　　以上任务要求,"原始数据"表不动,每项任务均在新建表中完成,表名依次为"结果一"、"结果二"、"结果三"、"结果四",如有数据需要可从"原始数据"表中复制得到。

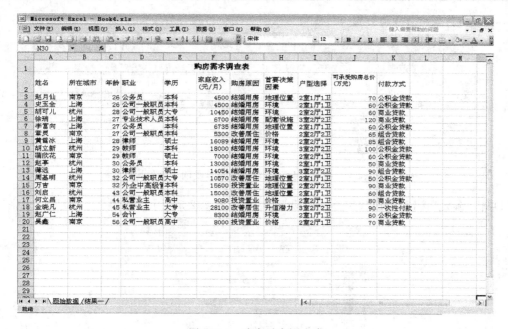

图 7.2-1　购房需求调查表

7.2.2　电子表格公式计算

1. 分别统计出杭州、南京、上海三地可承受购房总价均值,结果保留 1 位小数

操作步骤:

步骤 1:新建工作表,重命名为"结果一"。

步骤 2:复制"原始数据"表 A1:K20 区域内容到"结
果一"表相应单元格中。

步骤 3:在"结果一"表中用分类汇总的方式求三地
"可承受购房总价"均值,具体操作如下:

(1)选中"所在城市"列的任意一个单元格,按一下
"常用"工具栏上的"升序排序"或"降序排序"按钮,对数
据进行排序。

(2)选中表 A2:K20 区域,单击"数据"→"分类汇总"
菜单项,出现"分类汇总"对话框,如图 7.2-2 所示。

(3)将"分类字段"设置为"所在城市","汇总方式"设
置为"平均值","选定汇总项"设置为"可承受购房总价

图 7.2-2　"分类汇总"对话框

(万元)",同时选中"替换当前分类汇总"、"汇总结果显示在数据下方",单击"确定"按钮,返回。

(4)将工作表左边的分级显示折叠,即得到杭州、南京、上海三地可承受购房总价均值,如
图 7.2-3 所示。

(5)按住[Ctrl]键,选中统计结果所在单元格 J9,J16,J23,J24,单击"格式→单元格"菜单
项,出现"单元格格式"对话框,如图 7.2-4 所示,在"数字"选项卡中选"数值","小数位数"设为

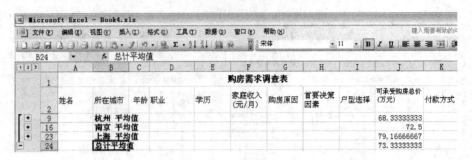

图 7.2-3　杭州、南京、上海三地可承受购房总价均值

"1"，单击"确定"按钮，完成数字格式的设置，结果如图 7.2-5 所示。

图 7.2-4　"单元格格式"对话框

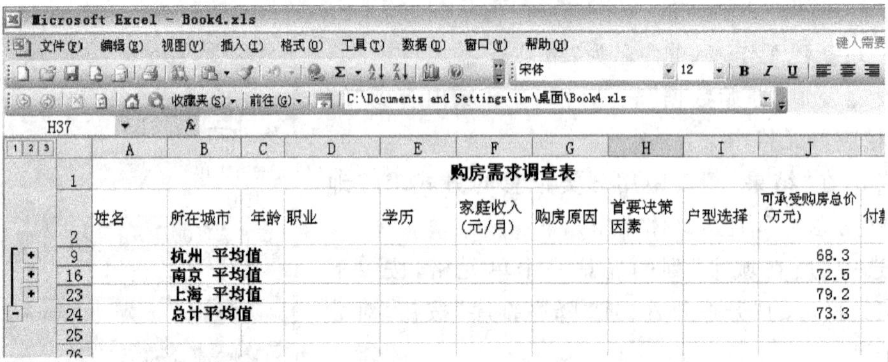

图 7.2-5　杭州、南京、上海三地可承受购房总价均值(保留 1 位小数)

2. 求出"可承受购房总价"对于"家庭年收入"的倍数，将整数结果填入"付款方式"前一列，并在该列第 21 行记入上述倍数的平均值

操作步骤：

步骤 1：复制"原始数据"表，操作如下：

(1)右击"原始数据"表名，在弹出的快捷菜单中选择"移动或复制工作表"命令。

(2)在出现的"移动或复制工作表"对话框中，在"下列选定工作表之前"选中"移至最后"，同时选择"建立副本"项，如图 7.2-6 所示。

小技巧　按下[Ctrl]键不放,同时拖动某一个工作表标签到另一个工作表标签的左边或右边即可完成工作表的复制。

图 7.2-6　"移动或复制工作表"对话框

步骤 2:将复制生成的工作表重命名为"结果二"。

步骤 3:在"结果二"表中计算每个受调查者"可承受购房总价"对于"家庭年收入"的倍数,其中计算公式为"可承受购房总价 * 10000/(家庭月收入 * 12)"。具体操作如下:

(1)选中 K 列,单击"插入"→"列"菜单项,在"付款方式"列前插入一空列。

(2)选中 K3 单元格,在编辑栏输入计算公式"=J3 * 10000/(F3 * 12)",单击编辑栏上"输入"✔️按钮,确认公式,如图 7.2-7 所示。

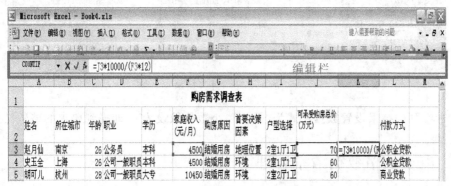

图 7.2-7　编辑栏中输入公式

(3)选中 K3 单元格,将鼠标指针移动到选定单元格右下角的填充柄上,鼠标指针变成"＋"字形,按住鼠标左键向下拖拉至 K20 单元格,将上述公式复制到 K4 至 K20 单元格区域中,从而求出所有人的"可承受购房总价对于家庭年收入的倍数"。

(4)选中 K21 单元格,用于存放平均倍数,单击"插入"→"函数"菜单项,出现"插入函数"对话框,如图 7.2-8 所示。

(5)在"或选择类别"中选"常用函数","选择函数"列表框中选"AVERAGE"函数。

图 7.2-8　"插入函数"对话框

（6）单击"确定"按钮，出现"函数参数"对话框，如图7.2-9所示。

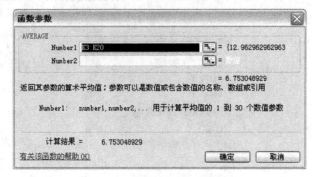

图7.2-9　"函数参数"对话框

（7）在Number1编辑栏中输入"K3：K20"，单击"确定"按钮完成，结果如图7.2-10。

	A	B	C	D	E	F	G	H	I	J	K	L	M
1						购房需求调查表							
2	姓名	所在城市	年龄	职业	学历	家庭收入(元/月)	购房原因	首要决策因素	户型选择	可承受购房总价(万元)		付款方式	
3	赵月仙	南京	26	公务员	本科	4500	结婚用房	地理位置	2室1厅1卫	70	12.96296296	公积金贷款	
4	史玉金	上海	26	公司一般职员	本科	4500	结婚用房	环境	2室1厅1卫	60	11.11111111	公积金贷款	
5	胡可儿	杭州	28	公司一般职员	大专	10450	结婚用房	环境	2室1厅1卫	60	4.784688995	商业贷款	
6	徐瑞	上海	27	专业技术人员	本科	6700	结婚用房	配套设施	3室2厅1卫	120	14.92537313	商业贷款	
7	李富向	上海	27	公务员	本科	6735	结婚用房	地理位置	2室1厅1卫	60	7.423904974	公积金贷款	
8	章灵	南京	27	公司一般职员	本科	5300	改善居住	价格	2室2厅1卫	65	10.22012579	组合贷款	
9	黄雷冰	上海	28	律师	硕士	16089	结婚用房	环境	2室2厅1卫	85	4.402593905	组合贷款	
10	胡立新	杭州	29	教师	本科	18000	结婚用房	环境	3室2厅1卫	100	4.62962963	公积金贷款	
11	蒲欣花	杭州	29	教师	硕士	7000	结婚用房	环境	2室1厅1卫	60	7.142857143	公积金贷款	
12	赵亭	杭州	30	公务员	本科	13000	结婚用房	环境	2室2厅1卫	50	3.205128205	商业贷款	
13	缪远	上海	30	律师	硕士	14054	结婚用房	环境	3室2厅1卫	90	5.336558987	组合贷款	
14	周基明	杭州	32	公司一般职员	大专	10570	改善居住	地理位置	2室1厅1卫	50	3.941974141	公积金贷款	
15	万吉	南京	32	外企中高级职员	本科	15600	投资置业	地理位置	2室2厅1卫	90	4.807692308	商业贷款	
16	刘启	杭州	43	公司一般职员	本科	15000	改善居住	环境	2室2厅1卫	60	3.333333333	组合贷款	
17	何立昌	南京	44	私营业主	高中	9080	投资置业	价格	2室2厅1卫	80	7.342143906	商业贷款	
18	金晓凡	杭州	45	私营业主	大专	28100	改善居住	升值潜力	3室2厅1卫	90	2.669039146	一次性付款	
19	赵广仁	上海	54	会计	大专	8300	结婚用房	环境	2室1厅1卫	60	6.024096386	公积金贷款	
20	吴鑫	南京	56	公司一般职员	高中	8000	投资置业	价格	2室1厅1卫	70	7.291666667	商业贷款	
21											6.753048929		
22													
23													

图7.2-10　计算结果

（8）对K列的结果设置数据格式为"数值"，小数位数设为0，即得到要求的整数结果。

7.2.3　电子表格数据清单管理

显示被调查人群中30岁及以下本科学历人员的购房需求信息。

操作步骤：

步骤1：复制"原始数据"表，并将复制表重命名为"结果三"。

步骤2：用筛选的方法来显示被调查人群中30岁及以下本科学历人员的购房需求信息。具体操作如下：

（1）选中"结果三"表中A2：K2数据区域，单击"数据"→"筛选"→"自动筛选"菜单项，此时每一项列标题右侧均出现一个下拉按钮，如图7.2-11所示。

（2）单击"年龄"右侧的下拉按钮，在出现的快捷菜单中选"自定义"选项，打开"自定义自动筛选方式"对话框，如图7.2-12所示。

（3）单击左上方框右侧的下拉按钮，选择"小于或等于"，在右上方框中输入30，单击"确定"按钮，选出年龄段在30岁及以下的受调查者，如图7.2-12所示。

图 7.2-11 "筛选"按钮及快捷菜单

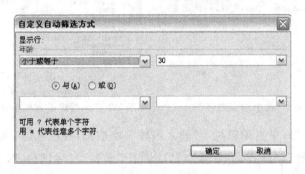

图 7.2-12 "自定义自动筛选方式"对话框

（4）在此基础上，单击"学历"右侧的下拉按钮，在随后出现的快捷菜单中选"本科"选项，即得到 30 岁及以下本科学历人员的购房需求信息，结果如图 7.2-13。

	A	B	C	D	E	F	G	H	I	J	K
1	购房需求调查表										
2	姓名	所在城市	年龄	职业	学历	家庭收入（元/月）	购房原因	首要决策因素	户型选择	可承受购房总价（万元）	付款方式
3	赵月仙	南京	26	公务员	本科	4500	结婚用房	地理位置	2室1厅1卫	70	公积金贷款
4	史玉全	上海	26	公司一般职员	本科	4500	结婚用房	环境	2室1厅1卫	60	公积金贷款
6	徐瑞	上海	27	专业技术人员	本科	6700	结婚用房	配套设施	3室2厅2卫	120	商业贷款
7	李富向	上海	27	公务员	本科	6735	结婚用房	地理位置	2室2厅1卫	60	公积金贷款
8	章灵	南京	27	公司一般职员	本科	5300	改善居住	价格	2室2厅1卫	65	组合贷款
10	胡立新	杭州	29	教师	本科	18000	结婚用房	环境	3室2厅2卫	100	公积金贷款
12	赵亭	杭州	30	公务员	本科	13000	结婚用房	环境	2室1厅1卫	50	商业贷款
21											
22											
23											

图 7.2-13 30 岁及以下本科学历人员的购房需求信息

7.2.4 电子表格的数据图表化

用名为"购房付款方式"的三维饼图反映各付款方式的比例构成，图表上需标注各成分名称及百分比。

操作步骤：

步骤 1：新建工作表，并命名为"结果四"。

步骤 2：为创建图表准备数据，此处为统计各类型付款方式人数。具体操作如下：

(1)在"结果四"工作表的 A1 单元格中输入"付款方式"，在 B1 单元格中输入"人数"，从 A2 开始，在 A 列中输入各付款方式的类型名，如图 7.2-14 所示。

小技巧　在录入数据时可以通过 Enter 键使光标跳到后续单元格，Excel 2003 默认是向下跳转，如需改变跳转方向可使用"工具"→"选项"菜单项，在"选项"对话框中选"编辑"选项卡，选中"按 Enter 键后移动方向"复选框，并在该项右边的列表中选择移动方向。如图 7.2-15 所示。

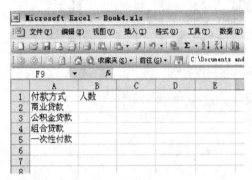

图7.2-14　"结果四"表中输入内容图

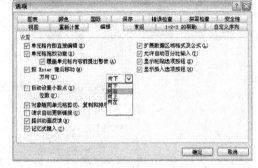

图7.2-15　指定键入回车键后光标的移动方向

(2)选中 B2 单元格，单击编辑栏上"输入函数" f_x 按钮，在"插入函数"对话框中分别设置"或选择类别"为"统计"，"选择函数"为"COUNTIF"函数。(注：COUNTIF 函数用于统计某个单元格区域中符合指定条件的单元格数目)

(3)单击"确定"按钮，在随后出现的"函数参数"对话框设置参数如下：

首先单击 Range 编辑栏中"压缩对话框"按钮，出现"压缩对话框"，如图 7.2-16 所示，选中"原始数据"表 K3:K20 数据区域，然后单击该对话框右侧按钮返回，即完成了 Range (范围)参数的设置。其次在 Criteria(条件)编辑栏中输入 A2，指定统计条件。单击"确定"按钮，自动生成本题要求的统计公式，如图 7.2-17 所示。

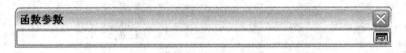

图 7.2-16　压缩对话框

图 7.2-17　统计公式

（4）拖动 B2 单元格右下角句柄至 B5，复制公式，求得其他付款方式的人数。

步骤 3：创建饼图。具体操作如下：

①选中 A2:B5 数据区域。

②单击"插入→图表"菜单项，出现"图表向导"对话框，如图 7.2-18 所示。

③在"标准类型"选项卡中，设置"图表类型"为"饼图"，"子图表类型"为"三维饼图"，如图 7.2-18 所示。

图7.2-18 "图表向导—步骤之1"　　　　　　图7.2-19 "图表向导—步骤之2"

④单击"下一步"按钮，在出现的"图表向导—步聚之 2"对话框中，设置"系列产生在列"，如图 7.2-19 所示。

⑤单击"下一步"按钮，在弹出的"图表向导—步聚之 3"对话框中，将"数据标志"选项卡中"类别名称"和"百分比"两个项目勾选上，如图 7.2-20 所示。

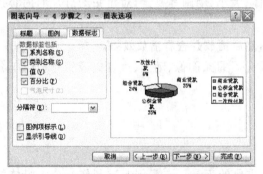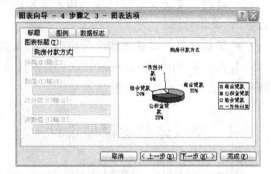

图7.2-20 "图表向导—步骤之3"—"数据标志"　　　图7.2-21 "图表向导—步骤之2"—"标题"

选择"标题"选项卡，指定本图表的标题为"购房付款方式"，如图 7.2-21 所示。

单击"完成"按钮，结果如图 7.2-22 所示。

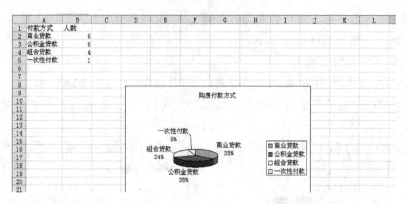

图 7.2-22　"购房付款方式"图表

7.3　幻灯片综合案例

　　PowerPoint 2003 是 Microsoft 公司出品的 Office 2003 软件包中的一款优秀的演示文稿制作软件,它可以方便地组织和创建多种形象生动、主次分明的演示文稿。如教师上课使用的课件、介绍公司概况的演讲文稿、产品展示的演示文稿等等。

　　一般使用 PowerPoint 2003 制作一个演示文稿,主要是素材采集、方案制定、制作、修饰和演示播放:

- 素材的准备主要是准备演示文稿中所需要的一些文本、图片、数据、声音、动画等材料。
- 方案的确定主要是对演示文稿的整个框架作一个总体设计。
- 制作主要是将准备好的文本、图片、表数据等对象输入或插入到相应的幻灯片中。
- 修饰主要是设置幻灯片中相关对象的字体、大小、动画等要素,对每张幻灯片的内容进行修饰、美化处理。
- 演示播放是设置播放过程中的一些参数,然后播放并查看播放效果。

　　本节主要利用 PowerPoint 2003 制作具有文字、图形、图像、动画、声音以及视频剪辑等各种丰富多彩的多媒体对象的演示文稿。

7.3.1　多媒体教学课件设计

　　PowerPoint 2003 是多媒体教学的一个非常重要的工具。本案例通过制作一个多媒体的教学演示,介绍如何利用 PowerPoint 2003 绘制图形、制作幻灯片母版,如何将演示文稿、图片、声音等文件整合在一起,如何自定义动画等功能,完成多媒体课件制作,如图 7.3-1 所示。

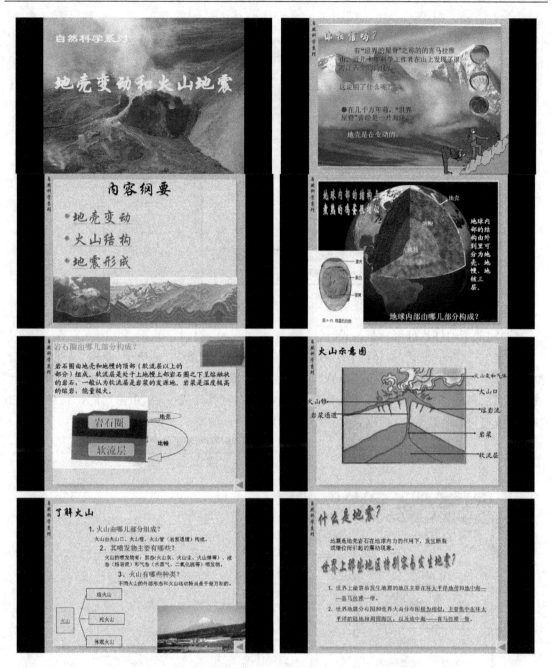

图 7.3-1　样图

7.3.2　为教学演示设计母板

为了让教学演示的幻灯片有一个相同的格式,先为它设计一个母板,例如设计超链接和已访问的超链接字体的颜色、设计相同的背景图纹等。具体操作步骤如下。

(1)启动 PowerPoint,新建一个空白演示文稿。

(2)单击"视图"→"母版"→"幻灯片母版"菜单项,出现如图 7.3-2 所示的幻灯片母版视图。

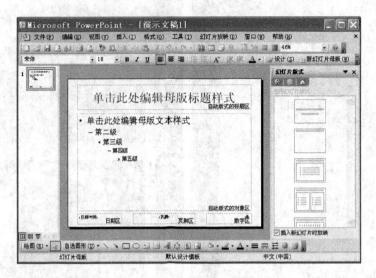

图 7.3-2 幻灯片母版视图

(3)完成了幻灯片母版背景的设计。

单击"格式"→"背景"菜单项,出现"背景"对话框,在"背景"对话框中,单击"背景填充"下拉列表框中选择"填充效果"选项,出现"填充效果"对话框,选择"图片选项卡"中的"选择图片"按钮,在"选择图片"下拉列表框中选择自己的文件夹,选择所需文件,单击"插入"按钮。单击"确定"按钮,返回"背景"对话框,单击"全部应用"按钮。如图 7.3-4 所示。

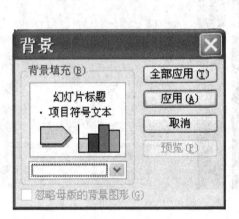

图 7.3-4 "背景"和"填充效果"对话框

(4)设置超链接和已访问的超链接字体的颜色。

单击屏幕右侧的"幻灯片版式"任务窗格中的向下箭头,在弹出的下拉列表中单击"幻灯片设计—配色方案",出现"幻灯片设计"任务窗格。如图 7.3-5 所示。

(5)拖动"应用配色方案"列表框中的滚动条,选择自己需要的方案,若觉得系统给你的配色方案不满意,可以自行编辑。单击滚动条下面的"编辑配色方案",出现"编辑配色方案"对话框。如图 7.3-6 所示。

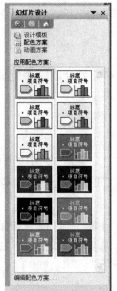

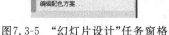

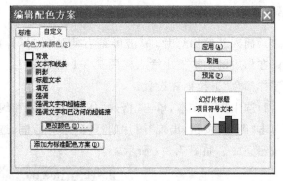

图7.3-5 "幻灯片设计"任务窗格   图7.3-6 "编辑配色方案"对话框

（6）设置超链接和已访问的超链接字体的颜色。

在"编辑配色方案"对话框中，选择"自定义"选项卡，在"配色方案颜色"选择区域中选择"强调文字和超链接"选项，单击"更改颜色"按钮，出现"强调文字和超链接颜色"对话框，选择需更改的颜色，单击"确定"按钮，返回"编辑配色方案"对话框。以同样的方法修改"强调文字和已访问的超链接"的颜色，如图 7.3-5 所示，设为蓝色。单击"应用"按钮。

（7）在母版背景图上设计字幕。

单击"插入"→"文本框"→"垂直"菜单项，在合适地方画文本框，输入文字"自然科学系列"，并放在母版背景图的左上角。

（8）单击"幻灯片母版视图"工具栏上的"关闭母版视图"。

7.3.3 制作教学演示标题幻灯片

本案例的第一张幻灯片是标题幻灯片，列出了本演示文稿的主题。现要换一张背景图，并输入相应的标题文字，步骤如下。

（1）单击"格式"→"背景"菜单项，出现"背景"对话框，在"背景"对话框中，单击"背景填充"下拉列表框，选择"填充效果"选项，出现"填充效果"对话框，选择"图片选项卡"中的"选择图片"按钮，在"选择图片"下拉列表框中选择自己的文件夹，选择所需文件，单击"插入"按钮。单击"确定"按钮，返回"背景"对话框，单击"应用"按钮。

（2）单击"插入"→"文本框"→"水平"菜单项，输入相应的文字，拖动文本框四周的圆圈，调整文本框到合适的大小，并利用"格式"工具栏上的"字体"、"字号"和"字体颜色"下拉列表设置格式。选中文本框移动文本框位置，调整到合适的地方。

7.3.4　制作互动的教学演示幻灯片

第2张幻灯片介绍了演示文稿的主要内容纲要,第3张幻灯片开始介绍每个纲要的原理,并用自定义动画和链接把科学原理表示出来。

1.第3张幻灯片的内容版式设计

(1)插入新的幻灯片,单击屏幕右侧的"幻灯片版式"窗格的"文字版式"中的"标题和文本"。在相应的文本框中输入样图7.3-1所示文字。并利用"格式"工具栏上的"字体"、"字号"和"字体颜色"下拉列表设置。

(2)选中项目文本,单击"格式"→"项目符号和编号"菜单项,出现"项目符号和编号"对话框,单击"图片"按钮,出现"图片项目符号"对话框,选中你需要的图片作为项目符号,单击"确定"按钮完成。如图7.3-7所示。

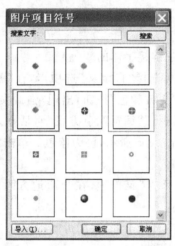

图7.3-7　"图片项目符号"对话框

2.第5张幻灯片的内容版式设计

(1)输入文本。

单击"插入"→"文本框"→"水平"菜单项,在合适地方画文本框,输入文字"岩石圈由哪几部分构成?",以同样的方法,输入"岩石圈由地壳……能量极大。"

(2)添加图片。

单击"插入"→"图片"→"来自文件"菜单项,出现"插入图片"对话框,在"插入图片"对话框中,单击"查找范围"下拉列表框,选择自己的文件夹,选择所需文件,单击"插入"按钮。根据样图7.3-1所示,调整插入图片的大小,并放置到合适的位置。

(3)绘制箭头符号和图片上的文字框。

单击"绘图"工具栏的"自选图形"按钮,在弹出的下拉列表中选择"箭头总汇",并在其下级菜单上单击"右弧形箭头"，当鼠标变成十字形时,在幻灯片上画出箭头。单击图中黄色调节点,调整箭头,使它成为单线型,调整箭头大小和位置,并利用"绘图"工具栏上的"线条颜色"设置箭头颜色。单击"插入"→"文本框"→"水平"菜单项,在箭头里面合适地方画文本框,输入文字"地壳",选中该文本框,按 Ctrl 键,选中箭头,选择"绘图"工具栏中的"绘图"下拉列表,选择"组合",则箭头和箭头文字说明合为一体。另一箭头类同。

(4)利用自选图形的圆角矩形功能绘制矩形框并设置该矩形区域的填充效果。

单击"绘图"工具栏的"自选图形"按钮,在弹出的下拉列表中选择"基本形状",并在其下级菜单上单击"圆角矩形",当鼠标变成十字形时,在幻灯片上画出"圆角矩形"。

在添加的矩形框上右击,在弹出的快捷菜单中选择"设置自选图形格式"菜单项,出现"设置自选图形格式"对话框中,在"填充"选项区域中的"颜色"下拉列表框中选择填充颜色。在"线条"选项区域中的"颜色"下拉列表框中选择矩形边的颜色。单击"确定"按钮。如图 7.3-8 所示。

其他幻灯片中的元素添加与上述类同。

图 7.3-8　"设置自选图形格式"对话框

7.3.5　添加自定义动画

对幻灯片中的元素添加完毕后,接下来为幻灯片做交互动画效果。

1. 第 3 张幻灯片中的交互性动画

(1)单击第 3 张幻灯片,选中"地壳变动",在选中的文字上右击,在弹出的快捷菜单中选择"超链接"菜单项,出现"插入超链接"对话框中,如图 7.3-9 所示。

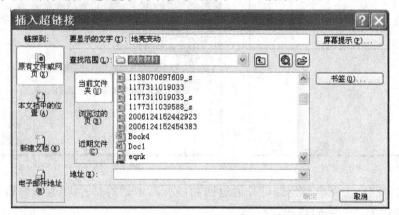

图 7.3-9　"设置自选图形格式"对话框

(2)在"插入超链接"对话框中单击"书签"按钮,出现"在文档中选择位置"对话框,选择"幻灯片4"。单击"确定"按钮。如图7.3-10所示。

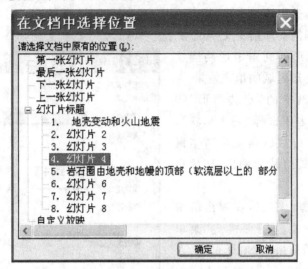

图 7.3-10 "在文档中选择位置"对话框

(3)用同样的办法为其他项目添加链接。其中,"火山结构"链接页是"幻灯片6","地震形成"链接页是"幻灯片8"。

(4)在"幻灯片4"上做返回按钮。

单击第4张幻灯片,单击"幻灯片放映"→"动作按钮"→"后退或前一项"菜单项,当鼠标变成十字形时,在幻灯片上画出动作按钮◀,出现"动作设置"对话框。如图7.3-11所示。在"超链接到"下拉列表框中选择"幻灯片",出现"超链接到幻灯片"对话框,在"幻灯片标题"选项框中选择"幻灯片3",单击"确定"按钮。如图7.3-12所示。

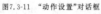

图7.3-11 "动作设置"对话框

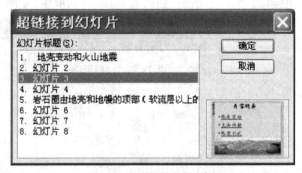

图7.3-12 "超链接到幻灯片"对话框

(5)用同样的办法完成其他幻灯片的返回功能。其中,"幻灯片7"返回到第3张幻灯片;"幻灯片8"返回到第3张幻灯片。

这样就完成了幻灯片交互性动画设计。

2. 给幻灯片切换及幻灯片中的元素添加动画

(1) 单击"幻灯片放映"→"幻灯片切换"菜单项,在屏幕的右侧出现"幻灯片切换"窗格,如图 7.3-13 所示。在"幻灯片切换"窗格中的"应用于所选幻灯片"选择区域里选择切换方式,在"修改切换效果"区域里对切换速度、切换方式、应用范围等进行选择,例如我们选择切换方式为"垂直百叶窗"式,切换速度为"中速",应用范围为"应用所有幻灯片"。

图7.3-13　"幻灯片切换"窗格　　图7.3-14　"自定义动画"窗格　　图7.3-15　"添加进入效果"对话框

(2) 单击第 3 张幻灯片,单击"幻灯片放映"→"自定义动画"菜单项,在屏幕的右侧出现"自定义动画"窗格。如图 7.3-14 所示。

(3) 选中标题"内容纲要",单击"自定义动画"窗格中的"添加效果"按钮,在弹出的下拉列表中单击"进入"菜单项,再在其下级菜单中单击"其他效果",出现"添加进入效果"对话框。如图 7.3-15 所示。

(4) 在"添加进入效果"对话框的"基本型"选项区域中选择"切入",单击"确定"按钮。然后在"自定义动画"窗格中的"开始"下拉列表中选择"之后"。

(5) 用同样的方法,设置项目内容的进入效果为"擦除"、"自左侧"。

其他幻灯片中的元素动画方法类同。

7.4　多媒体综合应用实例

多媒体作品的创作不仅涉及美术、传播、教育、心理等多方面创作因素,而且需要进行精心的创意和精彩的组织,使之更加人性化和自然化。它这种图、文、声、像并茂的特点,使得多媒体作品在现代生活中起着越来越重要的作用。

7.4.1　作品分析与脚本编写

现代生活中多媒体作品层出不穷,这些作品的种类繁多,有网站类、动漫类、多媒体课件类、平面设计类等多个方向。而且各个方向都有其不同的特点,涉及不同的社会领域,具有不同的内容。

如何来创作多媒体作品,首先要对需要创作的内容进行作品分析,根据作品内容的需要,确定用哪些媒体来表现作品的主题。本多媒体综合应用实例选题是:中国古代名著《红楼梦》的介绍,希望通过本作品让用户加深对古代名著《红楼梦》的了解,同时注意到是普及型,不是红学研究,因此主要是满足广大普通读者的要求。

脚本设计是制作多媒体作品的重要环节。它需要根据具体条件对内容的选择、结构的布局、视听形象的表现、人机界面的形式、解说词的撰写、音响和配乐的手段等进行周密的考虑和细致的安排。它的作用相当于影视剧本。从多媒体作品的开发制作看,第一步是文字内容的构思,既定主题,根据这一要求将《红楼梦》作品的主题内容定位如下:

作品主要以四条主脉络为基础来介绍。

1.《红楼梦》的影响

《红楼梦》以其博大精深的内容和娴熟精湛的艺术表现,产生了巨大影响。因为曹雪芹原著只有 80 回流传于世,后人都希望能够弥补这个遗憾,因此大量《红楼梦》续书应运而生。从过去的戏曲、弹词到当代的电影、电视,诞生了一批以《红楼梦》为题材的文艺作品。当然,学术界也非常重视《红楼梦》这部传世巨著。《红楼梦》还被翻译成二十多种语言文字,在海外汉学界和海外广大读者中,享有崇高声誉。

2. 红楼人物素描

《红楼梦》的一大成功之处,就在于塑造了一批性格鲜明的人物形象,如黛玉的孤高、湘云的豪爽、袭人的温顺、凤姐的泼辣等等,都给读者留下了深刻的印象。并且这些人物也没有失去复杂性,每个人都既有优点又有缺点,湘云虽然豪爽潇洒,但却有咬舌子的毛病;凤姐有贪婪狠辣玩弄权术的一面,也有诙谐幽默讨人喜欢之处。正是这种独特又丰富的人物形象散发出永恒的魅力,吸引了众多读者的目光。主要人物有:

宝玉,贾府的掌上明珠;黛玉,作者使这一个典型结晶了过去一切"春怨秋悲"闺阁女性之传统,然后又感染了以后一切"工愁善病"的闺阁女性之情操;薛宝钗,传统的贤淑妇;袭人,影子,温柔和顺,愿为侍妾;王熙凤,出身于贾家的世代姻亲——声势显赫的王家,到了贾府,她又成手执荣国府权柄的人。她泼辣洒脱、机智权变、心狠手辣,维持着贾府的运转。

3. 漫说红楼

《红楼梦》铺展开了一幅幅细腻逼真的生活画卷,读者徜徉其中往往有身临其境之感。在遵循生活轨迹、摹写生活琐事的同时,作者独具匠心地引入神话传说、真假梦幻,从而赋予了作品独特的美感,同时也加深了它的思想内涵。《红楼梦》由女娲补天的神话开篇,无才补天的石头遗落人间,开始了在红尘中的游历和磨炼。作者通过大荒的彼岸与大观的此岸之间的游走,表达自己对于现实的看法,灌注了关于真假、色空等复杂问题的人生体验。

4.《红楼梦》概况

《红楼梦》又名《石头记》,是中国古典小说四大名著之一,代表了古典白话小说创作的最高水准。《红楼梦》成书于清乾隆年间,这个时代是封建社会最后的盛世,繁华的表象下孕育着末世哀音,《红楼梦》正是在此时应运而生的。自从《红楼梦》以抄本形式在社会上流传以来,受到人们的热烈欢迎,甚至有"开谈不说《红楼梦》,读尽诗书是枉然"之说。时至今日,《红楼梦》依然散发着不朽的艺术魅力,为海内外广大读者所喜爱。

7.4.2 素材准备

多媒体素材的采集和制作是创作多媒体作品的基础,它将构成多媒体作品的基本元素,直接影响到作品的效果。素材的获取与设计的水准与作品创作者的文化素养、创意思维、各种软硬件的正确掌握及熟练使用技能紧密相连。为此,素材的收集和准备是制作多媒体作品的重要环节。

1.文字素材

在各式各样的作品中,文字素材占有十分重要的地位,是应用最广泛的媒体之一,是学习者获取知识的重要来源。因此,在素材的准备中,文字的地位十分重要。多媒体文字素材常用两种形式:文本文字和图像文字。

(1)文本文字。目前常用 Word 字处理软件,通过录入、编辑、排版以后生成格式为 DOC文本文件,以文本文件形式存放。

(2)图像文字。网页、多媒体作品、广告等都离不开图像文字的创意与设计,这类文字可以用绘图软件设计、制作,比如用 Photoshop 软件来制作。用 Photoshop 软件制作的文字素材属于位图图像,一般字体较大,字体的造型丰富多样,字数不多,感染力强。生成的文件格式为图像文件,如 BMP、JPG 等,所占有的字节数一般要比文本格式大。

一般设计者在作品中把标志性矢量文字转换成图像文字,这样在运行时不会因为没有安装相应的字库而出现乱码现象。在作品中常把图像文字以美术字等形式作为作品的一部分,并根据需要添加色彩与效果,以提高多媒体作品的感染力。

如何用 Photoshop 制作图像美术字体? 举例如下:

(1)字体的输入与编辑。打开 Photoshop 软件新建一个图像文件,如图 7.4-1 所示,(单位设为像素,宽度设为 800,高度设为 600,分辨率为 72,模式为 RGB 颜色)。

(2)输入文字。在工具栏上单击"文字"工具 T,在图像窗口中单击欲插入文字的位置,出现文字输入光标。在选项栏中设置字体类型:华文行楷、大小:250 以及文字的颜色。如图7.4-2所示。

然后输入相应的字体"红楼梦",如图 7.4-3 所示。

(3)编辑文字。再次在工具栏上单击"文字"工具 T,同时选定已输入的字体,然后可以改变字体、字号、颜色等。因为此时是文字层,既字体是矢量字体。因此不论如何编辑字体都不会发生变形,如图 7.4-4 所示。

图 7.4-1 新建图像窗口

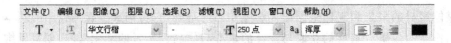

图 7.4-2 设置字体类型、大小、颜色

图 7.4-3 输入相应的字体

图 7.4-4 进行编辑后的字体

(4)字体的形变。在工具栏上单击"文字"工具 T,在选项栏中选择"改变文字方向",接着单击"编辑"→"变换"→"斜切",拖动边框达到的字体形变效果,如图 7.4-5 所示。在 Photoshop"变形文字"窗口中,还有上弧、下弧、拱形等 15 种形变样式,同时在各个样式中能设置不同的参数,因此 Photoshop 中的形变样式能够满足一般字体形变需求。

(5)字体的渲染。在网页、广告推荐、多媒体软件中的字体仅有形变是不够的,还需要对字体进行渲染,以达到一定的美术字设计要求。例如"红楼梦"字体的渲染操作如下:

①选择背景图像,可以根据自己的爱好、审美,来确定相应的背景图像。在本例中根据题材的需要,挑选"大观园"作为背景图像,如图 7.4-6 所示。

图7.4-5　进行形变后的字体　　　　　　　　　　　　　图7.4-6　背景图像

②把形变后的字体,复制到背景图像上。

③对字体进行渲染产生立体效果,单击"图层"→"图层样式",弹出"图层样式"窗口,并设置相应的选项"投影"、"斜面和浮雕"等参数如图 7.4-7 所示。

④达到的作品效果如图 7.4-8 所示。

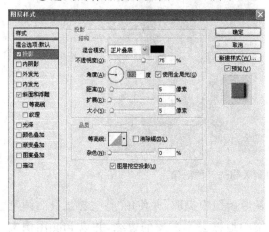

图7.4-7　图层样式窗口　　　　　　　　　　　　　图7.4-8　作品效果

2. 图像素材

一般来说图像素材的处理是从整体到细节循序渐进的过程。先对素材进行剪裁,然后将素材拼合,最后对图像进行细节方面的修饰。本例题中,人物图像的提取与合成方法如下。

(1)图像的选定,是应用图像"选定工具"对需要的局部图像进行选定。由于"魔棒工具"使用较为简单,因此常使用"魔棒工具"进行图像的区域选取。

使用"魔棒工具"可选择具有相似颜色的区域。在工具栏上单击"魔棒工具",此时 Photoshop 窗口上第三行显示"魔棒工具"的属性工具栏,如图 7.4-9 所示。

图 7.4-9　魔棒工具栏

在"魔棒工具"属性工具栏上,选区的选择方式有四种 ▢▢▢▢ 。这四种选择方式的分别依次为:去掉旧的选择区域,选择新的区域;添加到选区,形成最终的选择区;在旧的选择区域中,减去新的选择区域与旧的选择区域相交的部分;(与选区交叉)新的选择区域与旧的选择区域相交的部分为最终的选择区域。

本例使用"魔棒"工具的步骤:

①选区的选择方式:添加到选区。

②容差参数设置为:8(因为背景颜色与人物颜色的反差较小,所以容差参数值取8)。

③将图像放大2倍,放大图像后容易选定细节。

④使用"魔棒"工具多次单击人物的背景,得到整个背景的选区,然后单击"选择"菜单项上的"反选"功能,得到人物的选区,如图7.4-10所示。

注意:此时选区的选择方式应始终在"添加到选区"上。

图 7.4-10　原始图像、得到人物选区的图像

(2)通过单击"编辑"→"复制"菜单项,将人物从原始图中提取,并使用"橡皮擦工具",画笔的大小设定为8~10,在图像放大2倍的情况下,细心地擦去不需要的边缘,并以png图像文件格式保存,如图7.4-11所示。

图 7.4-11　提取后的人物图像

（3）对人物的边缘进行"缩边"1 个像素，并除去 1 个像素的边缘，同时对 1 个像素的边缘进行"羽化"模糊人物的边缘，有利于图像重组后，与重组的图像更好的结合。然后单击"编辑"→"复制"菜单项，将图像存入剪贴板。

（4）打开"红楼梦封面"图像，单击"编辑"→"粘贴"菜单项，将剪贴板中的人物图像，粘贴到"红楼梦封面"图像上，并移动到适当的位置，拼合后的图像效果如图 7.4-12 所示。

图 7.4-12　合成后的红楼梦封面

7.4.3　作品制作平台选择

Macromedia Flash MX 可以将文字、图形、图像、动画、声音、视频集成于一体，应用 Flash 技术可以设计出精彩有趣的多媒体作品，并具有良好的交互功能，因而被广泛应用在网上各种动感网页、LOGO、广告、MTV、游戏和高质量的课件中。由于在 Flash 中采用了矢量作图技术，各元素均为矢量，因此只用少量的数据就可以描述一个复杂的对象，从而大大减少动画文件的大小。而且矢量图像还有一个优点，就可以真正做到无极放大和缩小，你可以将一幅矢量图像任意地缩放，而不会有任何失真。基于以上种种优点，选择 Macromedia Flash MX 作为多媒体作品制作平台。

7.4.4　作品动态封面的制作

1. 作品背景的创建与标题美术文字的设计

（1）创建电影文件，设置窗口尺寸为 800×600 像素。单击"文件"→"新建"→"属性"→"属性窗口"菜单项，将文件的大小设置为 800×600 像素，同时将显示比例设定为 75％，如图 7.4-13 所示。

（2）把"红楼梦封面"图像作为背景图像，并导入到图层 1（命名为"背景"）之中，并移动到窗口的右面适当位置处。

（3）创建图层 2，命名为"标题"，把"红楼梦"美术字体图像，导入到图层 2 之中，如图 7.4-

14 所示。

图7.4-13　设置工作窗口

图7.4-14　图像导入图层中

2. 作品标题美术文字的动画设计

(1)在"标题"图层的第 50 帧处插入一个关键帧。把第 1 帧确定为当前帧,移动第 1 帧的"红楼梦"美术字体图像,到场景中"大观园"图像右侧。

(2)在"标题"图层中,创建从第 1 帧到第 50 帧的动作补间动画,并保存"红楼梦介绍. fla"文件,如图 7.4-15 所示。

(3)把"标题"层的第 1 帧确定为当前帧,单击图层的"属性"按钮,打开"属性"窗口。选择颜色为"Alpha",数值为 5%,如图 7.4-16 所示。

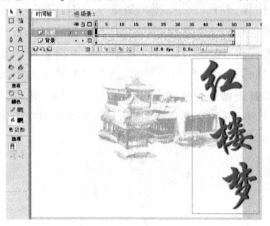

图7.4-15　创建补间动画

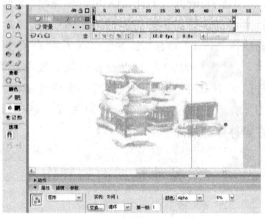

图7.4-16　选择颜色为"Alpha"

按[CTRL]+[Enter]组合键测试影片,运行已完成的作品,体会创作的快乐。

7.4.5　交互功能的设计与制作

在 Flash MX 中交互功能的实现主要是应用"按钮",按钮的制作方法如下。

1. 按钮图像的处理

　　要制作图像按钮，首先需要在 Photoshop 软件上编辑、处理二幅图像，一幅彩色一幅黑白，具体方法参考"图像素材"章节，制作出的最终效果如图 7.4-17 所示。

图 7.4-17　创建按钮的图像

2. 创建图像按钮元件

　　在 Flash MX 环境下，单击"插入"→"新元件"菜单项，弹出"创建新元件"窗口，设置相应的参数，如图 7.4-18 所示。

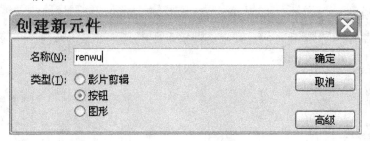

图 7.4-18　创建按钮元件

3. 把彩色图像与黑白图像分别导入到"弹起"、"按下"帧之中

　　在"指针经过"帧处插入关键帧，并在"林黛玉"人物图像下，输入"林黛玉介绍"字体，用于提示该按钮的功能，如图 7.4-19 所示。

　　回到场景 1 中，单击"窗口"→"库"菜单项，在"库"中选定元件"renwu"，把它拖放到工作区中适当位置，如图 7.4-20 所示的位置。在按钮"renwu"上单击鼠标右键选择"动作"，打开动作属性面板。在动作面板中输入如下内容：

　　on（release）{ 　 gotoAndPlay("林黛玉介绍"，1)；　 　 }

　　表示的是点击按钮打开"林黛玉介绍"场景。

图7.4-19　图像导入相应帧中

图7.4-20　按钮拖入场景

7.4.6　作品中声音的应用

在多媒体作品中,加入解说、背景音乐及一些音响效果等,可以起到渲染气氛、创设情景的特殊效果。在 Flash MX 中可以导入的声音文件有 WAV、MP3 等格式,基本方法如下。

(1)把选中的声音文件,导入到"库"中。在 Flash MX 工作窗口,单击"文件"→"导入"→"导入到库"菜单项,打开"导入到库"菜单项,在相应的声音文件夹中,选中需要的声音文件,将它导入。导入后的现象如图 7.4-21 所示。

图 7.4-21　导入声音文件到库中

(2)在场景中设置当前层为"按钮"层,然后单击"插入图层"按钮,添加一新图层,并把该层命名为"声音"层。在"库"中选中已导入的"红楼梦-葬花吟"元件,用鼠标按住拖动到场景中后放开,便把声音导入到了"声音"层之中,如图 7.4-22 所示。

按[CTRL]+[Enter]组合键测试影片,运行已完成的作品,比较一下有声音时的效果,体会创作的快乐。

图 7.4-22　导入声音文件到层中

7.5　网站制作综合案例

目前,Internet 上有一个非常流行的应用,那就是博客(Web Log)。博客是一种网络日志,为没有个人网站的用户提供了一种记载、保存、发表和共享日记、观点、作品、影集等个人资料并且可以收藏音乐、电影、明星照片、珍贵资料等个人爱好的场所。如果我们学会了网站制作技术,那么完全可以自己营造这样一个场所,而不需要使用博客,从而突破博客有限的内容与风格模板的限制,充分发挥个人的想象力和创造力,创作出内容更加丰富、风格更加多样化的个人空间。本节我们将带领读者,来实现一个简单个人网站的创作。

7.5.1　网站的布局设计

本网站拟实现一个博客的最基本功能,包括日记、照片、音乐和简历的目录索引和内容浏览。我们将站点的展示界面设计为一个框架网页结构,包含上框架、左框架和主框架(如图7.5-1)。采用框架结构的目的是,将一些重要的内容固定在界面中保持随时可见。

上框架用以展示站点的标志、主题和广告宣传页面,用图片作为背景,配以宣传文本,框架的大小和位置固定,不随内容的滚动而滚动,在整个站点的所有页面都可以看见;

左框架为导航栏,以象形图标和会意文字做导航链接,大小和位置固定,也不随内容的滚动而滚动,在所有页面均为可见;

主框架是分类索引目录和主题内容的展示页面,单击导航栏中超链接时,主框架中应加载目录索引页面,而单击索引页面中超链接时,主框架中则加载主题内容页面。

图 7.5-1　网站的实现效果

7.5.2　网站素材的准备

1. 图片文件的准备

需要准备的图片有:上框架的背景图片、左框架的图标和各个主题需要展示的所有照片、图片等,上框架背景图片最好加工成 800×80 像素大小,而照片则加工成 2 种规格: 160×120 (做照片索引页面的缩略图用)和 640×480(浏览大照片时使用)。其他页面的图片按需要加工成适当的尺寸。将每一个图片文件按编号、日期或者内容来命名。

2. 音乐文件的准备

收集个人喜欢的音乐文件,尽可能加工成.wma 格式(所站存储空间较小,下载较快),或者加工成.mp3 格式。也需要将每一个音乐文件按编号、日期或者内容来命名。

7.5.3　网站的建立

1. 新建网站

运行 FrontPage2003,选择“文件”菜单的“新建”选项,然后在任务窗格中选择“其他网站模板”,打开“网站模板”对话框(如图 7.5-2),在其中选择“个人网站”模板,单击“确定”按钮后,站点结构已经生成,此时在站点“文件夹列表”中可以看到 FrontPage2003 已经为我们自动建好了一些文件和文件夹(如图 7.5-3)。

图 7.5-2　"网站模板"对话框

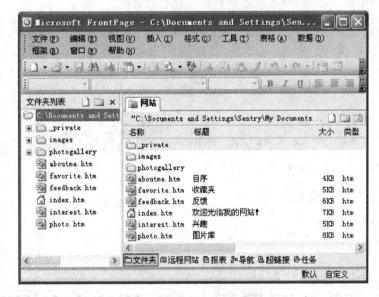

图 7.5-3　新建的网站目录结构

2. 导入文件

网站需用到的多媒体文件要先导入到由站点管理的目录中才能正常使用。

(1)单击选中"images"文件夹,选择"文件"菜单的"导入"选项,打开"导入"对话框(如图7.5-4),单击"添加文件"按钮,将所有准备好的图标、缩略图和背景图片导入到"images"文件夹中;然后用相同的方法将大图片和照片导入到"photogallery"文件夹中;

(2)单击"文件夹列表"右侧的新建文件夹按钮 ,创建一个"music"文件夹,将准备好的音乐文件导入到"music"文件夹中。

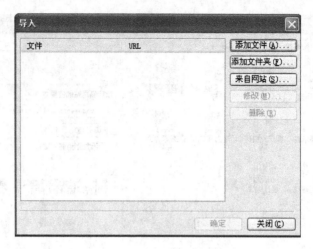

图 7.5-4　"导入"对话框

3. 站点布局

　　站点布局操作分为 2 部:创建框架网页和设置框架属性。

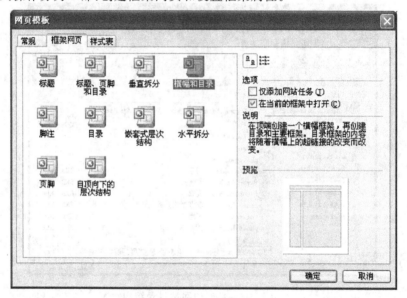

图 7.5-5　"网页模板"对话框

　　(1)创建框架网页。首先删除文件夹列表中自动生成的文件"index. htm",然后选择"文件"菜单的"新建"选项,并在任务窗格中选择"其他网页模板",打开"网页模板"对话框(如图7.5-5),选择"框架网页"选项卡,同时在其中选中"横幅和目录"模板,最后单击"确定"按钮,具有 3 个框架的框架网页便生成完毕(如图 7.5-6)。

　　(2)设置框架属性。右键单击上框架,在快捷菜单中选择"框架属性",打开"框架属性"对话框(如图 7.5-7),在"框架大小"栏中设置框架高度为"80"像素,同时将"可在浏览器中调整大小"复选框退选,然后单击"确定"按钮保存设置;相仿地,将左框架的宽度设置为"100"像素,其他设置同上。

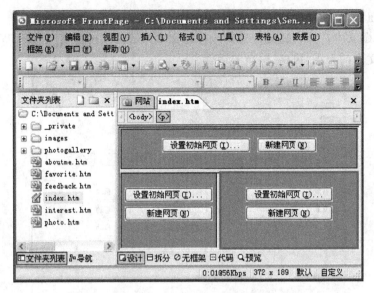

图 7.5-6 生成好的框架网页

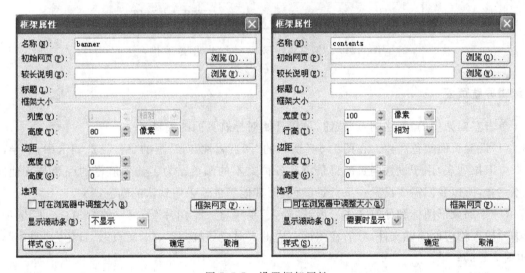

图 7.5-7 设置框架属性

4. 保存框架

单击"文件"菜单的"另存为"选项,将新建的框架页面保存为"index.htm"。

7.5.4 页面的编辑

1. 编辑标题页面

单击上框架中的"新建网页"按钮,便可以开始对标题页面的编辑。

(1)添加背景图片。选择"格式"菜单的"背景"选项,打开"网页属性"对话框的"格式"选项卡(如图 7.5-8),选中"背景图片"复选框,然后单击"浏览"按钮,选中准备好的背景图片,最后单击"确定"按钮,背景图片便加入到主题页面中。

(2)添加标题文本。在合适的位置键入标题文本,如"猪猪的部落"、"My Web"等,然后按个人喜好设置文本的大小、风格、颜色等属性。

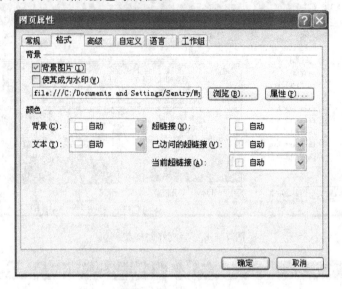

图 7.5-8 "网页属性"对话框之"格式"选项卡

2. 编辑导航页面

单击左框架中的"新建网页"按钮,可以开始对导航页面的编辑。

(1)设置页面颜色属性。在图 7.5-8 所示的"网页属性"对话框的"格式"选项卡中,下半部有 5 个下拉列表,用于设置网页的背景色和各种文本的颜色。为了让导航栏的颜色与其他网页不一样,所以我们需要设置一下背景颜色,而其他颜色就采用默认的颜色;

(2)添加象形图标和导航文本。展开"插入"菜单,选择"图片"子菜单的"来自文件"选项,选中并插入相应的图标文件,然后在图标右边键入对应导航文本,如"首页"、"日记"、"照片"等(如图 7.5-9);

(3)添加超链接。由于导航栏需要链接的目标文件尚未创建,所以这个步骤放到以后再来完成。

3. 编辑内容页面

站点内容分为多个主题,如"日记"、"照片"、"音乐"等,我们以相对复杂的"照片"主题为例,其他主题的内容相对简单,多为文本页面,读者照猫画虎,很容易完成。下面来分步骤介绍照片主题相关页面的编辑方法。

(1)添加页面。单击"文件夹列表"右侧的按钮 ,可以创建一个新的页面;

(2)添加照片。展开"插入"菜单,选择"图片"子菜单的"来自文件"选项,在先前导入过照片的"photogallery"文件夹中选择一幅图片,然后让图片居中对齐即可;

(3)添加照片说明。在照片下方加上说明文本,再设置文本的字形、字号、风格和颜色即可(如图 7.5-10);

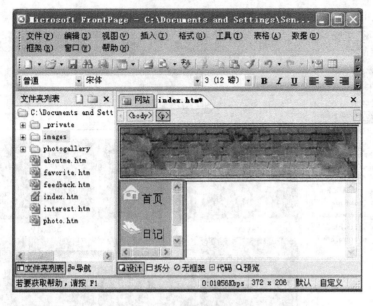

图 7.5-9　导航页面的编辑

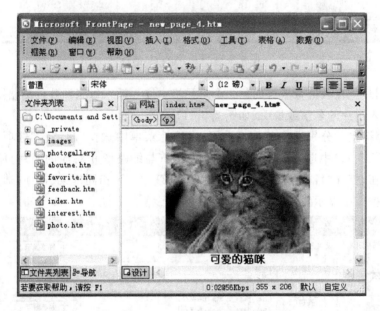

图 7.5-10　内容页面的编辑

　　(4)保存页面。为每个页面命名,最好与图片文件同名(扩展名不同),这样方便引用、浏览和以后的查找与修改,最后将页面保存到与照片相同的文件夹下;

　　(5)重复上述步骤,为每一张照片制作一个页面、命名并保存。

4. 编辑索引页面

　　为了快速找到每一张照片,还需要创建一个照片索引页面。

　　(1)添加页面。在页面内插入一个 $4 \times n$ 的表格,奇数行用于插入 4 幅照片的缩略图,偶数行用于插入与上方相对应照片的说明,n 根据照片的多寡来确定;然后根据个人喜好,设置表

格边框的粗细和颜色、表格的背景颜色等属性;

图 7.5-11　索引页面的编辑

　　(2)插入图片。在表格奇数行的每一个单元格中逐一插入每张照片的缩略图,并在图片下方单元格中插入图片的名字或说明(如图 7.5-11);

　　(3)添加超链接。分别选中每幅缩略图,在快捷菜单中选择"超链接"选项,在"编辑超链接"对话框(图 7.5-12)中选中需要链接的目标文件(与缩略图相对应的照片页面),然后单击"目标框架"按钮,打开"目标框架"对话框(图 7.5-13),选择"相同框架"选项(通过超链接打开的页面也在主框架中显示),最后单击"确定"按钮。

图 7.5-12　索引页面的编辑

　　(4)保存索引页面。所有超链接添加完成后,将索引页面保存在站点根目录下,命名为"pictures.htm"。

图 7.5-13　索引页面的编辑

5. 添加导航链接

上面我们添加在索引页面中的超链接是用于引用对应的内容页面的,那么多个索引页面(每个主题一个)又如何进行管理、通过什么地方来作链接呢? 对了,通过导航页面。在导航页面中我们列出了"首页"、"日记"、"照片"等条目,他们可以制作成 2 种类型的超链接:链接到各个主题索引页面的超链接和链接到首页的超链接。

(1)制作主题超链接。选中导航页面第 3 行中的"照片"二字,在"插入"菜单或快捷菜单中选择"超链接"选项,在"编辑超链接"对话框中选中需要链接的目标文件"pictures. htm",然后单击"目标框架"按钮,打开图 7.5-13 所示的"目标框架"对话框,选择"网页默认值(main)",然后单击"确定"按钮;如此重复,为"日记"、"音乐"等每一个主题都添加一个超链接;这种超链接的目标页面会在主框架中打开。

(2)添加首页超链接。由于首页是包含了 3 个框架的框架集页面,因此不能委屈在某一个框架中打开,所以它的"目标框架"是不同的。做法是这样的,选中导航页面第一行中的"主页"二字,将超链接的目标文件指向首页"index. htm",然后将"目标框架"选项选定为"父框架",最后单击"确定"按钮,这样,当超链接在被单击时,会在浏览器窗口中重新载入含有 3 个框架的站点首页 index,htm,而不是在某一个框架中打开首页。

7.5.5　页面的预览

到现在为止,网站各个层次的页面都已经具备了,可以进行成果预览了。

展开"文件"菜单,在"在浏览器中预览"子菜单中选择一种浏览器分辨率,如"Microsoft Internet Explorer 6.0(1024×768)",或者按下键盘上方的[F12]键,即可在浏览器中看到如图 7.5-1 所示的结果了。

如果感觉页面对象的位置、大小、颜色、字体、风格等不满意,可以再进行修改,再预览,直至满意为止。

以上我们只介绍了与"照片"主题相关的索引页面及内容页面的制作过程,另外几个主题相关页面的制作及其超链接的添加请读者自己模仿完成。

习　题

一、是非题

1.在改写状态下,输入的文字将依次替代其后的字符,以实现对文档的修改。

2.Word 2003 中的表格可以像处理图像对象一样,直接用鼠标来缩放表格。

3.在 Excel2003 中,如果要根据某一列对整个数据清单进行排序,可通过选中该列,然后单击"常用"工具栏上的"升序排序"或"降序排序"按钮,对数据进行排序。

4.Excel2003 中,在公式中对单元格的引用是通过单元格地址来实现的。

5.幻灯片模板是一种特殊的幻灯片,它可以将预定义好的各种格式化方案应用到所有幻灯片。

6.设置幻灯片的切换效果在"自定义动画"中完成。

7.动画就是快速连续播放静止的图片。

8."魔棒"工具的容差参数取值越大,产生的选取区域越小。

9.在框架网页中,每一个框架里面可以打开一个不同 HTML 页面。

10.点击超链接后,所引用的页面只能在当前窗口或者新窗口中打开。

二、选择题

1.在 Word 2003 中,若要多次复制字符格式到不同的文本,最快捷的方法是(　　)。

　A.多次单击"粘贴"按钮　　　　　　　　B.多次单击"复制"按钮

　C.用格式设置命令　　　　　　　　　　D.用格式刷复制字符格式

2.在 Word 2003 中,当前文档的总页数和当前页的页码号显示在 Word 窗口的(　　)。

　A.标题栏中　　　　B.状态栏中　　　　C.工具栏中　　　　D.菜单栏中

3.在 Excel2003 中,用来存储并处理工作表数据的文件称为(　　)。

　A.工作区　　　　　B.工作表　　　　　C.工作簿　　　　　D.数据库

4.在 Excel 2003 中,某图表与它生成的数据相关联,当删除该图表的某一数据系列时,(　　)。

　A.工作表数据无变化　　　　　　　　　B.工作表中对应的数据被清除

　C.工作表中对应的数据被删除　　　　　D.工作表中对应数据变为 0

5.PowerPoint 2003 中,为自定义动画添加声音,可使用(　　)菜单的"自定义动画"命令。

　A.编辑　　　　　　B.插入　　　　　　C.工具　　　　　　D.幻灯片放映

6.PowerPoint 2003 中,(　　)视图模式用于查看幻灯片的播放效果?

　A.幻灯片浏览模式　　　　　　　　　　B.幻灯片模式

　C.幻灯片放映模式　　　　　　　　　　D.大纲模式

7.Flash MX 动画的特点不包括(　　)。

　A.时间上的连续性　　　　　　　　　　B.时间上的延续性

　C.帧之间的关联性　　　　　　　　　　D.GIF 动画

8.(　　)不是 Flash MX 动画的基本类型。

A. 逐帧动画　　　　　　　　　　　B. 图形渐变动画

C. 三维动画　　　　　　　　　　　D. 动作渐变动画

9. 一个正常显示的、具有 3 个框架的页面，是由（　　）个 HTML 文件构成的。

A. 1　　　　　　　B. 2　　　　　　　C. 3　　　　　　　D. 4

10. 制作导航栏最主要的目的是为了（　　）。

A. 布局美观　　　　B. 分类清楚　　　　C. 浏览方便　　　　D. 界面多样化

三、简答题

1. 怎样在 Word 2003 中制制作竖排艺术字？

2. 怎样在 Word 2003 文档中设置自动保存功能？

3. 何为分类汇总？请简述分类汇总的操作步骤。

4. 在 Excel 2003 中，记录的筛选有什么作用？如何进行自动筛选？

5. 怎样为幻灯片设置背景和配色？

6. 简述幻灯片打包的方法。

7. 作品分析与脚本编写的意义有哪些？

8. 在 Flash 多媒体作品中如何实现交互？

9. 为何要使用框架技术构成页面？框架页面有什么优点？

10. 为什么经常把页面的图片和文本放置在表格中？

四、操作题

1. 制作一份个人简历，包括个人简历的封面、个人简历和自荐书 3 个部分，要求使用艺术字、图文混排和表格。

2. 对购房需求调查表进行分析，用条型图表来反映各种户型的受欢迎程度，并指出哪类户型是最受欢迎的。

3. 制作一份出色的演示文稿来介绍自己的单位，要求图文并茂，有交互，并能全自动播放。

4. 没有去过"大观园"，也没有在"大观园"处留过影，试在自己的照片中提取一份全身图像，调整到合适的大小，并把它组合到本例题给出"大观园"图像旁，同时给"大观园"配上草坪，看谁的照片组合后最"真实"。

5. 制作一个个人收藏夹网页：

（1）要求使用框架，框架分成左、中、右 3 部分，其中中间部分宽度为 800 像素；中间部分又分为上框架、左框架和主框架 3 部分；

（2）上框架放置网站标志性宣传图片和文本，也可以放置广告图片、文本或 Flash；

（3）左框架作为收藏家的大类目录导航索引，每个索引可以链接到各大类的子类目录索引页面，并且在主框架中打开；

（4）主框架中使用表格来排列各大类中子类目录索引，每个索引可以链接到所搜藏的各个具体网站的首页，并且在主框架中打开。

图书在版编目（CIP）数据

计算机应用基础／詹国华主编. —2 版. —杭州：
浙江大学出版社，2013.6(2021.7 重印)
ISBN 978-7-308-11613-8

Ⅰ.①计… Ⅱ.①詹… Ⅲ.①电子计算机－高等学校
－教材 Ⅳ.①TP3

中国版本图书馆 CIP 数据核字（2013）第 124408 号

计算机应用基础(第二版)
詹国华 主编

责任编辑	周卫群	
封面设计	刘依群	
出版发行	浙江大学出版社	
	（杭州市天目山路 148 号 邮政编码 310007）	
	（网址：http://www.zjupress.com)	
排 版	杭州青翊图文设计有限公司	
印 刷	广东虎彩云印刷有限公司绍兴分公司	
开 本	787mm×1092mm 1/16	
印 张	17.25	
字 数	430 千	
版 印 次	2013 年 6 月第 2 版 2021 年 7 月第 12 次印刷	
书 号	ISBN 978-7-308-11613-8	
定 价	45.00 元	
